(Dé)connexions identitaires hadjeray

Langaa &
African Studies Centre

(Dé)connexions identitaires hadjeray

Les enjeux des technologies de la communication au Tchad

Djimet Seli

Langaa Research and Publishing Common Initiative Group
PO Box 902 Mankon
Bamenda
North West Region
Cameroon
Phone +237 33 07 34 69 / 33 36 14 02
LangaaGrp@gmail.com
www.africanbookscollective.com/publishers/langaa-rpcig

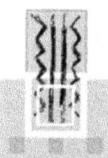

African Studies Centre
P.O. Box 9555
2300 RB Leiden
The Netherlands
asc@ascleiden.nl
www.ascleiden.nl

Couverture: Marché dans le village de Boubou, Chad, mars 2012
Photos : Djimet Seli

ISBN : 9956-791-88-1

© Langaa et Centre d'Études africaines, 2014

Table des matières

Photos, cartes, tableaux et documents viii
Liste des sigles et abréviations x
Remerciements xi

1 INTRODUCTION GENERALE MOBILITE ET MOYENS DE COMMUNICATION
  AU GUERA 1
  Une complexe histoire d'une société partie d'un simple contact téléphonique 1
  Hamat : Une société hadjeray en miniature 2
  Problématique de recherche 3
  Écologie de la communication 5
  Mobilité 9
  Violence politique et terreur 11
  TIC et connectivité 13
  La dynamique identitaire sociale 14
  Structuration de la thèse 16

2 QUE POURRIONS-NOUS SAVOIR DES POPULATIONS DU GUERA? 19
  Introduction 19
  Le milieu physique de la région du Guéra 20
  Le processus de formation administrative de la région Guéra 20
  La société hadjeray, une mosaïque humaine aux multiples contrastes 24
  Méthodologie : Nos difficultés et stratégies de recherches 30
  Ayant été mordu par un serpent, les enquêtés craignent même une corde 35
  Les TIC : Un accélérateur et un frein pour les recherches dans une société de
    crise de confiance 36
  Sauvé par notre statut de 'venu de chez les Blancs' et la stratégie du thé 37
  Dilemme d'un 'chercheur politique' en pays hadjeray : Publier et trahir ou se
    taire et rentrer bredouille 39
  L'intelligence du milieu comme gage de confiance, mais pas de succès 40
  Conclusion 41

3 LES DECENNIES OBSCURES DE LA SOCIETE HADJERAY 42
  Nandje : Noms des enfants comme cahier de son histoire tumultueuse 42
  Les populations hadjeray entre le marteau et l'enclume 44
  Bras de fer avec le régime Tombalbaye 45
  Le Frolinat au Guéra : le retour de la manivelle 50
  La dictature de Habré : 1986-1990 56
  Hissein Habré, personnalité contestée et regrettée 59
  Le règne de Deby, l'histoire des populations hadjeray a bégayé 59
  La peur et la marginalisation comme mode de vie de population 62
  Conclusion 66

4 UNE MOBILITE COMPLEXE POUR DES RESEAUX DE FAMILLE COMPLEXE 67
Une observation que confirment les déclarations 67
Les théories de migration et mobilité à l'épreuve de mobilité hadjeray 69
Les crises écologiques et politiques, un facteur de migration et de mobilité hadjeray 72
Violences sociales 'sourdes', un facteur souvent oublié ou négligé ? 74
Migration et mobilité consécutive à la crise écologique 75
La mobilité relative à l'insécurité politique 76
Les différentes filières de mobilités hadjeray 79
Conclusion 88

5 LA DYNAMIQUE IDENTITAIRE HADJERAY A L'EPREUVE DES CRISES 90
Introduction 90
Origine et sens de l'appellation "Hadjeray" 90
Hadjeray : Identification coloniale ou identité sociologique ? 92
Les dynamiques évolutives de l'identité hadjeray 96
Crise et mobilité, force ou faible de l'identité hadjeray ? 97
L'identité hadjeray victime d'exploitation politicienne 98
L'instrumentalisation de la société par les belligérants : La peur pour l'autre 101
L'identité hadjeray aujourd'hui, renaissance ou paravent politico-social ? 105
'Pierre qui roule n'amasse pas mousse' 106
Conclusion 108

6 DECONNEXION DU GUERA ET RUPTURE DES FAMILLES 109
Introduction 109
Mobilité comme facteur de communication 109
Le paradoxe de l'écologie de la communication hadjeray 114
Le double enfermement des populations du Guéra : 1966-1980 115
Quadrillage policier des moyens de communications : 1982-1990 117
Les infrastructures routières 119
Les lettres 120
Le crieur public urbain 122
La communication par la radio 123
Enfermement de la société, le cas du couple de la famille Algadi G 125
Rupture des contacts entre les familles, le cas d'Ayoub 126
La période charnière : 1990-2005 128
Conclusion 129

7 L'AVENEMENT DES TIC ET MAINMISE DE L'ETAT 132
Introduction 132
Description explicative de la coupure de presse 134
Le processus de l'avènement des TIC et Mainmise de l'Etat 135
La SOTEL Tchad 136
Le processus sous contrôle de l'avènement de la téléphonie mobile au Tchad 142
L'OTRT, un organe gendarme 143
La Sotel Tchad, fournisseur des services de communication 144
Les compagnies privées, des simples distributeurs 144

    Mainmise de l'Etat sur les communications dans les pratiques 146
    Récupération politique de la téléphonie mobile au Guéra........................... 147
    Conclusion 151

8 LES POPULATIONS DU GUERA A L'EPREUVE DE LA TELEPHONIE MOBILE 153
    Introduction 153
    Gaby où le téléphone mobile comme l'identité sociale............................... 153
    Les enjeux sociaux de la téléphonie mobile 154
    La massification et l'évolution du statut du téléphone mobile..................... 155
    Fin de fonction de luxe, mais début de la différenciation sociale 158
    La téléphonie mobile au Guéra : Un succès inattendu 161
    Téléphonie mobile : Une retrouvaille sans mouvement 165
    Dynamique économique de la téléphonie mobile au Guéra 168
    Téléphonie mobile où la résurrection de crise de confiance et de la peur.... 177
    Conclusion 182

9 RESEAUX SOCIAUX SUR MOBILE, JEUNESSE ET IDENTITE HADJERAY........................ 184
    Introduction. 184
    De la téléphonie mobile aux réseaux sociaux sur internet : rattrapage du retard
    technologique du Guéra... 185
    Commentaires et analyses des conversations 190
    Contexte et circonstance de l'avènement du forum des jeunes hadjeray sur
        facebook 191
    MSRA : Un cadre d'apprentissage des réalités socioculturelles et débat politique 194
    Réseau social sur Internet et problématique de la peur 200
    Paradoxes et limites des réseaux sociaux sur internet en société hadjeray 201
    Des échanges de connexion sur fond de déconnexion 202
    Facebook : Espace d'éveil de conscience des jeunes 204
    Réseau social Facebook, espace de frustration et de repli identitaire 209
    Conclusion 215

10 CONCLUSION GENERALE.. 217
    L'identité hadjeray façonnée par les crises et la communication................ 217
    Le groupe hadjeray aux frontières de l'identité et de l'identification ethnique.... 219
    L'identité hadjeray affaiblie par les crises, mais renforcée par la communication. 220
    De l'ambigüité des TIC, une réalité caméléon 223
    Remarque contributive sur les limites des TIC et discussions 223

Bibliographie… 225
Annexes 237
    1. Liste des personnes interviewées durant les recherches de terrain....... 237
    2. Archives de l'administration coloniale 244
    3. Une lettre d'indignation d'un Hadjeray contre l'enchérissement
        du prix du sang 245

Photos, cartes, tableaux et documents

Photos

2.1 Paysage typique de la région du Guéra 22
2.2 Ruine de la préfecture du Guéra, pillée et incendiée par les rebelles en 2008 32
2.3 Scène d'un focus groupe dans le village Abtouyour 33
4.1 Ruines d'une ancienne habitation, dans le village Sara-Kenga 67
6.1 Une vue partielle du '*Quartier hadjeray*' à Sidjé dans la région du Lac-Tchad 110
6.2 Un parc d'ânes sur le marché hebdomadaire de Baro dans le Guéra 119
6.3 Boites aux lettres de Bitkine 122
6.4 Un tisserand hadjeray 126
7.1 Logo et installation technique de la Sotel Tchad à N'Djamena 137
7.2 Usager de l'Internet sur téléphonie mobile à Mongo 142
7.3 Logos d'une compagnie de téléphonie mobile au Tchad 144
7.4 Siège de Tigo, une compagnie de téléphonie mobile au Tchad 145
8.1 Banderoles publicitaires de la gratuité de carte SIM et de communication à certaines heures 156
8.2 Banderole publicitaire de la vente promotionnelle d'appareils téléphoniques. 157
8.3 Attroupement des jeunes curieux autour de la téléphonie mobile à Baro 163
8.4. Recharge d'une batterie de téléphone mobile avec des piles électriques à partir des électrodes de la radio 165
8.5 Une assemblée d'hommes à Sidjé (Lac-Tchad) attendant un appel téléphonique 166
8.6 Abdelhakim, dépanneur, 'rechargeur' des batteries de téléphonie mobile 170
8.7 Al-Hadj Ouaddi détenteur d'une cabine téléphonique à Bitkine 172
8.8 Siège de la société privée de gardiennage à Mongo 173
8.9 Motta, détenteur d'une cabine téléphonique ambulante au village Somo 175
8.10 Focus groupe des jeunes à Bitkine sur les usages de la téléphonie mobile… 179
9.1 Panneau dúne société de la téléphonie mobile à N'Djamena faisant la publicité de l'avènement d'un nouveau serrvice de communication : 'Clic-Clac, et envoyez' 186
9.2 Panneau d'une soiété de téléfhonie mobile, faisant la publicité de la connexion Internet et plus particulièrement sur facebook sur téléphone mobile 187
9.3 Ville de Mongo dans le Guerra Tchadonline TV – on daily notion 206

Cartes

2.1 Localisation géographique de la région du Guéra 21
2.2 Localisation des principaux groupes éthiques du Guéra 25
4.1 Direction de mobilité des crises écologiques 82
4.2 Directions de mobilités des crises et violences politiques 87
6.1 Cadre géographique des populations du Guéra 111

Tableaux

1.1 Schéma de l'écologie de la communication 8
4.1 Schéma de la répartition de la famille Abderahim 89
7.1 Tableau de parc de densité d'internet (1998-2003) 138

Documents

3.1 Plainte d'un Hadjeray contre Habré 58
5.1 Correspondance d'une association de la communauté Migami, une
 composante des populations hadjeray 104
7.1 Coupure de presse d'un numéro du journal *le Miroir* no 13 133
7.2 Une correspondance administrative de la sous-préfecture de Baro au sujet de
 l'implantation de la téléphonie mobile 148

Liste des sigles et abréviations

ACORD	Agency for Co-operation and Research in Development
ADSL	Asymmetric Digital Subscriber Line
AOF	Afrique Occidentale Française
ASC	African Studies Centre
cf.	Confère
CFA	Coopération Financière d'Afrique
CDR	Conseil Démocratique Révolution
C.F.C.O.	Chemin de Fer Congo-Océan
DDS	Direction de la Documentation et de la Sécurité
FAN	Force Armée du Nord
FIDA	Fonds International pour le Développement Agricole
Frolinat	Front de Libération Nationale du Tchad
GmPRS	Geo Mobile Packet Radio Service
GSM	Global System for Mobile Communication
IRIC	Institut des Relations internationales du Cameroun
MOSANAT	Mouvement de Salut National du Tchad
MPS	Mouvement Patriotique du Salut
SMS	Short Message Service
ONG	Organisation Non-Gouvernementale
ONRTV	Office National de Radio et Télévision du Tchad
ONU	Organisation des Nations Unies
OTRT	Office Tchadien de Régulation des Télécommunications
P.I.	Par Interim
PPT/RDA	Parti Progressiste Tchadien / Rassemblement Démocratique Africain
SIM	Subscriber Identity Module
SIP	Service d'Investigation Présidentielle
R.C.A.	République Centrafricaine
RG	Renseignements Généraux
RGPH	Recensement Général de la Population et de l'Habitat
SECADEV	Secours Catholique et Développement
SIL	Société Internationale de Linguistique
TIC	Technologies de l'Information et de la Communication
U.I.T.	Union Internationale des télécommunications
UK	United Kingdom
USB	Universal Serial Bus

Remerciements

C'est avec beaucoup de gênes que demain, je porterai seul le titre de Dr que va me conférer la présente thèse, tellement ont été déterminants les concours des dizaines des personnes et institutions que je ne peux toutes dans ce cadre restreint remercier nommément. Néanmoins, il y a lieu de citer quelques-unes.

La réalisation de la présente thèse est la somme des contributions techniques et matérielles de mes quatre encadreurs, au premier chef, le Prof. Dr. Mirjam de Bruijn. Par ses multiples méthodes, elle m'a montré que les idées peuvent exister en l'envers et à l'endroit. Malgré ses multiples charges académiques, elle m'a accordé une attention spéciale en suivant de très près l'évolution de mes travaux depuis mon terrain de recherche où elle m'a rendu visite et avec qui on a sillonné la région du Guéra, du Chari-Baguirmi et du Lac-Tchad. Ensuite, elle a créé entre nous un climat familier de collaboration où on se tutoie. Ce climat m'a été incitatif pour le travail. En outre, je salue son courage et son tempérament d'avoir pu supporter certains de mes insuffisances intellectuelles et d'avoir par sa rigueur scientifique réussi à me mettre dans le bain.

Pour cette thèse, je dois beaucoup au Pr. Khalil Alio, qui m'a d'abord branché au Programme *Mobile Africa Revisited*. Puis de N'Djamena jusqu'au Pays-Bas et au Cameroun, il m'a été très précieux tant par son titre qui m'a facilité les conditions de mon départ du Tchad que sur le plan scientifique, ou dans la vie courante de tous les jours en Europe. De lui, j'ai appris l'endurance dans le travail, l'humilité. Quels que soient les termes que je vais utiliser ici pour le remercier, ils ne peuvent être à la hauteur du service qu'il m'a rendu.

Amené à préparer une thèse hybride aux limites de l'anthropologie et de l'histoire, j'ai souvent tendance à être influencé par les méthodes anthropologiques, négligeant les concepts et l'aspect historique de ma thèse. C'est Dr Inge Brinkman qui par son esprit de rigueur et de précision m'a toujours remis dans le droit chemin de l'histoire. D'elle, j'ai appris l'importance de l'exactitude et de la précision dans le domaine scientifique.

Prof. Dr. Francis Nyamnjoh. La pertinence de ses idées dans un jeu des mots agréablement métaphoriques et sa vaste culture m'ont permis de circonscrire les différents angles de mon sujet qui m'échappait au début et d'asseoir ma thèse.

À chacun de ces encadreurs, je dis merci et souhaite une longue et riche carrière universitaire.

Je ne peux refermer la liste de mes encadreurs sans leur associer l'équipe de *Mobile Africa Revisited*, qui à travers les fructueux échanges lors de nos multiples ateliers m'ont permis de beaucoup apprendre. Le Programme *Mobile Africa Revisited* ne peut exister sans l'agence néerlandaise WOTRO qui l'a financé. À cette dernière institution, je souhaite longue vie.

En quittant ma famille à N'Djamena, je croyais aller souffrir de solitude aux Pays-Bas. Mais j'ai trouvé au Centre d'Etudes Africaines, des personnes chaleureuses qui m'ont été d'un grand réconfort moral. Pour ce faire, je tiens à remercier les deux

Directeurs du Centre que j'ai connus : Leo de Haan et Ton Dietz. Je ne peux citer les deux directeurs sans leur associer le nom de Maaike Westra qui par l'importance de son poste m'était d'une grande utilité. Mais quelle étude aurais-je fait sans les conditions financières ? À cet effet, c'est à Jan Binnendijk que je dois mes remerciements pour m'avoir financièrement géré dans la confiance et ce, d'où que je me trouve.

Dans le même registre administratif, je ne peux passer sous silence le rôle pratique et déterminant des assistantes successives de Mirjam qui sont : Roos Keja, Inge Butter, Karin van Bemmel, Kim van Drie et les secrétaires de Direction T. Blomsma, M. Lolkema, G. Petit, ainsi que les bibliothécaires Ella Verkaik et Monique Kromhout qui par leur constante disponibilité ont rendu mes recherches bibliographiques très fructueuses.

Outre le personnel administratif, il y a lieu de remercier les collaborateurs du Centre qui chacun par son soutien moral, matériel ou intellectuel ont rendu mon séjour aux Pays-Bas agréable. Il y a lieu de citer le Prof. Dr Jan-Bart Gewald et sa famille qui m'ont reçu toute une journée, Ann Reeves, mon professeur d'anglais, Dick Foeken qui a mis au point les cartes ma thèse, Marieke van Winden, Dorrit van Dalen et son mari Willem et Han van Dijk pour ses observations de haute portée sur mon thème.

Je ne saurais clore la liste de la famille ASC, sans faire une mention spéciale des collègues de *PhD Room* qui ont créé un climat amical de travail. Il s'agit de Lotte Pelckmans, Linda van de Kamp, Lotje de Vries, Margot Leegwater, Sebastian Soeters, Michiel van den Bergh, Inge Butter, Evelyne Tegomoh, D. Laguerre, Fatima Diallo, Martin van Vliet etc.

Le savoir et le confort moral et matériel bénéficiés des personnes ci-haut sont certes déterminants, mais ne peuvent à eux seuls suffire à former une thèse sans les facilités que m'ont offertes les chefs de canton Migami et Kenga et leurs notables et les chefs de village Mataya, Sara-kengha, Bideté, Somo, Gourbiti etc. ainsi que les chefs de quartier hadjeray de villages Baltram, Sidjé, Gredaya, dans la région du Lac-Tchad etc. et les communautés hadjeray du nord Cameroun, pour leur collaboration.

Les données provenant de mes enquêtes n'auraient pas dû être collectées et mises en forme si je n'avais pas bénéficié des soutiens multiformes de Dr Kodi Mahamat Inspecteur Général des Services au Ministère de L'Education Nationale, Souk Allag Waayna, S.G de l'Institut de Mongo, Colonel Abbas Djiraki au Commissariat Central à N'Djamena et mon épouse Aïssatou Oumarou qui non seulement s'est si bien accommodée aux exigences qu'impose mon programme de travail, mais par sa présence, m'a apporté la paix du cœur et de l'esprit.

Enfin, mes remerciements finaux vont à l'endroit des amis et parents Kheirallah Mamadou, Yaya Mamadou, Akouya Djallah du Campus Numérique de N'Djamena, Adoum Tchéré Garboubou du journal le Progrès, Adoum Minallah et aux étudiants de l'IRIC de Yaoundé : Souleymane Abdoulaye, Oumar Abdelbanat, Alexis Adams Hunwanou, chacun pour la nature de son service apporté. Que chacune de ces personnes citées trouvent ici l'expression de mes remerciements renouvelée.

Fait à Leiden et Yaoundé, le 22 novembre 2012

1

Introduction générale:
Mobilité et moyens de communication au Guéra

Une complexe histoire d'une société partie d'un simple contact téléphonique

Laisser les faits bien s'exprimer plutôt que mal les exprimer

Le premier contact que nous avons eu avec un informateur qui est basé dans le nord du Cameroun dont l'histoire de mobilité suit, ainsi que la plupart des récits de vie et interviews que nous avons recueillis, laissent entrevoir une forte prédominance des thématiques de crise, de la mobilité et de la dynamique relationnelle qui émaillent le quotidien de population hadjeray[1]. Les données concrètes que nous avons fini par avoir sur le terrain à travers l'existence des communautés hadjeray constituées dans d'autres régions du Tchad et dans les pays voisins au terme des mobilités consécutives aux crises sociopolitiques, nous a amené à chercher à comprendre les liens circulaires entre le conflit, la mobilité et la communication et aussi le rôle de cette dernière dans la dynamique identitaire.

Etant nous-même issu de cette société et ayant vécu certains des phénomènes sociaux qui font l'objet de nos recherches, nous représentions un avantage pour nos recherches, en ce que des telles recherches de terrain nécessitent un minimum de connaissances de background du milieu, plus particulièrement de la langue de la communauté que nous maîtrisons fort bien.

Pour ce faire, nous avons préféré nous immerger dans cette société pour un bain des récits de vie des individus afin de laisser l'histoire du conflit-mobilité-communication se raconter elle-même. Et comme il est de coutume de dire que 'la première idée est la meilleure', nous avons choisi l'histoire de vie de Hamat, vivant à Kousseri dans le Nord du Cameroun. Hamat est la toute première personne que nous avons rencontrée dans le

---

[1] Tout au long de la thèse, les termes population hadjeray (au singulier) et populations hadjeray (au pluriel) seront utilisés, mais pour designer deux réalités différentes. Par population hadjeray (singulier), nous entendons designer toute la population de la région du Guéra sans faire référence à leur appartenance ethnique. Tandis que par populations hadjeray (pluriel), nous désignons la population hadjeray sous sa forme plurielle avec ses multiples differents groupes ethniques.

cadre de nos recherches. Il présente une histoire assez complexe, mais intéressante pour la problématique de nos recherches en ce que son histoire met en présence une panoplie de thématiques qui ont pour dénominateur commun de constituer une écologie de la communication de la société hadjeray, laquelle écologie de la communication assez complexe comprend : le conflit, la mobilité, la communication, la dynamique identitaire. Donc, une écologie de la communication qui montre que le conflit, la mobilité et la communication sont des notions assez importantes pour comprendre l'histoire des Hadjeray et leur construction identitaire pour lesquelles la communication joue un rôle primordial.

Hamat : Une société hadjeray en miniature

En mars 2009, pendant que nous nous préparions à aller sur notre terrain de recherche dans la région du Guéra pour les recherches anthropologiques, nous découvrons un jour sur notre numéro Zain[2] de téléphone mobile, un appel en absence en provenance du Cameroun. Pour avoir une idée nette sur l'appelant et sur son but, nous décidons de rappeler, mais avec notre numéro de téléphone Salam[3], moins cher à l'internationale. Mais l'inconvénient de Salam c'est que le numéro de l'appelant ne s'affiche pas sur l'écran du téléphone de l'appelé. Seule la mention 'Numéro inconnu' ou 'numéro masqué' s'affiche. Nous insistons plusieurs fois avec notre numéro Salam pour rappeler. Mais la personne refuse de décrocher et finit même par fermer son téléphone. Quelques heures plus tard, nous décidons de rappeler, mais avec le numéro Zain et alors, nous parvenons à joindre la personne qui se présente sous le nom de Saleh Hamadou, à Kousseri, ville camerounaise. Ce nom ne nous rappelle aucune de nos connaissances. Mais la personne insiste qu'elle nous connait et que nous sommes des cousins ayant vécu au village dans les années 80. Elle décline le nom de son père, de sa mère, de son grand-frère. Puis, pour nous convaincre, elle cite le nom d'un de nos cousins qui lui a donné notre numéro de téléphone. À ce stade, nous reconnaissons la personne mais sous le nom qu'on connaissait au village : c'est-à-dire Hamat[4]. Il reconnait que c'est bien lui Hamat, mais qu'il avait changé de nom à des fins d'intégration sociale et de sécurité. Nous sommes surpris que Hamat, dont nous sommes sans nouvelles depuis 1985, puisse nous repérer par notre numéro de téléphone. Et ce n'est que plus tard, lorsque nous le rencontrons physiquement, que nous comprenons les raisons de son rejet de nos appels aux numéros masqués. Car soutient-il, « je connais beaucoup de gens qui ont eu des ennuis sur la base de leur communication mobile ».

Quelques jours plus tard, au terme de notre séjour préliminaire exploratoire à Kousseri avec lui, nous décidons de l'inviter à N'Djamena. Il nous manifeste une certaine réticence sans en donner les raisons. Lorsque nous insistons, il finit par nous avouer qu'il n'a pas la carte d'identité nationale du Tchad. Par conséquent, il ne peut venir à N'Djamena de peur d'être interpellé par les militaires ou les policiers tchadiens

---

[2] Zain est une société privée de téléphonie mobile au Tchad.
[3] Salam est une société étatique de téléphonie mobile au Tchad. C'est une compagnie au coût de communication à l'international relativement moins cher par rapport aux compagnies Zain et Tigo.
[4] Homme, environ 38 ans, 'débrouillard', contact noué entre mars 2009 et septembre 2011. Il nous a servi d'assistant et de guide lors de notre séjour dans le Nord du Cameroun.

Introduction générale

trop contrôlants et sans pitié sur le pont N'Gueli[5]. Pour ce faire, nous tentons de le dissuader en balayant son argument que, de nos jours, la plupart des Tchadiens qui font les va-et-vient entre Kousseri et N'Djamena n'ont pas tous des pièces d'identité. Mais il insiste et il soutient par un proverbe que : « ce qui est possible pour les autres ne peut l'être pour nous ».

Pour le convaincre, nous soutenons que rien ne pourrait lui arriver tant que nous sommes avec lui et que nous ne nous séparerons pas de lui. Il accepte la proposition. Lorsque nous arrivons sur le pont Nguéli (frontière), et au niveau où se trouvent la police et la douane tchadiennes, Hamat prend peur. Durant notre traversée du pont, je constate qu'il a le souffle coupé de peur d'être interrogé sur ses pièces d'identité. Il ne pousse un gros ouf de soulagement qu'après notre arrivée. Alors il déclare :

> 'L'un de mes mauvais souvenirs du Tchad et plus particulièrement des agents de contrôle des pièces d'identité, c'est leur méthode cruelle de punition que j'ai vécue à Massaguet[6] lorsqu'on voyageait sur N'Djamena en 1987. Pour n'avoir pas pris l'impôt ou la carte de 'contribution à l'Effort de guerre'[7], un des passagers avec qui on voyageait, a été arrêté et mis dans une citerne vide pendant la période de chaleur de mars[8]. Sous l'effet de la chaleur de la citerne-cellule dans laquelle on l'avait enfermé pendant une vingtaine de minutes, le monsieur criait, frappait sur la citerne. Lorsqu'on l'a enlevé de là, il semblait être revenu de l'enfer. Il était sorti dans un état pitoyable, presque bruni par la chaleur. Pour ne pas retourner dans cette citerne-cellule infernale, il était contraint de donner tout ce qu'on lui avait demandé.'

Problématique de recherche

L'histoire de vie de Hamat, vivant dans le Nord du Cameroun, nous donne une idée du quotidien passé et présent des populations de la région du Guéra, populations préoccupées par l'insécurité politique qui y a prévalu (Netcho, 1997 ; Garondé, 2003) et qui est restée comme une tache indélébile dans les mémoires de beaucoup de personnes. Hamat nous le montre par son horreur pour l'Etat et tout ce qui le symbolise. L'histoire de l'horreur de Hamat pour les agents de contrôle d'identité et sa peur de décrocher un appel téléphonique aux numéros masqués ne sont pas des faits banals. Car comme le dirait Arditi (2003) : 'Les violences ordinaires ont une histoire'. Cette histoire de vie de Hamat, puis celle de nos retrouvailles par l'intermédiaire d'autres parents qui lui ont donné notre numéro de téléphone mobile nous plonge au cœur des réalités de la société hadjeray et plus particulièrement dans le cadre de vie et des crises dans lesquelles vivent ces populations tant dans leur région d'origine, le Guéra, qu'à l'extérieur. Ces réalités se résument en : mobilités et déplacements, déconnexion entre familles suite aux crises et

---

[5] N'Gueli est une localité tchadienne situé à une dizaine de kilomètre au sud-ouest de N'Djamena et qui abrite le premier poste de contrôle tchadien lorsqu'on vient du Cameroun par la voie terrestre par la ville camerounaise de Kousseri, jumelle à N'Djamena la capitale du Tchad.

[6] Massaguet est une localité située à 80 kilomètres au nord de N'Djamena par où passe la route qui mène vers la région du Guéra et les autres régions de la moitié nord du Tchad.

[7] 'La contribution à l'effort de guerre' est une sorte d'impôt instauré sous le règne du président Hissein Habré pour financer le coût de la guerre qui oppose ce dernier à ses opposants soutenus par la Libye. Le montant de cette contribution varie selon que l'on est commerçant, fonctionnaire ou simple paysan.

[8] Les mois de mars et d'avril correspondent au Tchad à des périodes de chaleur qui monte jusqu'à 45 degrés dans certaines localités situées dans la partie sahélienne du Tchad dont la ville de Massaguet fait partie.

difficultés de communication, et rapide connexion avec l'avènement de la téléphonie mobile.

Les parents de Hamat, les Hadjeray, une communauté dispersée au Tchad et dans les pays voisins suite à une longue histoire de conflits et de violences, sont au cœur des questions de cette thèse, qui a pour problématique centrale : comment est-ce que la dynamique identitaire de ce groupe se forme et se transforme dans un contexte de conflit et des changements par les possibilités de communication. C'est-à-dire comment est-ce que les populations hadjeray ainsi que leurs dynamiques sociales et économiques se manifestent dans une écologie de la communication qui a tendance à transformer les valeurs ? Cette problématique se décline en sous questions : comment une histoire de violence et de dispersion informe et contribue à former la dynamique identitaire hadjeray ? Quelle a été l'importance de la communication dans ce processus historique ? Quels sont les changements apportés dans la dynamique identitaire avec l'avènement des technologies de l'information et de la communiction ? Aujourd'hui avec la situation de tension politique continuelle et la facilité de communication qu'offrent les TIC, les Hadjeray ont-ils trouvé une manière d'être plus libre dans leur expression identitaire ? L'examen d'une telle problématique nécessite une approche exploratrice et qualitative pour deux raisons : premièrement, les travaux sur la société hadjeray ne sont pas nombreux et la plupart d'entre eux datent des années 60 (Cf. chapitre 2), ce qui ne permet pas de saisir les dynamiques de la société hadjeray nées des années de crises qui datent d'après ces travaux. Deuxièmement, les technologies de l'information et de la communication en général et la téléphonie mobile en particulier au Tchad et dans la région du Guéra, est une réalité très récente dont la dynamique est en cours. Dans ce sens, cette étude est une histoire en développement de la société hadjeray. Pour pouvoir la cerner, nous avons donc opté pour une approche ethnographique dont la méthodologie va être décrite au chapitre 2 ; laquelle méthodologie nous a invité à réfléchir sur le choix des concepts pour pouvoir décrire cette nouvelle situation en relation avec la dynamique identitaire des populations hadjeray. Pour opérationnaliser la dispersion de la société hadjeray, les violences qu'ont vécues les populations et les développements récents des moyens de communication, nous proposons les concepts de crise complexe, de terreur, de mobilité et de migration, de communication et d'identité, qui s'englobent dans un schéma qu'on a nommé 'écologie de la communication'. Dans cette étude, nous partons de l'hypothèse que la communication tient une place centrale dans la dynamique identitaire hadjeray. À cet effet, nous interrogeons les interactions entre l'histoire des conflits et des violences et la mobilité, les dynamiques identitaires, et les communications, plus particulièrement le rôle des technologies de l'information et de la communication, plus spécialement la téléphonie mobile dans leurs appropriations sociales et culturelles. Les relations entre ces concepts se décrivent dans le schéma d'une écologie de la communication propre à la société hadjeray qui met en exergue la dynamique identitaire. Pour ce faire, nous explorerons ces concepts et leurs interactions.

Écologie de la communication

Nos retrouvailles avec Hamat et les difficultés qui sont allées avec pour nous permettre de nous communiquer par téléphone mobile, puis la peur de ce dernier de circuler de Kousseri à N'Djamena et enfin dans la ville même de N'Djamena, nous amènent à nous interroger sur la nature de l'écologie de la communication de la société hadjeray dans laquelle a vécu et vit Hamat.

En fait, le concept de l'écologie de la communication a fait l'objet de nombreux et divers travaux mais tous relatifs à la communication au sein d'un réseau. Ainsi, fondamentalement, l'écologie de la communication est définie comme un milieu ou les agents sont connectés de différentes façons par différents médias, pour faire des échanges de différentes façons. Tacchi, Slater & Hearn (2003 : 17) définissent à ce propos l'écologie de la communication comme un « processus qui implique un mélange des médias, organisé de façon spécifique, à travers lequel les gens se connectent avec leurs réseaux sociaux ». Dans ce contexte, le terme écologie de la communication sous-entend l'écologie des médias et est plus inspiré par les travaux de Nystrom (1973) et Altheide (1995).

Au fait, une écologie de la communication comme la conçoivent Taylor & Francis (2007), fonctionne comme un réseau; ainsi, le cadre de l'écologie de la communication ouvre la porte à la possibilité d'analyses du réseau des relations entre les agents au sein de l'écologie. Il désigne de façon générale le contexte dans lequel se trouve le processus de communication. Comme telle, l'écologie de la communication peut donc être considérée comme un ensemble comprenant un certain nombre de formes de communication effectuées par médias ou par d'autres infrastructures de communication. Cette dernière nuance laisse donc la porte ouverte aux divers champs d'application du concept de l'écologie de la communication.

Pour Hearn *et al.* (2007), dans cette perspective de l'écologie de la communication, chaque média ou infrastructure entrant en ligne de compte dans la communication constitue un élément du complexe environnement de communication. À cet effet, ils estiment qu'on ne peut limiter la définition de l'écologie de la communication aux seules communications biaisées par les médias, mais que cette définition doit s'étendre aux réseaux sociaux par le mode de communication de bouche à oreille, par le biais des infrastructures de transport qui peuvent engendrer une communication de face à face aussi bien dans un espace public que privé où les gens peuvent se rencontrer, causer, bavarder. Ainsi, le terme écologie de la communication apparait au fil des travaux des auteurs (Slater *et al.*, 2002 ; Wilkin *et al.*, 2007 ; Shepherd *et al.*, 2007 ; MacArthur, 2005 ; Wagner, 2004 ; White, 2003) comme un terme métaphorique qui se focalise sur tout le système qui engendre la communication entre les individus. À ce titre, Wilkin *et al.* (2007), présentant l'écologie de la communication d'une communauté géo-ethnique, montrent l'écologie de la communication ethnique sous forme graphique, tandis que Shepherd *et al.* (2007) examinent le contexte socioculturel des médias et l'environnement de communication que l'on peut créer au sein de la maison. Cette relativité de concept de l'écologie de la communication qui fait interagir plusieurs éléments contribuant à la communication l'a fait définir par De Bruijn (2008) comme une interaction entre les éléments qui rendent la communication possible: relations sociales, technologies de communication comme les routes, les voitures, les téléphones, et les personnes qui sont parties prenantes.

En somme, par ces quelques définitions toutes relatives, on peut entendre par écologie de la communication, les différents éléments qui entrent en ligne de compte pour créer un environnement de communication. S'appropriant ce concept, Walter G. Nkwi fait l'une des meilleures illustrations de l'écologie de la communication dans sa thèse consacrée à la communication de Kfaang. Il illustre ce concept de l'écologie de la communication dans son cas d'étude par divers éléments dont les plus importants sont la dynamique de la mobilité géographique mue par un but commercial, de hiérarchie sociale et à cause de l'arrivée de la colonisation qui a introduit plusieurs facteurs de l'écologie de la communication tels que l'église, l'école, les routes et autres moyens de communication.

Comme le relève si bien De Bruijn (2008), le concept de l'écologie de la communication, diffère dans le temps et dans l'espace et selon le contexte culturel et social. À cet effet, on peut voir à travers les travaux de Horst & Miller (2005) sur l'usage de la téléphonie mobile en Jamaïque, que l'écologie de la communication est un processus dynamique pouvant intégrer les différentes innovations et aussi pouvant se rapporter à la situation sociale de chaque groupe humain. D'autant plus que dans le cas de la Jamaïque, on constate une appropriation des technologies de l'information et de la communication par rapport à la situation socio-économique de la couche sociale qui a fait l'objet de l'étude de l'auteur. Au regard des différentes appropriations du concept de l'écologie de la communication, et au regard de l'histoire de vie de Hamat, il convient de relever que la société hadjeray qui fait l'objet de notre étude comporte elle aussi son écologie de la communication qui lui est propre. Les difficultés avec lesquelles nous avons dû composer pour rencontrer Hamat que nous avons perdu de vue depuis une vingtaine d'années, mais vivant à Kousseri dans le Nord du Cameroun depuis cinq ans, après une longue période de mobilité entre le Tchad, le Niger, le Nigeria puis le Cameroun, la mainmise de Hamat sur nous à travers notre numéro de téléphone mobile qu'il a obtenu auprès d'un autre cousin, nous donnent un aperçu de la complexité de l'écologie de la communication de la société hadjeray.

En fait, l'écologie de la communication de la société hadjeray lui est dictée par les crises, la mobilité, les désirs de contacts entre les parents en rupture de contact depuis de longues années et les difficultés de se connecter, tant est isolée la région du Guéra et tant sont insuffisantes les infrastructures de communication qui, pire encore, sont frappées d'une restriction d'utilisation. À cet effet, la peur de Hamat de décrocher un appel provenant d'un numéro inconnu est révélatrice d'un climat de stress incarné par une longue histoire de la terreur et de la peur couplée au contexte de restriction de communication qui prévaut au Tchad. Car soutient-il explicitement avec méfiance:

> 'Il ne faut pas être trop naïf avec l'Etat. Vous croyez qu'en amenant la téléphonie mobile, l'Etat a amené la liberté de communication comme vous le pensez, lui qui hier[9] interdisait qu'on écrive même de simples lettres'.

---

[9] En utilisant le terme 'hier', notre enquête voudrait désigner la période du règne du président Hissein Habré (1982-1990, ou les lettres sont susceptibles d'être lues par les agents de renseignements de la police politique du régime (DDS).

En somme, l'écologie de la communication des populations hadjeray qui renferme une diversité de composantes dont certaines ont tendance à décourager même la communication, est paradoxalement incitative même de la communication. Au nombre des éléments qui rendent possible et entretiennent l'écologie de la communication dans cette société, il convient de mentionner les crises politiques et écologiques, la mobilité, les liens ethniques, le désir et les contraintes mêmes de la communication.

En effet, le Tchad est l'un des pays africains qui a connu, très tôt après l'indépendance, une longue guerre civile qui a débouché sur les régimes autoritaires. Pour quadriller la population afin de ne pas lui offrir la chance de se communiquer pour s'organiser, les différents régimes ont mis en place une écologie de la communication restrictive (Rapport de la Commission d'Enquête, 1993), à travers la multiplication des documents de voyage (Kinder, 1980 : 229), les barrières de contrôle (Djimtebaye, 1993). Cette écologie de la communication difficile fut étendue à quelques rares moyens de communication technologiques comme les radios, où il était à certaines périodes de dictature fait interdiction d'écouter des stations radios étrangères (Rapport de la Commission d'Enquête, 1993). Cette écologie difficile va entrainer la rupture entre les familles ou les amis pendant de longues décennies, même si elle n'a pas en vérité entrainé des ruptures définitives entre familles et amis. En somme, le schéma de l'écologie de la communication de la société hadjeray met en scène une gamme variée de composants allant des hommes (émetteurs et récepteurs) aux idées abstraites (raisons, causes de la communication) en passant par les objets (les supports de communication).

Au regard de ces éléments disparates qui constituent cette écologie de la communication, nous pouvons concevoir avec Hearn & Foth (2007) que celle-ci pourrait aussi avoir trois couches : une couche technologique qui comprend les infrastructures de communication et les médias de connexion qui permettent la communication et l'interaction ; une couche sociale qui se compose des personnes et des réseaux sociaux qui organisent celles-ci et enfin, une couche discursive qui est le contenu de la communication. Les interviews et les observations que nous avons faites de notre rencontre avec Hamat nous ont permis ainsi de dégager une écologie de la communication de la société hadjeray qui renferme une constellation des thématiques telles que la problématique de la terreur et de la peur, le rôle de l'information dans une société de crises, la dynamique identitaire, la précarité de mode de vie et mobilité, les réseaux de familles et d'amis, les infrastructures de communication, plus particulièrement les technologies de l'information et de la communication, et les contraintes et restrictions qui frappent l'utilisation de ces moyens de communication. D'autant plus que le paradoxe qui apparait dans l'écologie de la communication de cette société, c'est que d'un côté il y a le besoin de contacts, de communication entre les familles dispensées, et de l'autre, il y a les difficultés de communication dues, tantôt aux insuffisances et ou à l'insécurité des infrastructures et moyens de communications tantôt à la censure de l'Etat.

À première vue, les différents éléments qui fondent l'écologie de la communication de la société hadjeray semblent indépendants les uns des autres, mais en vérité ils disposent des liens étroits de cause à effet, voire des liens circulaires. Ainsi, on se retrouve avec des thématiques imbriquées les unes les autres, et qui ont pour dénominateur commun

Chapitre 1

d'avoir toutes des relations avec la communication tels que schématisée dans Tableau 1.1.

Tableau 1.1   Schéma de l'écologie de la communication de la société hadjeray.

[Diagramme : Crises (Politique/économique), Mobilité, Communication, Peur, Identité — reliés par des flèches bidirectionnelles]

Source : Compilation de l'auteur sur la base des observations et enquêtes de terrain

Le point de départ de cette écologie de la communication se trouve dans les crises complexes (politiques et écologiques) que la région du Guéra a connues dès 1965 avec la naissance de la rébellion et les sécheresses des années 70 et 80 et qui ont pour conséquence d'engendrer la mobilité des populations. Avec cette mobilité, on assiste à la naissance de la communication entre les différents membres des familles dispersées par les circonstances événementielles (cf. chapitre 4). Ainsi, la communication née de la dispersion des familles va se trouver au centre de l'écologie de la communication de la société hadjeray qui renferme les crises, la mobilité, la peur et la dynamique identitaire. La position centrale de la communication dans l'écologie de la communication s'explique par le rôle important qu'elle joue pendant les périodes de crises où la communication apparait comme l'une des stratégies majeures pour les gérer (Libaert, 2001). Dans ce sens, il faut comprendre le rôle des moyens de communication tels que la géo-

Introduction générale

mancie, la Margay[10], dans la gestion des crises, ou le rôle de la communication interpersonnelle dans la formation des réseaux des familles où les gens se regroupent par communauté 'sous-ethnique'. Ainsi, plus grave est la crise, plus développée est la communication (cf. chapitre 4). Quant à la mobilité, le lien qui l'unit à la communication est encore plus net en ce que c'est par la communication que s'organise la mobilité. À ce propos, le récit de vie de Hamat l'illustre si bien lorsque ce dernier déclare que c'est grâce à ses cousins installés aux abords du fleuve Logone et qui opèrent entre le Tchad et le Nord du Cameroun qu'il a réussi à s'enfuir du Tchad au plus fort moment du règne de la terreur de Habré. Au même moment où la communication constitue le support pour la mobilité, elle constitue un levain de pâte de la dynamique identitaire. Grâce à la communication, les contacts se nouent sur une base identitaire où on voit les relations se diriger entre les proches où entre les Hadjeray. Là aussi, l'histoire de notre rencontre avec Hamat le montre à merveille. Enfin, le rapport entre la peur et la communication est certes moins visible, mais il est le plus saisissant, en ce que la peur influence la communication en la muselant ou en l'incitant comme on peut le constater avec Hamat qui, animé par la peur, fait montre de réticence dans la communication et en même temps, cherche à développer les contacts à distance avec ses proches.

Cependant, cette écologie de la communication telle que schématisée n'est pas statique. Elle est sujette à une fluctuation où par moments elle peut se désintégrer et perdre certains de ses éléments et se résumer à la communication en relation avec un, deux ou trois des éléments qui l'entourent.

Cette imbrication des thématiques les unes, les autres, mais gravitant toutes autour de la communication, nous conduit à examiner des relations entre les crises, la peur et la communication et aussi d'examiner la place de la communication dans la mobilité et la construction de l'identité ethnique hadjeray. En dernier ressort, la thèse se penche sur le processus du changement social enclenché depuis quelques années par l'arrivée des technologies de l'information et de la communication de manière générale et de la téléphonie mobile en particulier. Ce dernier aspect se focalise sur l'interaction entre les technologies de l'information et de la communication et les populations hadjeray. À ce propos, il serait particulièrement intéressant de voir dans quelle mesure les technologies de l'information et de la communication peuvent connecter ou déconnecter les populations aux histoires liées aux longues crises comme celles de la région du Guéra.

Mobilité

À l'image du style de vie d'autres populations africaines victimes de crises, le mode de vie des populations hadjeray était axé sur la mobilité (Monographie du Guéra, 1993 ; de Bruijn & van Dijk, 2007). La mobilité en Afrique, de manière générale, a fait l'objet d'une série d'intéressants travaux (Amin, 1974 ; Amselle, 1976 ; Beauvilain, 1989 ; Seignobos, 1995 ; de Bruijn & van Dijk, 2003). La plupart des auteurs mettent l'accent sur la recherche du profit (Amin, 1974 ; Amselle, 1976). D'autres mettent la mobilité en

---

[10] La Margay est la religion ancestrale d'une partie des populations hadjeray. Elle a une fonction informative préventive par la bouche de la femme possédée qui délivre les messages sur les événements à venir.

rapport avec la crise écologique que connaissent ces dernières années les pays sahéliens (Kinder, 1980 ; Beauvilain, 1989 ; Seignobos, 1995 ; de Bruijn & van Dijk, 1995, 2003). En somme, les travaux de ces auteurs évoquent essentiellement l'aspect économique de la mobilité. Certes, le caractère économique de la mobilité est valable et constitue même l'une des principales causes de la mobilité dans les zones d'incertitude économique comme l'espace sahélien. À titre d'exemple, la présence nombreuse des populations tchadiennes au Soudan et au Nigeria comme main-d'œuvre (Kinder, 1980) et des populations hadjeray dans la région du lac-Tchad et du Chari-Baguirmi comme déplacées 'économiques' (Faure, 1980) en sont une illustration.

Cependant, si l'économie constitue la toile de fond de la mobilité dans les zones à crises écologiques, expliquer la migration ou la mobilité des populations des zones de crises simultanées écologiques et politiques complexes à partir du seul mobile économique, c'est faire preuve d'une vue réductrice de la complexité de la migration ou de la mobilité africaine en général et des zones des crises complexes comme celle de la région du Guéra en particulier. C'est pourquoi, des auteurs comme De Bruijn *et al.* (2001) ou Hahn & Klute (2007), ayant pris conscience de la diversité des causes de la mobilité africaine, en ont diversifiée.

Toutefois, leur conception de la mobilité fort ouverte, mais apparemment mue essentiellement par des motifs volontaires, considérés comme style normal de vie, semble ne pas prendre en compte les réalités de la mobilité des zones de crises complexes comme celle de la région du Guéra où les mobilités répondent, tantôt à une cause politique, économique, sociale, tantôt à plusieurs causes simultanées, forçant les populations à quitter leur milieu d'origine sans le vouloir. La question qu'il y a lieu de poser dans le cas des populations hadjeray pourtant très mobiles est de savoir si ces populations seraient toujours mobiles même s'il n'y avait pas des crises et violences politiques, c'est-à-dire une force contraignante à la mobilité? Si oui, une telle mobilité, mue par les forces contraignantes, mérite-t-elle d'être qualifiée de style de vie normal. Ainsi, à des causes économiques indéniables, il faut ajouter des causes politiques et aussi des causes sociales, étant donné, les pesanteurs sociales en cours dans la société hadjeray, conduisant souvent à des pratiques sociales ostracistes. N'entend-on pas souvent dire en guise de dicton que « tu es resté seul comme un sorcier ! » pour désigner une personne souffrant de solitude. L'existence de ces dictons dénote de l'existence dans cette société des pratiques sociales ostracistes qui conduisent souvent au départ des personnes du village pour d'autres horizons. Ainsi, la mobilité des populations hadjeray, surtout vers la ville, présente un répertoire assez large des causes des mobilités. À côté des personnes déplacées à la suite des violences politiques ou des crises écologiques, on trouve des personnes déplacées à la suite des violences sociales 'communautaires' d'ostracisme consécutif à un comportement, une pratique jugés déviants, ruineux ou déshonorants pour la famille ou la communauté villageoise en général. À cet égard, il importe de comprendre la place de la mobilité dans l'écologie de la communication hadjeray: augmente ou réduit-elle la communication?

Violence politique et terreur

L'histoire de l'horreur de Hamat pour le corps habillé illustre si besoin en est, de la relation conflictuelle qui existe entre l'armée, et partant, l'Etat, et la population hadjeray durant les décennies 1960-1990. En effet, pendant ces décennies, le Tchad a été affecté par une violence politique endémique (Buijtenhuijs, 1987) qui met aux prises l'Etat incarné par les régimes autoritaires que le pays a connus (Bangoura, 2005 : 42) et les populations hadjeray contestataires (Netcho, 1997). De cette relation conflicuelle entre l'Etat et les populations hadjeray aux aspirations antagonistes et aux buts incompatibles (Derriennic, 2001), va résulter la violence politique qui comprend la violence d'Etat exercée par l'Etat et la contre-violence ou violence protestataire voire contestataire exercée par les populations contre l'Etat et la violence due aux carences de l'Etat (Bangoura, 2005 ; Hermet *et al.*, 1994). Cette relation va se caractériser par une violence ordinaire, routinière et banale, puisqu'elle s'inscrit d'une part dans un contexte d'insécurité sociale générale, et d'autre part dans des conditions spécifiques de vulnérabilité catégorielle qui transcendent les situations de violence individuelle et surtout que cette violence s'appuie sur une légitimité d'exercer une contrainte préventive ou punitive, physique ou psychologique pour rappeler les subordonnés à l'ordre (Bouju & de Bruijn, 2007). Ainsi, ces violences aboutissent souvent à l'instauration de la culture de la peur (Bouju & de Bruijn, 2007). Certains régimes politiques tchadiens, comme celui de Habré, pour intimider les récalcitrants, avaient développé une politique de la terreur (Yorongar, 2002). Car dans un Etat de la terreur la présence de l'Etat signifie violence (Riches, 1991). L'un des piliers de la culture de la politique de la terreur, était la violence répressive considérée comme légitime et exercée au nom de la sécurité, de la protection (Bouju & de Bruijn, 2007 ; Linke *et al.*, 2009).

Ainsi, la menace supposée que représentent les personnes visées devient des arguments pour exercer une répression contre ceux qu'on stigmatise comme source de l'insécurité (Altheide, 2009). Ces pratiques sont le propre des régimes totalitaires (Walter, 1969 ; Abbink, 1995) qui cherchent à instaurer la soumission, la domination qui se décline en des punitions arbitraires sous forme d'insultes et d'humiliation (Scott, 1990 : 35). Ces pratiques visent à insuffler la crainte dans l'esprit des dominés, à briser toute résistance intérieure (Bouju & de Bruijn, 2007 ; Linke *et al.*, 2009). D'autant plus que la violence n'est pas seulement utilisée pour punir les actes de désobéissance et de résistance, mais aussi pour briser par avance, les velléités de désobéissance (Walter, 1969 : 19).

L'idéologie de l'exercice instrumental de la violence façonne de ce fait le comportement quotidien de la population par une culture de la peur (Abbink, 1995 : 128) dont fait montre ici Hamat dans notre cas pratique d'illustration, du fait de la violence directe ou indirecte subie. Pour arriver à leur fin, les auteurs de la violence ont tendance « à transformer tous les rapports de compétition dans la société en luttes ouvertes, sans toutefois déboucher sur un conflit à caractère révolutionnaire. La violence n'est dans ce cas que la somme des luttes individuelles ou micro-sociales qui visent tantôt le chef politique dont un rival brigue la succession, tantôt le fonctionnaire, dont un subalterne convoite le poste, tantôt le policier qui a abusé de son pouvoir et dont il convient de se venger, tantôt même le voisin, le parent, la famille, le clan ou le village avec lesquels existent des litiges privés familiaux ou claniques » (Verhaegen, 1969 : 4). La société est ainsi transformée en une assemblée de personnes qui se méfient les uns les autres, et ne se font absolument pas confiance et qui se livrent à diverses formes de violences (Abbink, 1995 : 128 ; Bouju & de Bruijn, 2007). Cette politique vise à annihiler toute idée de confiance, d'initiative de concertation, pour entreprendre quelque chose contre l'oppresseur (Braeckman, 1996). Ces pratiques sont le propre des pays africains traversés par des conflits ethniques comme l'Ethiopie (Abbink, 1995), le Rwanda, le Burundi (Gahama, 2005), la République Démocratique du Congo (Qinteteyn, 2004), le Tchad (Yorongar, 2002).

Le but d'une telle violence est le maintien d'une domination politique, religieuse, sociale familiale, de genre, etc. (Boute, 1998 : 47). Dans le cas pratique du Tchad, elle a abouti à la hiérarchisation sociale des citoyens où depuis quelques années on assiste à la montée en puissance des ethnies des présidents régnants appelées pompeusement 'intouchables' compte tenu du « tout permis » et de l'impunité dont elles jouissent (Debos, 2008a). Le Tchad étant un pays de conflit armé, l'institutionnalisation de la violence, de la terreur, était devenue l'unique mode de lutte pour la conquête du pouvoir (M.S. Yakhoub, 2005 : 23) et pour sa préservation. Face aux velléités des seigneurs ethniques de guerre de se préparer pour la conquête du pouvoir, les régimes politiques successifs au pouvoir développaient souvent une culture de la terreur, de l'intimidation, de la délation. À cet effet, un des régimes tchadiens en l'occurrence, celui de Habré : « a développé un ignoble esprit de délation et de suspicion entre toutes les couches de la société, au point que chacun avait peur de l'autre, voire de sa propre ombre. Chacun vivait replié sur lui-même et n'osait évoquer la tyrannie sur le pays, par crainte de représailles. (…) Le citoyen moyen se sent dès lors traqué et devient méfiant à l'égard de tout le monde » (Rapport de la Commission d'Enquête, 2003 : 86). Les longues histoires d'intimation, de délation ont rendu les populations tchadiennes non seulement méfiantes, mais craintives et apeurées rapport à tout ce qui se rapporte à l'Etat (de Bruijn, 2008).

Pour s'être opposé à quelques régimes politiques qui ont gouverné le Tchad, le groupe ethnique hadjeray fait partie des ethnies tchadiennes qui ont subi des violences punitives de la part de certains régimes politiques ayant gouverné le Tchad, plus particulièrement celui de Hissein Habré[11]. La répression qu'avaient endurée les populations

---

[11] Hissein Habré a régné de 1982 à 1990. Son règne de 8 ans fut des plus sanglants en raison des répressions plus particulièrement contre les populations du Sud du Tchad dès 1983, contre les populations hadjeray en 1987 et contre les Zaghawa en 1989. Au terme de ces répressions, plus de 40.000 morts lui sont imputés selon le Rapport de la Commission d'Enquête de 1993. Depuis fin janvier 2000, quelques victimes tchadiennes regroupées au sein de l'Association des Victimes de Crimes et de la Répression Politique (AVCRP) encadrées et soutenues par les associations de défense des droits de l'Homme telles que *Human Right Watch* et *la Fédération Internationale des Droits de l'Homme* ont porté plainte contre Habré à Dakar où ce dernier a trouvé refuge depuis 1990 et en Belgique. La plainte de victimes fut soutenue en 2006 par l'Union Africaine qui demande au Sénégal de juger Habré. Cela fut l'occasion pour Dakar de monter des enchères financières au point de menacer de renvoyer Habré au Tchad au motif d'insuffisance financière pour l'organisation du procès. Devant la tergiversation du Sénégal, la Cour Internationale de Justice de La Haye saisie par la Belgique enjoint le 20 juillet 2012 le Sénégal de juger Habré ou de l'extrader en Belgique qui, depuis février 2009, demande qu'il lui soit livré pour le juger. Cette sommation de la CIJ contraint le Sénégal à poser des actes allant dans le sens de jugement de Habré en créant des 'Chambres Africaines Extraordinaires'

hadjeray ont fait naitre dans les esprits, le côté persécuteur de l'Etat et de ses agents de contrôle et par conséquent, développé une attitude de la peur et de la résistance à l'autorité politique et à l'administration publique (van Dijk, 2008 : 130), et un climat de méfiance vis-à-vis de tout inconnu qui est vu comme un potentiel délateur. La question ici est de savoir quelle est la place de la peur dans l'écologie de la communication en général et dans la mobilité des populations hadjeray en particulier. À cet égard, l'arrivée des nouvelles technologies de l'information et de la communication comme nouvel outil de communication est-elle susceptible de vaincre ou de renforcer ce sentiment et phénomène social ?

TIC et connectivité

Les technologies de l'information et de la communication de manière générale et la téléphonie mobile en particulier ont fait l'objet d'intéressants travaux (Chéneau-Loquay, 2004 ; Bonjawo, 2002 ; Gabas, 2004 ; Horst & Miller, 2006 ; Goggin, 2006 ; de Bruijn *et al.*, 2009 ; Castells, 2007; Nyamnjoh, 2008 ; Hoover *et al.* 2004 ; etc.). Dans leurs travaux sur les TIC, certains auteurs ont mis l'accent sur l'opportunité que représente l'Internet pour les régions à l'écologie de la communication difficile (Chéneau-Loquay, 2004 ; Bonjawo, 2002 ; Gabas, 2004 ; Fergusson, 2006). D'autres se sont intéressés spécialement à la téléphonie mobile et ses appropriations culturelles, sociales, économiques, et surtout à la hiérarchie sociale qu'elle crée au sein de la société (Dibakana, 2002 ; Smith, 2006 ; de Bruijn *et al.*, 2009). Cette diversité des travaux sur les TIC, tant pour les liens entre les hommes, pour la réussite d'une action, que pour les rapports sociaux etc., dénote l'importance de la communication dans la société de manière générale et des TIC en particulier. Car comme l'énonce Castells (2007), qui détient la communication détient le pouvoir. Au Tchad, avant même l'avènement des TIC, l'importance du rôle que joue la communication dans la société a été très tôt comprise par les différents régimes politiques tchadiens qui, pour pouvoir maitriser la société, ont mis un accent particulier sur le contrôle des moyens de communication tels que les routes, les médias, les documents de voyages, etc., de manière à rendre l'écologie de la communication difficile et par la même occasion décourager les communications entre les citoyens dont ils se méfiaient. Cette tendance du gouvernement à avoir une mainmise sur les moyens de communication se traduit aujourd'hui, avec l'arrivée des TIC, par la détention exclusive de l'opérateur historique des télécommunications, de l'organe régulateur et aussi par des interventions intempestives dans les activités des sociétés privées de téléphonie mobile.

Malgré cette mainmise de l'Etat sur les outils de communication, l'ardent besoin de communiquer de la population par le téléphone mobile nous fait assister dans la société tchadienne en général et hadjeray en particulier à une intéressante appropriation cultu-

---

d'instruction, d'accusation, de jugement et d'appel au sein de sa juridiction. Le débat qu'il y a au Tchad autour du jugement de Habré concerne la dépense que comporte cette opération qui est de 8,6 millions d'euros. Il n'est pas rare à ce propos d'entendre des Tchadiens et plus particulièrement les victimes se dire qu'au lieu de dépenser des milliards pour juger Habré au plus grand bénéfice du Sénégal qui a déjà joui de l'argent emporté par Habré lors de sa fuite, il vaut mieux dépenser cet argent pour dédommager ou réaliser quelque chose de symbolique pour les victimes.

relle et sociale des TIC, en particulier la téléphonie mobile, très adaptée aux réalités des populations mobiles des pays sans infrastructures, sans revenus conséquents (Castells, 2007 ; Dibakana, 2002 ; Smith, 2006). Au nombre des appropriations culturelles et sociales de la téléphonie mobile figure l'importance de la téléphonie mobile pour des actions sociales telles que les assistances sociales par les transferts d'argent par téléphone mobile et les condoléances qui sont des actes de haute importance et qui connaissent en ce moment un fort ancrage dans le quotidien de la population. À travers ces appropriations comme bien d'autres, on assiste à l'entrée de la téléphonie mobile parmi les éléments constitutifs de l'écologie de la communication de la société hadjeray. L'exemple de notre rencontre avec Hamat grâce à la téléphonie mobile, après plusieurs décennies de rupture de contact, rend compte de l'importance de la place de celle-ci dans l'écologie de la communication de ces populations.

Cependant, l'appropriation des TIC tout comme leur importance dans le circuit de l'écologie de la communication ne va pas sans poser des questions. Entre autres questions, quels peuvent être les apports des TIC pour les populations économiquement et socialement marginalisées ? Les TIC Peuvent-elles, dans le cas pratique du Tchad, résoudre les contraintes qui rendent difficile l'écologie de la communication ? Sont-elles de nature à garantir la liberté et la confidentialité de la communication et permettre aux populations mobiles comme celles du Guéra de se connecter pour rompre avec les ruptures qui accablent les familles depuis des décennies?

Par ailleurs, les succès des actions et protestations politiques aidés par les technologies de l'information et de la communication (Reingold, 2002 ; Gibb, 2002 ; Paragas, 2003 ; This, 2011 ; Zeynep Tufekci, 2012 ; Wassef 2012 ; El-Nawawy, 2012) ont amené des auteurs à se pencher sur le rôle 'connecteur', 'intégrateur', 'fédérateur', 'rassembleur', 'mobilisateur' et 'démocratique' que jouent celles-ci au-delà les frontières nationales, régionales ou ethniques pour une cause sociale ou politique commune. À cet égard, tout en offrant une chance extraordinaire de connexion aux populations y compris celles marginalisées comme celles du Guéra, les TIC ne peuvent-elles pas conduire à la déconnexion par un repli identitaire ethnique comme le montre la communication de Hamat dirigée essentiellement vers les siens?

La dynamique identitaire sociale

La construction et la dynamique identitaire a fait l'objet des nombreux discours scientifiques, principalement des sociologues qui dans des années 1970 se sont focalisés sur la notion de 'moi' explorant les constructions identitaires à partir à des interactions interpersonnelles (Cerulo, 1997). Cette conception place de facto l'identité dans un moule 'essentialiste'. Cependant, durant les décennies suivantes, les débats sur les constructions identitaires vont être déplacés sur les questions de genre, de race, de l'ethnicité, de classe, et même de situation sociale d'un groupe hétérogène (Alba, 1990 : 306).

A la lumière de l'évolution du débat sur le concept de l'identité, il convient d'examiner l'identité hadjeray pour comprendre si en réalité elle relève de structures ethniques figées ou au contraire, elle est une notion dynamique liée aux circonstances événementielles, une réponse à une crise, à un contexte social particulier ?

Introduction générale

L'identité hadjeray est aujourd'hui au Tchad assimilée à tord ou à raison à une identité d'une ethnie ou carrément à une ethnie (Aert, 1954 ; Le Rouvreur, 1962 ; Chappelle, 1980). Cette perception découle logiquement d'une part du fait des rapports des forces conflictuels entre les ethniques qu'on rencontre un partout en Afrique (Congo, Nigeria, Tchad, Angola) etc., et d'autre part du fait de la protection et de la vitalité culturelle, spirituelle et artistique qu'offre l'ethnie à ses membres en Afrique (2000 : 47). En fait, les manifestations des phénomènes ethniques en Afrique, leur hiérarchisation, leur instrumentalisation dans la lutte politique et surtout leur formation ont fait l'objet de nombreux écrits des ethnologues, des anthropologues, des politistes, qui se sont particulièrement penchés sur les conditions de leur formation (Amselle & M'Bokolo, 1985 ; Bayart, 1989 ; Vail, 1989). Pour Amselle & M'Bokolo (1985: 10) , « ce sont en définitive l'ethnologie et le colonialisme qui, méconnaissant et niant l'histoire et pressés de classer et de nommer, ont figé les étiquettes ethniques » ; tandis que pour Bayart (1996: 43-44), les ethnies en Afrique sont une invention et une arme de l'impérialisme et du néocolonialisme pour diviser afin de mieux régner. À quelques exceptions près, Lonsdale (1996 : 102), observait que les patrons Blancs au gré de leurs besoins n'ont pas seulement créé des ethnies, mais ont surtout créé des stéréotypes pour les ethnies afin de mieux s'en servir. À la lumière de ces déclarations, il convient de passer au crible les conditions de la création du groupe hadjeray pour voir à quel critère il obéit.

Le groupe hadjeray, pris comme ethnie (Aert, 1959 ; Chapelle, 1980), est une création fort récente, datant du crépuscule de la colonisation. Comme dans bien d'autres pays d'Afrique, la formation de l'ethnie hadjeray a été l'œuvre de la colonisation qui est venue assembler et designer sous un même nom d'ailleurs générique et sur une même entité territoriale, des populations qui naguère n'avaient en vérité que très peu de relations de parenté entre elles (Merot, 1935 ; Aert, 1954 ; Annie-Lebeuf, 1959 ; Chapelle, 1980 ; Fuchs, 1997 ; Magnant, 1994). Les quelques relations de voisinage entre villages qui existaient, n'étaient pas forcément des plus fraternelles, ni pacifiques (Duault, 1935 ; Martellozo, 1994). Ce qui dénote l'inexistence de l'ethnie hadjeray à l'époque précoloniale. Ainsi, la création d'une entité géographique et politique appelée Guéra devant regrouper une mosaïque des populations sous le nom des Hadjeray est une création purement coloniale et datant fort récemment de 1956, date à laquelle la colonisation a créé la région du Guéra, supposée regrouper les populations d'une même ethnie, les Hadjeray, une région à part entière détachée des régions voisines et principalement de la région du Batha d'où elle dépendait naguère.

Cependant, la création de la région de Guéra en 1956, indépendante des régions voisines du Batha, du Chari-Baguirmi, du Moyen-Chari qui naguère se partageaient ses populations, n'était pas une création 'ex nihilo', moins encore une création arbitraire comme on pouvait le penser. À la base du regroupement de ce conglomérat des populations, il existait des données, des valeurs, des pratiques sociologiques et religieuses communes qui avaient servi de ciment au fondement de la construction de cette ethnie vis-à-vis des Hadjeray eux-mêmes, puis vis-à-vis des autres ethnies tchadiennes voisines (Le Rouvreur, 1962), car l'ethnie ne peut être qu'un conglomérat de personnes qui ont accepté de partager certaines valeurs, de s'assumer. L'ethnie est donc un concept subjectif comme le note Bruneau cité par Tchawa (2006 : 217) pour qui « l'ethnie, communauté plus ou moins large qui, tout comme l'idée de nation, est une affaire subjective. (…) Elle est d'abord sentiment d'appartenance, et confrontée par le regard des autres qui implique bien des clichés ».

Ainsi, face au miroir déformant ou non que leur présentent les autres (Tchawa, 2006 : 217), les populations hadjeray ont nourri et entretenu le syndrome de comportement de marginalisés, qui s'ajoute à une liste des traits distinctifs qui les caractérisent. N'a-t-on pas entendu Hamat dire dans son récit de vie que : « ce qui est possible pour les autres ne peut pas l'être pour nous ». Cette attitude et cette déclaration de Hamat nous montrent l'identité hadjeray conçue de l'intérieur comme le sentiment d'être marginalisé et de l'extérieur (par l'Etat) comme d'éternels opposant (nous reviendrons sur cette question un peu plus longuement dans les chapitres 2 & 5). Aussi, indépendamment des données sociologiques, il existe d'autres variables telles que les crises qui ont jalonné l'histoire de ces peuples depuis la période précoloniale et qui ont contribué à définir leur mode et leur condition de vie, et partant, leur histoire, leur identité.

Cependant, la construction d'une identité unique hadjeray dans la diversité des langues, des pratiques locales, est demeurée un processus jamais achevé. Par ailleurs, malgré les données socioculturelles et l'histoire qui unissent les populations hadjeray, la solidarité ethnique comme support du sentiment ethnique (Butaké, 2006 : 323), n'a souvent pas accompagné la formation ethnique souvent soumise aux rudes épreuves des crises et violences politiques qui ont entaché l'histoire de la région du Guéra. Ainsi, dans certaines situations d'extrême crise telles que les crises politiques, le cercle d'extrême solidarité se restreigne à la communauté ethnolinguistique (Migami, Bidio, Kenga etc.), à un village ou une famille restreinte (Spittler, 1993 ; de Bruijn, 1997). En effet, les nombreux réseaux de communication de mobilité de familles et d'amis ayant abouti à la création de nombreuses communautés hadjeray en dehors de la région du Guéra (cf. chapitre 4) le démontrent bien. La question qu'on peut se poser ici est celle de savoir, quelle va être la part de la communication et plus particulièrement de la communication par les technologies de l'information et de la communication dans ce processus de fluctuation de la dynamique identitaire hadjeray?

Structuration de la thèse

Afin de comprendre le rôle central de la communication dans la dynamique identitaire hadjeray en prise aux crises complexes, la présente thèse est divisée en deux parties. La première partie comprenant cinq chapitres est consacrée à la dynamique identitaire hadjeray mue par la communication dans une situation de crises complexes et de mobilité. Le chapitre premier de cette partie porte sur une observation de l'écologie de la communication de la société hadjeray à travers l'histoire de vie d'un enquêté. À ce titre, une ouverture a été faite par les observations découlant de notre rencontre avec un de nos enquêtés basé à Kousseri dans le Nord du Cameroun, en l'occurrence Hamat. Cette ouverture plante le décor de l'écologie de la communication de la société dans laquelle vit notre enquêté. Ce chapitre a le mérite de nous situer sur les composantes de l'écologie de la communication dans la société hadjeray et sur les dynamiques et les implications de la communication dans les crises, la mobilité et la formation identitaire. Ce récit de vie de Hamat nous a permis de dégager notre problématique et notre problème de recherche et de passer en revue un certain nombre de théories et concepts et leurs limites appliquées au cas de l'écologie de la communication de la société hadjeray.

Le chapitre 2, quant à lui, fait l'étude critique de l'historiographie de la formation de la société et de la dynamique identitaire hadjeray dans sa complexité, et qui pour pouvoir l'étudier, nous a amené à adopter une méthodologie spécifique. Ainsi, la partie méthodologique de ce chapitre montre les difficultés de recherche dans la société hadjeray, difficultés inhérentes à une société 'plurielle' à la fois homogène et hétérogène et qui a connu tant de crises et violences politiques et les problèmes éthiques que suscite l'utilisation d'intéressantes mais compromettantes données. Aussi, ce chapitre fait-il état des stratégies que nous avons adoptées pour surmonter ces difficultés.

Le chapitre 3 porte sur l'une des causes de l'écologie de la communication qui sont les crises politiques complexes qui montrent la multiplicité des belligérants et l'ambivalence des populations hadjeray vis-à-vis de ces derniers. Aussi, ce chapitre fait un survol cavalier des stratégies de gestion des crises par les populations et permet de situer la place de la communication dans la société hadjeray en crise d'une part, et de déterminer le coefficient de la peur dans la mobilité d'autre part. Enfin, ce chapitre montre la typologie complexe de la mobilité hadjeray résultant de crises toutes aussi complexes.

La complexe mobilité est abordée au chapitre 4 qui fait la genèse de la mobilité en accordant une place spéciale à la mobilité liée à la présence de la colonisation. Aussi, ce chapitre fait état de l'implantation des communautés hadjeray dans d'autres régions du Tchad et dans le Nord du Cameroun suite aux différentes crises qui vont entrainer la mobilité.

Le chapitre 5 est consacré à la dynamique identitaire hadjeray à l'épreuve des crises. Ce chapitre permet de comprendre la genèse et la dynamique fluctuante de l'identité hadjeray à travers les multiples crises qui ont frappé la région du Guéra.

La deuxième partie de cette thèse comprend quatre chapitres. Elle porte sur les enjeux des infrastructures de communication sur la dynamique identitaire hadjeray. En effet, la mobilité et les crises complexes qui ont affecté les populations hadjeray et la difficile écologie de la communication mise en place par les différents régimes politiques vont entrainer la déconnexion des populations hadjeray pendant des décennies. À cet effet, le chapitre 6 va être consacré à la déconnexion de la société hadjeray. Ce chapitre fait la situation de la dynamique identitaire pendant la période de 'déconnexion' des populations à cause des insuffisances des infrastructures de communication ou de la mainmise de l'Etat sur les moyens de communication pendant les décennies de crises aiguës.

Pour faire le rapport entre cette période de déconnexion des populations, l'avènement des TIC, en particulier la téléphonie mobile au Tchad en 2000 et qui symbolise la 'connexion', il a été nécessaire de consacrer un chapitre charnière portant sur l'avènement des technologies de l'information et de la communication au Tchad. C'est la fonction que remplit le chapitre 7. Ce chapitre fait l'état des lieux du processus de la connexion du Tchad aux technologies de l'information et de la communication et de la mainmise de l'Etat sur cet outil précieux.

Le chapitre 8, quant à lui, s'appesantit sur l'état des lieux des usages sociaux des TIC, en particulier sur la téléphonie mobile au Tchad de manière générale et dans la région du Guéra en particulier. Ce chapitre permet de voir les interactions possibles entre la téléphonie mobile et la population hadjeray à travers les appropriations économiques, sociales, culturelles et politiques.

Enfin, le chapitre 9 porte sur les réseaux sociaux sur Internet. Ce chapitre fait une large place aux réseaux sociaux sur Internet et plus particulièrement à l'usage du réseau social Facebook par les jeunes hadjeray dans leur diversité géographique pour la redynamisation de leur identité ethnique, leur vision de l'avenir. Aussi ce chapitre révèle-t-il l'ambivalence, la contradiction que comportent les technologies de l'information et de la communication à travers les réseaux sociaux sur Internet, d'autant plus qu'on assiste dans ce chapitre à une espèce de 'déconnexion dans la connexion' des jeunes hadjeray.

Le chapitre 10, en guise de conclusion, vient naturellement mettre un terme à cette thèse. Il est l'endroit idéal pour faire la synthèse des différents débats et voir les particularités et les entorses que constituent les données empiriques de la société hadjeray par rapport aux théories existantes en matière de crises complexes, de la mobilité, de la dynamique identitaire, de la communication et de la connexion aux technologies de l'information et de la communication.

2

Que pourrions-nous savoir des populations du Guéra ?

Introduction

Il n'est pas aisé de donner une définition statique des populations de la région du Guéra, tellement il existe une diversité d'origines et d'histoires des groupes et aussi les caractéristiques qui sont censées les definir ont connu de profonds bouleversements à cause des crises qui ont prevalu très tôt au lendemain de l'indépendance du pays. Neanmoins, pour permettre à nos lecteurs d'avoir une idée de ce que sont ces populations qui font l'objet de notre étude et que nous aurons du mal à trouver des mots sous lesquels les ranger, nous allons les aborder dans un premier temps sous l'angle de leur histoire.

En effet, si les informations de la période précoloniale sur ces populations ne nous sont fournies aujourd'hui que petitement par les quelques sources de la tradition orale qui se raréfient de nos jours, les données sur la periode coloniale et post-coloniale ont fait l'objet des travaux de quelques ethnologues (Merot, 1927 ; Aert, 1954 ; Lebeuf, 1959 ; Le Rouvreur, 1962, 1966 ; Vincent, 1962 ; Fuchs, 1962, 1997 ; Pouillon, 1975 ; Blondiaux, 1976 ; Chappelle, 1980 ; etc.). Ces auteurs ont laissé d'interessantes informations tantôt sur l'origine des populations, tantôt sur leurs organisations sociale et religieuse, bien que leurs travaux comportent beaucoup de contradictions, d'imprécisions, de zones d'ombre et d'insuffisances. Bien qu'elles servent de base à la connaissance des populations du Guéra, les informations laissées par ces auteurs de tendance essentiellement structuralo-fonctionnalistes (Levi-Strauss, 1949 ; Radcliffe-Brown, 1968), très préoccupés à l'époque à trouver des rapports entre les différentes structures ethniques, ne peuvent de nos jours permettre de comprendre la société hadjeray qui a connu depuis lors assez de remous politiques qui ont apporté d'autres caractéristiques, dynamiques à la définition de ces populations du Guéra. C'est ainsi que des récents chercheurs (de Bruijn & van Dijk, 2003) ont essayé de comprendre la société hadjeray à travers ses dynamiques mues par les crises politiques (de Bruijn, 2004, 2006, 2007, 2008) et écologiques (van Dijk, 2004, 2008) que la région du Guéra a connues.

Cependant, compte tenu de leur séjour très bref et de leurs regards exterieurs à la société hadjeray, ces derniers aussi n'ont pu aborder certaines dynamiques sociales et sociétales qui font l'identité hadjeray, qu'un regard intérieur pourrait déceler. En outre, l'avènement des technologies de l'information et de la comunication ayant sensiblement accéléré la globalisation, a apporté d'autres dynamiques à la définition des uns et des autres des popualtions hadjeray. C'est pourquoi, il nous a paru nécessaire de faire la présentation de la région du Guéra telle présentée par la littérature et appropriée par les populations elles-mêmes et montrer les imperfections et les insuffisances de cette littérature à partir de notre regard intérieur, le regard d'une personne issue de cette société. Cette présentation aura le mérite de nous permettre de comprendre les enjeux culturels, politiques et communicationnels qui se jouent pour la dynamique identitaire de ces populations. Avant d'aborder les popualtions proprement dites dans les aspects historiques, il importe d'abord de les situer dans l'espace.

Le milieu physique de la région du Guéra

La région du Guéra, territoire des populations hadjeray est géographiquement située au Centre-sud du Tchad entre le 10e et le 20e degré de latitude Nord et le 18e et 20e degré de longitude Est. Elle couvre une superficie de 58.950 km^2, soit 5% de la superficie totale du pays. Elle est limitée au nord par le Batha, à l'ouest par le Chari-Baguirmi, au sud par le Moyen-Chari, et à l'est par le Salamat et le Ouaddaï. Ces coordonnées géographiques mettent la région du Guéra à cheval entre les parties septentrionales et sahéliennes du Tchad et la partie méridionale comprenant la zone soudanienne.

A l'intérieur des frontières de cette région, on trouve un relief accidenté composé des chaînes de montagnes dont les plus hauts sommets sont le mont Guéra à Bitkine culminant à 1613 m et la chaîne d'Aboutelfane située à Mongo qui se dresse à une hauteur de 1506 m. Mis à part ces sommets, il existe bien d'autres montagnes à travers tout le territoire de la région du Guéra, dans presque chaque village ; c'est ce qui a servi de refuge à chaque village pendant les périodes de razzia. Entre les nombreuses montagnes de la région du Guéra se trouvent de grandes vallées boisées et giboyeuses qui servent de terrain pour des activités agricoles et pour les activités de la chasse. Les montagnes si nombreuses dans cette région n'ont pas seulement déterminé la configuration du sol et de la végétation, mais elles sont aussi à l'origine de l'appellation désignant les habitants de cette région : les Hadjeray. En effet, Hadjeray est le nom d'ensemble donné par les Arabes aux populations montagnardes habitant le massif central tchadien, à savoir la région du Guéra.

Le processus de formation administrative de la région Guéra

En 1956, lorsque le Guéra apparaît pour la première fois comme entité territoriale politique et administrative, il fait partie d'un vaste ensemble appelé territoire du Tchad. Avant d'être en 1956 une préfecture comportant quatre sous-préfectures (Mongo, Bitkine, Mélfi et Mangalmé) et aujourd'hui carrément une région avec deux départements

Carte 2.1   Localisation géographique de la région du Guéra

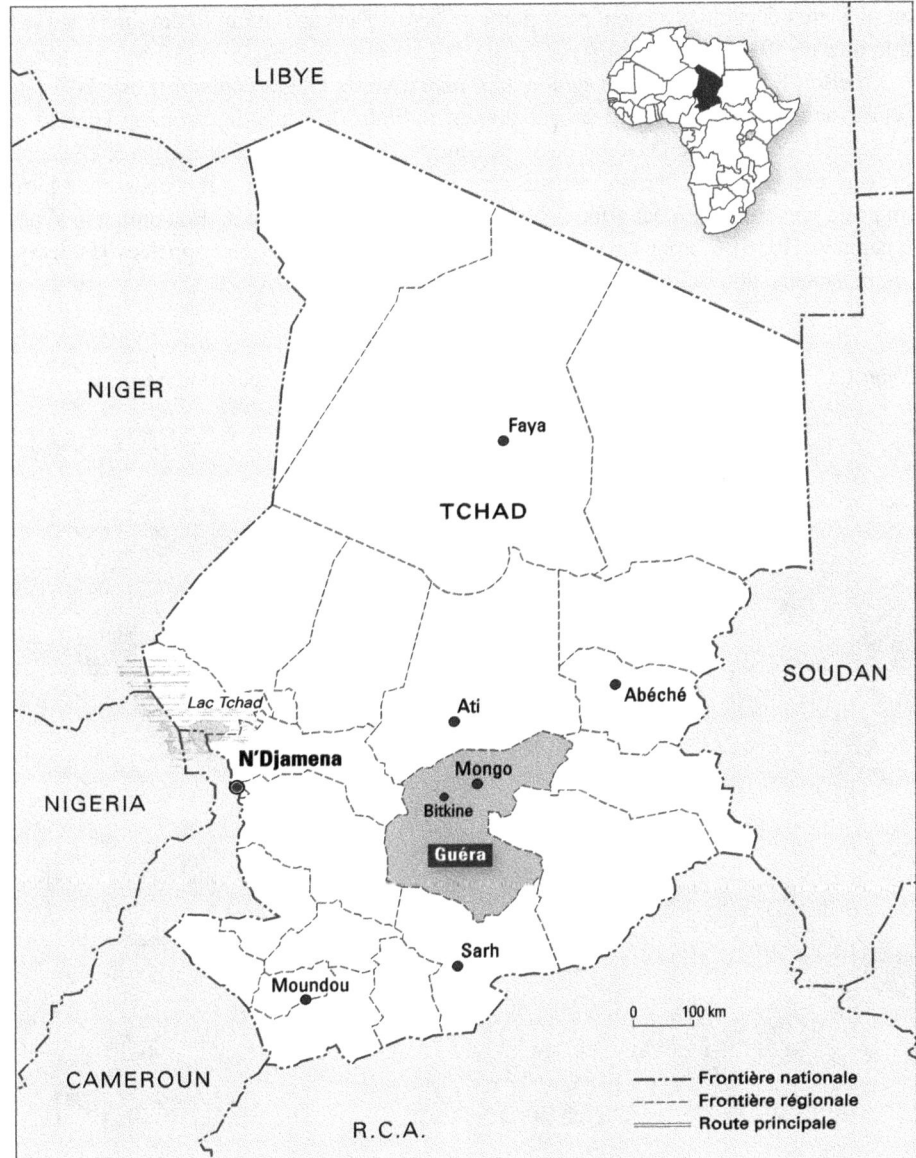

Source :   Compilation de l'auteur inspirée des cartes de l'Atlas du Tchad (2003).

et une dizaine de sous-préfectures, la région du Guéra avait connu au départ des frontières mouvantes, puisque tracées tantôt au pif tantôt en pointillés. À l'intérieur du territoire du Tchad, la région du Guéra, pays des Hadjeray a connu un perpétuel changement de statut organique et des frontières. Ces mutations administratives opérées au gré des réalités sociologiques des populations, ou au gré des circonstances politique, économique et parfois sécuritaire et quelquefois aux désirs mêmes des administrateurs et étalées sur plusieurs décennies avaient pour point de départ l'occupation militaire du Tchad par la France en 1912.

En effet, l'histoire de la formation administrative du Guéra commence par la fin de l'entrevue d'Ammalahi[1] entre un conquérant militaire français, le capitaine Durand et l'Aguid DJAATNE[2] du Ouaddaï du 19 novembre 1903 où il était décidé que le chef-lieu de 'cercle de Bousso' abritant la troisième compagnie militaire soit repoussé à Mélfi. Un poste y est installé à cet effet et servant de chef-lieu de cercle de Boa commandé par le capitaine RUEFF. Pour les populations qui plus tard allaient être appelées Hadjeray, commence une nouvelle ère : celle de la colonisation.

Photo 2.1 Paysage typique de la région du Guéra. Ici, une vue de quelques montagnes dans le triangle des villages Abtouyour-Bideté-Mataya (2009)

L'acte suivant fut la création du poste de Boullong par la première compagnie du capitaine Jérusalemy en 1907. D'abord une base de soutien au dissident et prétendant au trône de l'empire du Ouaddaï en l'occurrence Acyl installé à Ati et menant des activités subversives contre le roi du Ouaddaï, Boullong devient enfin le chef-lieu de la sub-

---

[1] C'est une ancienne localité située entre la ville d'Ati et Bokoro et qui a aujourd'hui disparu.
[2] Djaatné ou Diatné est le représentant de l'empereur du Ouaddaï dans la région du Batha.

division d'Abou-Telfane³. Le 1ᵉʳ septembre 1909, ce sous-secteur qui dépend de Bokoro devient indépendant. Puis par une circulaire N°32 du 25 novembre 1909, le Lieutenant-Colonel commandant le territoire, crée la circonscription du Batha qui comprend trois subdivisions dont celle d'Abou-Telfane et dont le chef-lieu Boullong jugé trop excentrique des foyers de tensions chez les populations Bidios et Diongor doit être transféré sur un autre lieu qui reste encore à déterminer.

Début 1910, des événements se produisirent à Ouaddi-Kadja dans le Ouaddaï et eurent pour conséquence la fermeture momentanée du poste de Boullong (février, mars). Du 19 au 23 mars 1910 s'effectue le transfert du poste de Boullong à Mongo. Toujours en 1910, Mélfi qui évoluait jusque-là en marge de la région du Guéra en tant que poste administratif, fut rétrogradé au rang d'un simple point de subdivision du Baguirmi.

En 1914, sur demande du commandant Largeau, le gouverneur général (P.I) Estébé créa la circonscription du Moyen-Batha. Elle comprendra la subdivision d'Oum-Hadjer et celle de Mangalmé avec un poste à Am-Dam, afin de sécuriser les convois qui ravitailleraient la marche des troupes françaises vers Abéché et aussi une mesure destinée à lutter contre les pillards qui se multipliaient dans cette région et sur cet axe. Cinq ans plus tard, les raisons ayant disparu, la circonscription du Moyen-Batha fut supprimée. Mangalmé revient au Batha (subdivision de laquelle dépendait la région d'Abou-Telfane) et son poste d'Am-dam au Ouaddaï. À cette époque, la localité de Bitkine n'était qu'un simple terrain de chasse pour le village Odjo tout près.

En 1924, au point où devait se dresser aujourd'hui, la ville de Bitkine, était installé un marché au carrefour de quatre chefs-lieux de cantons (canton Kenga, canton Arabe Oumar, canton Dangaléat, et canton Diongor Guéra) tous distants de 16 à 18 kilomètres. Une décennie se passa sans qu'il y ait une retouche. Puis vint en 1936 la 'Réforme Renard 'du nom du gouverneur chargé de l'appliquer. C'était une centralisation à outrance. Le Tchad tout entier est réduit à quatre départements. La subdivision de Mongo est englobée dans le département du Kanem-Batha et celle de Mélfi dans le Baguirmi. Mais cette réforme ne dura que trois ans. Jugée trop absurde et génératrice de fréquents conflits de compétence, elle fut abrogée par le décret du 31 décembre 1937. Le Batha est détaché du Kanem et le Baguirmi reconstitué. Du 06 mars au 27 mai 1944, Mélfi est érigé en chef-lieu du cercle du Baguirmi, puis quelque temps après, il est rattaché à la subdivision du Salamat en tant que district.

En vertu de l'arrêté du 18 juillet 1956 du Haut-Commissaire de la République de l'Afrique Equatoriale Française, la région du Guéra est créée. Font partie de cette entité administrative, les districts de Mongo et de Mélfi qui jusque-là évoluait séparément chacun avec d'autres entités territoriales voisines. Le 22 mars 1960, par un décret, la ville de Bitkine est érigée en poste administratif de Mongo et le même acte réglementaire fait de Mangalmé un Poste administratif, mais du district d'Oum-Hadjer. L'année 1965 a vu la consécration de Bitkine en sous-préfecture. Mangalmé lui emboîtera le pas

---

[3] Abou-Telfane est un nom éponyme de la montagne d'Abou-Telfane, nom donné durant les premières années de la colonisation au territoire qui allait aujourd'hui devenir la région du Guéra. Ce nom d'Abou-Telfane est utilisé au même titre que le nom Boullong pour désigner la même entité territoriale et humaine de l'actuelle région du Guéra.

quatre ans plus tard. Le 05 mars 1969, elle fut transformée en sous-préfecture et transférée au Guéra. C'est depuis cette date que le Guéra a acquis ses frontières actuelles. Aujourd'hui, à l'intérieur de ce territoire de 58 950 km², d'autres transformations continuent d'avoir lieu. 1999 vient avec son lot de changements : on ne parlera plus en termes de préfecture du Guéra mais du département du Guéra qui, en plus de ces quatre sous-préfectures, aura les postes administratifs de Chinguil, Mokofi et de Baro. En 2002, d'autres changements se produisent. Le département du Guéra qui devint Région du Guéra et éclate en deux. Il y a d'une part celui du Guéra qui comprend les sous-préfectures de Mangalmé, Mongo, Bitkine et d'autres nouvellement créées : Baro, Niergui, Bagoua et d'autre part le Département de Barh Signaka avec pour chef-lieu Mélfi avec à ses côtés les sous-préfectures nouvellement érigées de Mokofi et de Chinguil.

Enfin, en 2006, le département du Guéra lui-même va s'éclater en trois départements où chacune de trois principales villes qui le composaient c'est-à-dire Mongo, Bitkine et Mangalmé devint chacun un département avec ses sous-préfectures. Cependant, ces quatre départements se retrouvent toujours dans un même territoire appelé la Région du Guéra et ce malgré le redécoupage territorial du Tchad qui a vu charcuter des régions entières. Malgré cette fracture interne, le Guéra garde ses frontières de 58.950 km² et accède au statut de région du Guéra.

En somme, l'année 1956, qui a vu la création de la région du Guéra marque un pas très important dans la constitution de l'identité hadjeray par la délimitation géographique de ses populations qui désormais se sentent fixées sur leur sort et s'acceptant comme des frères, et ce malgré leurs différences d'origines et de langues.

À l'image du processus de la constitution de son territoire constitué de plusieurs entités territoriales différentes, la région du Guéra va regrouper du point de vue de ses populations, une mosaïque humaine aux multiples contrastes, dont il convient de la présenter à grands traits tel que l'ont conçu la colonisation et les ethnologues avec les incohérences que nous, en tant que Hadjeray connaissant les réalités de ces populations de l'intérieur, essayerons de relever.

La société hadjeray, une mosaïque humaine aux multiples contrastes

La région du Guéra renferme plus d'une quinzaine d'ethnies dont les principales sont : Les Baraïn, les Bidio, les Dadjo, les Bolgo, les Dangaléat, les Kenga, les Koké, les Migami, les Moubi, les Dionkor Guéra, les Fania, les Goula, les Saba, les Sokoro, les Arabes Oumar etc. Il existe d'autres groupes plus ou moins apparentés à ces ethnies, mais dont les tailles se résument quelquefois à un ou deux villages. Chacun de ces groupes 'ethniques' comporte des caractéristiques linguistiques, cultuelles qui la différencient un peu des autres, même si, dans certains cas, on trouve des liens de parenté linguistique et cultuelle.

Faute des données sérieuses datant de la mise en place des populations dans cette région, les histoires des origines de ces différentes populations actuelles de la région du Guéra sont restées assez confuses, voire contradictoires. Car les données orales d'aujourd'hui confrontées aux sources écrites laissées par les explorateurs (Nachtigal, 1876 ; Carbou, 1912 ; Barth, 1927), les administrateurs coloniaux français (Bruel, 1929 ;

Duault, 1935 ; Lapie, 1945) et les ethnologues africanistes (Merot, 1927 ; Aert, 1954 ; Lebeuf, 1959 ; Le Rouvreur, 1962 ; Vincent, 1962, 1975 ; Pouillon, 1975) ou les missionnaires (Vandame, 1966, 1967 ; Franco, 1997) présentent des nuances ; même si fondamentalement, les grandes tendances, les traits caractéristiques restent les mêmes.

La plupart des données retiennent que les populations actuelles de la région du Guéra sont regroupées en deux grands groupes ethniques qui seraient venus tous de l'Est (Merot, 1927 ; Lebeuf-Annie, 1959 ; Aert, 1954). Il s'agit du groupe nilotique renfermant les ethnies Migami, Bidio, Dangaléat et Dadjo. Les éléments de ce groupe sont venus en différentes vagues successives entre le XIVe et le XVIe siècle (Aert, 1954).

Le second groupe est le groupe Charien, composé essentiellement des Kenga, d'où seraient dérivés les Sokoro, les Baraïn, les Saba. Ce groupe serait arrivé plus tard vers le XIVe siècle. Quant aux Mubi, fixés dans la sous-préfecture de Mangalmé, c'est une population apparentée aux Dadjo et dont la mise en place serait antérieure à celle du groupe nilotique. Outre ces ethnies précitées, il y a les 'Yalnas', qui constituent une importante communauté à Mélfi et à l'Est de Mongo. Enfin, il existe une population arabe Oumar implantée dans la sous-préfecture de Bitkine.

Carte 2.2   Localisation des principaux groupes ethniques du Guéra

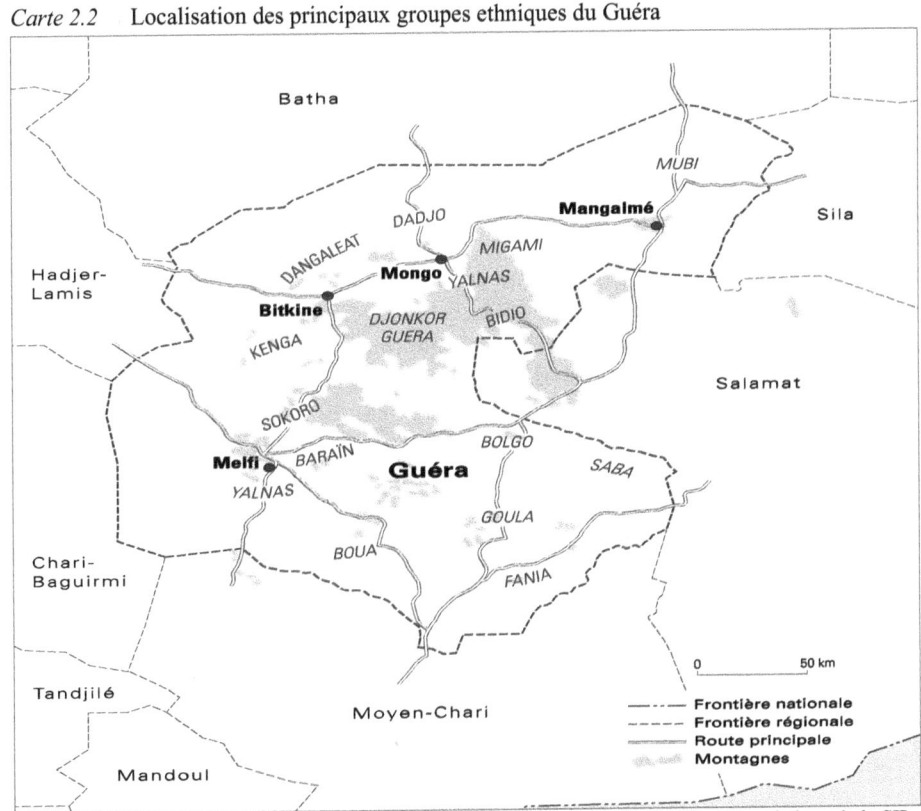

Source : Compilation de l'auteur inspirée des cartes ethniques de Fuchs (1962) et linguistique de la SIL (2005).

Chapitre 2

À côté de cette littérature qui fait état des repères temporel et spatial de la provenance et de la mise en place des populations hadjeray, il existe aussi des sources orales actuelles qui abondent tantôt dans le sens de la littérature et tantôt s'en écartent. Mais chacune de ces sources, comporte des zones d'ombre et suscite des interrogations. Ainsi par exemple, d'après ces sources, les Dadjo sont situés dans la zone de Mongo à l'ouest de la région du Guéra. Dans la mise en place des populations hadjeray, la plupart des données (Le Rouvreur, 1962 ; Aert, 1954 ; Lebeuf, 1959) s'accordent à dire que cette population serait arrivée au Guéra à une époque fort récente. Ils viennent de l'Est du Tchad, plus précisément de la région de Goz-Beida. Cela dit, dans cette dernière région, il existe encore des populations dadjo qui sont restées très parents à leurs cousins de la région du Guéra. Cependant, contrairement aux Dadjo Silah de l'Est du Tchad qui sont foncièrement musulmans, les Dadjo du Guéra quant à eux allient allègrement islam et religion traditionnelle locale la Margay comme l'a si bien noté Lebeuf (1959 : 108): « bien qu'ils soient tous islamisés, ces peuples demeurent fermement attachés à leur religion ancestrale qui serait proche de celle des kinga (sic). Les prêtres dadjo, 'Tojonye', entretiennent des autels constitués par des petites maisons de paille qui sont dédiées au dieu suprême 'Kalge' ». De tous les groupes ethniques de la région du Guéra, le groupe dadjo est celui qui présente le moins de contradictions quant à la direction de leur provenance. Cependant, les deux grandes tendances existant au sein de ce groupe posent la question de savoir si ces deux groupes sont tous venus à une même époque. N'y a-t-il pas un seul groupe dadjo qui aurait assimilé l'autre?

Les Kenga sont une population située au sud-ouest de la région du Guéra, occupant la sous-préfecture de Bitkine. L'histoire rattache cette population aux populations du Baguirmi situées dans la région voisine du Chari-Baguirmi au Sud du Guéra, lesquelles populations avaient fait prospérer un puissant royaume au 15e siècle et dont la paternité est justement attribuée à ce groupe (Merot, 1927 ; Nachtigal, 1876). En effet, l'histoire retient que l'empire du Baguirmi situé au Sud-ouest du Tchad serait fondé par les Kenga. L'une des preuves est le lien politique privilégié qui existe encore de nos jours entre les Kenga et la famille royale du Baguirmi (Fuchs, 1966, 1997). Ces deux populations gardent d'ailleurs jusqu'à nos jours une affinité linguistique (Greenberg, 1966). Aussi, d'autres sources (Pouillon, 1975) rapprochent les Kenga des populations sara habitants de la zone méridionale du Tchad, d'autant plus que les sources orales de mise en place et peuplement dans la région du Guéra indiquent que les populations sara auraient séjourné dans la région du Guéra, plus précisément dans le village Sara-Kenga, avant de descendre vers le sud comme le confirme l'actuel chef[4] de ce dernier village en ces termes :

> 'Oui les Sara, les populations actuelles du Sud du Tchad ont vécu ici à une période fort récente mais que je ne peux pas dater. Ils étaient sur la montagne que tu vois (montrant du doigt la montagne qui se trouve à moins de 500 m de l'emplacement du village Sara-Kenga actuel). À leur départ, ils ont laissé un puits regorgeant d'eau. Pendant les mois de sécheresse de mars, avril, mai, juin où nos puits ici tarissent, nos femmes partent s'approvisionner en eau dans ce puits. Plusieurs des cadres Sara du Sud sont venus ici voir cette place que leurs grands-pères leur ont indiquée. La dernière visite d'un cadre Sara est celle de Gazonga, un célèbre chanteur tchadien, qui remonte en 1996.'

---

[4] Homme, environ 67 ans, paysan, chef du village Sara-kenga dans la sous-préfecture de Bitkine, interview réalisée en avril 2009

Pour la petite histoire, le nom du village Sara-Kenga est donné en souvenir du séjour de cette population sara aujourd'hui implantées dans le Sud du Tchad, mais qui garde aussi comme les populations du Baguirmi une affinité linguistique. À ce sujet, les Sara (du Sud) ne cessent de blaguer avec les Kenga, pour leur montrer leur lien de parenté en reprenant la célèbre citation qu'aurait reprise le premier président tchadien en l'occurrence, Tombalbaye, lui-même Sara : « les Kenga sont des Sara perdus ». En fait, si les données linguistiques et la toponymie de nom du village Kenga semblent attester de l'affinité de ces deux groupes ethniques, ne s'agit-il pas là de deux groupes distincts qui auraient cohabité dans la même localité? Par ailleurs, force est de constater que les auteurs font souvent mention des Kenga venant de L'Est, comme si les Kenga ont un groupe homogène ; alors les Kenga 'conquérants' auraient trouvé sur place des populations autochtones 'Jenange'[5], sorties des montagnes, lors de leur arrivée (Fuchs, 1997 ; Vincent, 1962, 1975 ; Vandame, 1967; Pouillon, 1975). Ce qui tend à démontrer la diversité même du groupe kenga.

Les Dangaléat, sous-groupe de la vague d'immigration dite nilotique, sont implantés à l'ouest de la région du Guéra. Jamais des sources contradictoires n'ont circulé au sujet d'une ethnie de la région du Guéra comme à propos des Dangaleat. Une des sources les faisait venir de l'est avant même l'arrivée de précédentes ethnies décrites ci-dessous (Le Rouvreur, 1962). Cette Source est de temps à autre confirmée par certaines sources orales actuelles qui les faisaient venir de l'est, précisément du Ouaddaï du moins pour les Dangaleat du Nord-ouest au voisinage de Mongo (Pouillon, 1975). En revanche, d'autres sources les faisaient venir du Sud, les faisant dériver des populations boa, originaires de la localité de Korbol d'où ils seraient venus pour s'installer dans la région du Guéra au siècle dernier (Lebeuf, 1959 : 109-110 ; Pouillon, 1975 : 230-231). De cette nuance ou contradiction des sources, il convient de se demander si les populations qu'on appelle Dangaleat ne seraient pas divisées elles-mêmes en deux populations distinctes provenant de deux directions différentes : l'une du sud en l'occurrence les Dangaleat de Korbo basés à l'ouest et l'autre venant de l'est, c'est-à-dire les Dangaleat du nord-ouest ?

Les Diongor Abou-Telfane aujourd'hui Migami et les Diongor Guéra (Mokilagui/ Guerguiko) dans la sous-préfecture de Bitkine occupent respectivement les parties les plus hautes et le plus escarpées, des chaînes de montagnes d'Abou-Telfane et les massifs du Guéra, deux localités distantes d'une soixantaine de kilomètres. Ces populations faisaient partie des occupants les plus anciens (Lebeuf, 1959 : 109 ; Le Rouvreur, 1962) et les plus imperméables à la pénétration extérieure de par la forteresse que présentent les montagnes et dans lesquelles elles avaient trouvé refuge. Les traditions orales les faisaient venir de l'est d'une région entre Abéché et le Soudan (Pouillon, 1975), bien que d'autres sources contradictoires font de ces deux groupes, des populations aux origines différentes et venant de directions différentes. Si le groupe Diongor Abou-Telfane ne fait pas l'objet de débat quant à la direction de sa provenance c'est-à-dire l'Est du

---

[5] Est un terme kenga, la langue d'une des ethnies du Guéra et qui signifie : 'gens de la terre'. En fait, les gens de la terre sont supposés sortis de la montagne et ils ont un droit de propriété sur la terre, par opposition aux gens du pouvoir que constituent les gens venus par vague les trouver et qui détiennent le pouvoir politique.

Tchad, le groupe Diongor Guéra fait l'objet de débat quant à la direction de leur provenance et même du lien qui l'unit au groupe Diongor Abou-Telfane. Car certaines sources les feraient venir du sud, de la région du Baguirmi (Pouillon, 1975). Cette source demeure cependant muette quant à l'explication sur le même premier nom (Diongor) qui désigne ces deux groupements qui en vérité, ne parlent pas la même langue.

Les Bidio sont une population localisée entre les Diongor Abou-Telfane et les Dadjo, occupant un espace au sud de la région du Guéra. Cette population venue aussi de l'Est serait dérivée des populations bideyat, originaires de la région de l'Ennedi au Nord-est du Tchad (Lebeuf, 1959 : 110). Cette source apporte de l'éclairage au débat actuel sur le lointain lien entre les Bidio et les Zagawa Bideyat. Car les détracteurs de cette source ont tendance à voir en cette source une alliance stratégique des Bidio avec les Bideyat tenants, du pouvoir politique actuel au Tchad. Alors que les sources faisant état du lien de parenté entre les Bidio et les Bideyat dataient de 1950, comme si demain on dénierait le lointain lien qui existerait entre les Kenga et les Baguirmi, entre les Dangaleat de Korbo et les Boa de Korbol si un jour une de ces ethnies venait à accéder au pouvoir.

Les Moubi habitent la zone située à l'est d'Abou-Telfane. Leur présence dans cet espace semble très ancienne. Ils sont une population qui d'après Le Rouvreur (1962 : 128) très proche des autres populations de l'Est, précisément des Kadjakse avec qui ils partageraient les mêmes origines (Lebeuf, 1959). La différence fondamentale que présentent ces derniers par rapport aux autres ethnies de la région du Guéra, c'est qu'ils sont demeurés étrangers à la pratique de la religion ancestrale la Margay. Ce trait caractéristique, ainsi que le rattachement administratif fort tardif de la sous-préfecture de Mangalmé à la région du Guéra en 1959 fait dire à certains africanistes comme Chapelle (1980: 178) que : « cette dernière (sous-préfecture de Mangalmé), qui n'est pas peuplée d'Hadjeraï mais de Moubi, n'a été introduite dans la préfecture du Guéra par prélèvement sur le Ouaddaï et sur le Batha, que pour les nécessités du « maintien de l'ordre ». En déniant l'identité hadjeray à ces populations, cet auteur fait comme si l'identité hadjeray se résume aux pratiques de la religion ancestrale ou à l'ancienneté de l'appartenance à la préfecture du Guéra. Si tel est le cas, les populations de la sous-préfecture de Mélfi qui ont longtemps oscillé entre les préfectures du Moyen-Chari, du Salamat et du Chari-Baguirmi, ne seraient pas aussi peuplées des Hadjeray ; alors que comme nous le verrons un plus loin, l'identité hadjeray n'a pas des caractéristiques spécifiques. En principe, tous ceux qui sont originaires des ethnies implantées dans l'ancienne préfecture du Guéra sont Hadjeray, qu'importent leurs pratiques religieuses et la date de leur appartenance administrative à la région du Guéra.

Quant aux sous-groupes : saba, mogoum, sokoro, baraïn, les sources les feraient dériver d'une des deux branches des Kenga, plus précisément la branche qui se serait dirigée vers le sud pour se fixer dans la région actuelle de Mélfi pour donner naissance à cette pléiade des groupes très apparentés. Les Yalnas, terme arabe qui signifie « les enfants des autres » sont un groupe implanté dans la région de Mongo et de Mélfi et considérés comme des descendants d'esclaves affranchis, des fugitifs et des réfugiés de toutes parts (Lebeuf, 1959 ; Aert, 1954 ; Le Rouvreur, 1962). Il constitue un cas à part qui pourrait faire l'objet de toute une étude tant ce groupe se déroge aux principaux éléments qui caractérisent les autres populations hadjeray qui les entourent de toute part:

Ils ne connaissent pas d'autres pratiques religieuses traditionnelles que l'islam et n'ont pas une langue propre, à part l'arabe dialectale tchadien. La question qu'on a envie de poser à ces sources est celle de savoir que les différentes ethnies du Guéra précitées n'ont jamais constitué un groupe de conquête pour aller capturer des esclaves. Alors, les Yalnas sont les descendants d'esclaves de qui ? Les fugitifs de quels empires conquérants ?

Arrivés à une époque fort récente et clôturant de ce fait la mise en place des populations du Guéra, les Arabes Oumar appartenant à la tribu diaatné, se sont installés à l'ouest de la région du Guéra chez les Kenga. Aussi, les Arabes nomades prenaient au cours de leur transhumance, chaque saison sèche, l'habitude de sillonner la région du Guéra à la recherche du pâturage.

Au terme de ce bref tour d'horizon des ethnies composant la région du Guéra et de leurs racines tantôt locales, tantôt de l'est, tantôt du sud, on se retrouve avec une région qui, à elle seule est un Tchad en miniature, d'autant plus qu'elle renferme des ethnies qui ont des accointances avec un grand nombre des ethnies du Tchad. Il apparait donc que la région du Guéra est demeurée véritablement au centre du Tchad, comme l'indique sa position au centre du Tchad ; car elle dispose de quelques ethnies qui de par leur histoire et leur pratique cultuelle se sentent liées aux populations de l'est ou du nord et aussi, il y a des ethnies qui se sentent un peu plus liées aux populations du Sud du Tchad. En somme, la diversité de la population hadjeray reflète l'histoire de celle-ci qui lui provient de toutes les directions et qui malheureusement lui dicte des conduites à tenir, comme l'a si bien noté Fuchs (1997 : 18) : « Les Hadjeray eux-mêmes n'ont pas décidé de leur sort historique, ils furent soumis aux impulsions émanant des centres historiques environnants. Autrement dit, l'histoire des Hadjeray, pour autant qu'elle est accessible à l'histoire, se fit à Abbéché (sic), Massenya, Koukawa, Yao, N'Djamena (Fort-Lamy), Paris ».

Cela dit, pour vrai que cela puisse paraître, l'histoire des populations hadjeray n'est que la construction des ethnologues et autres chercheurs africanistes qui ont fixé le cadre temporel et spatial de la provenance des groupes formant les populations actuelles de la région du Guéra. Cette histoire construite par ces derniers s'est malheureusement imposée aux populations hadjeray elles-mêmes qui l'ont appropriée et adoptée de la manière dont l'ont écrite ces auteurs. Ainsi, malgré les diversités qui les caractérisent, les populations du Guéra, se caractérisent par des liens de 'fraternité' à l'extérieur de la région du Guéra.

En dépit de ces différences et diversités d'ordre historique, les populations ont en commun quelques pratiques sociétales de base. La société hadjeray est divisée en villages qui comportent en leur sein des clans. Chaque clan occupe un quartier à part dans le village. Le clan est à son tour composé de familles. L'ensemble hadjeray est une société patrilinéaire où chaque membre de la famille occupe la place que lui a réservée la société depuis des générations. La famille est de type 'paternaliste dirigiste' à la tête de laquelle se trouve le père. Il est chargé de subvenir aux besoins de la famille. Il est l'ordonnateur des dépenses en matière de produits vivriers même si ces produits proviennent du rendement d'un travail collectif de la famille. Cette configuration de la famille est à l'origine de quelques conflits tantôt de générations entre les jeunes et les parents tantôt du genre.

Cependant, qu'elle rende fidèlement ou non compte des réalités de l'histoire des populations hadjeray, l'histoire construite par les différents auteurs qui datent pour la grande majorité de la période coloniale ou de l'aube de la période postcoloniale ne permet pas aujourd'hui de saisir la société hadjeray dans la complexité de ses nombreuses dynamiques sociales, sociétales et identitaires nées de la période des crises politiques, écologiques et idéologiques qui sont intervenues ces trois dernières décennies (Netcho, 1997 ; Garondé, 2003). C'est pourquoi d'autres chercheurs plus récents (de Bruijn & van Dijk, 2003, 2007), qui ont séjourné dans la région du Guéra pour comprendre l'histoire et le quotidien de ces populations, ont été captés par d'autres réalités, d'autres histoires des populations hadjeray liées aux crises politiques. Ainsi, les travaux de De Bruijn (2006, 2007, 2008) portent presque exclusivement sur les conséquences des crises politiques et écologiques où elle fait voir la mobilité et la paupérisation qui affectent la population, consécutives aux violences et crises politiques qui ont sévi dans la région du Guéra. Quant à Van Dijk (2004, 2008), ses travaux en rapport aussi avec les crises politiques et écologiques montrent la déchéance du système agricole, ainsi que la gestion du rendement à l'ère de l'abandon de la religion ancestrale sous la pression du rouleau compresseur islam et de la conséquence des crises politiques et écologiques sur la formation physique des populations hadjeray. Certes les travaux de ces derniers auteurs ont constitué une avancée sensible dans la compréhension de la dynamique de la société hadjeray actuelle. Cependant, ils demeurent muets quant à la dynamique de l'identité hadjeray que les crises politiques, écologiques, etc., avaient contribué à faire fluctuer.

L'une des dynamiques engendrées par les périodes de crises est la mobilité. En effet, victimes à la fois des crises politiques, écologiques et sociales, les populations vont s'entremettre à la stratégie de la mobilité (Monographie du Guéra, 1993 ; de Bruijn, 2007). L'autre conséquence des crises était la politique de la terreur mise en place par certains régimes politiques qui a fini par avoir un impact sur l'état psychologique des populations qui ont en conséquence développé une manière de se communiquer rythmée par les crises. En rapport avec ce dernier aspect, on trouve les technologies de l'information de la communication, plus particulièrement la téléphonie mobile qui pourrait apporter une intéressante touche et imprimer un rythme particulier à la dynamique de la société hadjeray. Ces trois éléments constituent des dynamiques nouvelles que la présente thèse aborde à travers les différents chapitres qui la constituent. Pour pouvoir les expérimenter, certaines de ces dynamiques nous ont créé un véritable problème méthodologique de recherche. Ce problème méthodologique relève du dilemme du désir de nos enquêtés de parler et de leur peur d'être écoutés, de peur d'être persécutés dans un pays au passé fait de répressions politiques comme le Tchad.

Méthodologie : Nos difficultés et stratégies de recherches

Pour répondre aux différentes questions formulées dans la problématique et dans les différentes parties de l'introduction générale (chapitre 1) au sujet des populations hadjeray telles que présentées, il nous fallait trouver un outil de collecte de données. Comme l'énonce Aïchatou (2012 : 34), « En sciences sociales, la pratique de la recherche nécessite l'utilisation et le choix d'outils qui permettent d'aborder et de pénétrer le terrain choisi. Le choix de ces outils revient au chercheur et dépend aussi du type de données qu'on veut recueillir. Ce choix peut être fait avant d'aller sur le terrain et parfois s'impose de lui-même une fois sur le terrain ». À cet égard, nous avons opté pour une approche historico-anthropologique qui consiste à recourir tantôt aux archives, tantôt aux interviews pour rendre le plus possible compte du passé et du présent de la société qui fait l'objet de notre étude. Cependant, faute d'archives (inexistantes, puisque brûlées), nous avons dû recourir à la méthode d'enquête qualitative. Car comme dit Le Meur (2002 : 2), cette méthode 'constitue un processus dynamique ouvert, évolutif, loin de toute idée de manuel vue comme une liste de recettes ou de propositions opératoires'. Le choix de cette méthode nous recommande de construire notre thèse sur la base de 'méthode approfondie des cas' (Balandier, 1955) ou *extended case method* de l'école de Manchester (Gluckman, 1962) où l'étude peut partir d'un seul cas ou d'un petit groupe isolé pour voir les résultats extrapolés à un niveau général, étant donné que quelles que soient les conditions, on ne peut interroger toute la population qui fait l'objet de l'étude. Dans ce sens, nous avons bâti notre problématique et cadre de travail sur la base de récit de vie de Hamat dont les détails projetés à un niveau général nous ont permis de comprendre le climat général sociopolitique de la société hadjeray en général. Afin de cerner les différents angles de nos questions dans le vécu quotidien des populations hadjeray, il fallait nous immerger dans leur société, leur cadre de vie, leur débat culturel et politique, par notre présence physique.

Etant donné que l'un des axes centraux de nos recherches concerne le lien entre les Hadjeray vivant dans leur région d'origine, le Guéra, et la communauté des déplacés et d'immigrés au Nord du Cameroun, il était pour nous impératif d'opter pour des recherches multi-sites. Car les d'interviews que nous avons obtenues auprès des enquêtés, que ce soit dans la région du Guéra ou ailleurs, nous renvoient souvent à d'autres personnes clés comme témoins importants, comme acteurs incontournables ou comme faisant partie de la principale chaîne d'une action, mais qui se trouvent, soit parmi les populations hadjeray déplacées de la région du Lac-Tchad, soit du Baguirmi, soit parmi la diaspora du Nord du Cameroun, soit dans la région du Guéra. L'un des exemples est celui de l'histoire de Hamat qui, pour pouvoir comprendre son réseau de communication qui lui a permis de nous repérer, nous étions amené à chercher le cousin qui lui a donné notre numéro de téléphone et aussi les personnes du réseau des passeurs qui l'ont aidé à partir au Cameroun au plus fort moment de l'insécurité et que nous avons circonscrit à trois personnes vivant dans des endroits différents. L'un vit au Guéra dans le village Tchalo, l'autre à N'Djamena et le troisième se trouve dans la région du Lac-Tchad. Cet exemple de Hamat n'est que la partie visible de l'iceberg de beaucoup d'autres interviews, données qui, pour les recouper, nécessitent de faire la navette entre les localités du Guéra, de la région du Lac-Tchad, et du Cameroun où sont concentrées les populations déplacées et immigrées hadjeray à cause des crises politiques et écologiques. À cette fin, nous avons choisi de séjourner dans la région du Guéra, plus précisément dans ses deux principales villes que sont Mongo et Bitkine, et dans quelques-uns de leurs villages environnants. Aussi, nous avons été amené à séjourner parmi la communauté émigrée hadjeray dans les régions du Chari-Baguirmi et du Lac-Tchad et enfin parmi la diaspora hadjeray du Nord du Cameroun, pour saisir les conditions de vie matérielles et morales des populations hadjeray afin d'avoir une idée des relations entre, d'une part ces populations et l'Etat, et d'autre part entre les différentes composantes de ces populations elles-mêmes et enfin de voir la place qui est la leur au sein de la communauté tchadienne au tissu social caractérisé ces dernières décennies par une hiérarchie sociale (Rapport Commission d'Enquête, 1993 ; Bayard, 1997 : 43 ; Djikolmbaye, 2008 : 78 ; Beral *et al.* 2008 : 47 ; Debos, 2008 : 169) au gré des changements des régimes politiques adossés sur les ethnies.

Photo 2.2 Ruines de la préfecture du Guéra, pillée et incendiée par les rebelles en 2008 (2010)

Afin de pouvoir valablement traiter notre sujet, nous avons de prime abord opté pour la méthode des recherches ethnographiques basée sur les observations, les interviews, les récits de vie et les recherches documentaires basés sur les archives. Mais chacune de ces méthodes nous ont mis devant de rudes épreuves qui découlent de l'héritage d'un pays de guerres tribales d'une part, et d'une région meurtrie par de longues années de

Que pourrions-nous savoir des populations du Guéra

guerre civile dont elle fut l'épicentre d'autre part. En raison de longues guerres qui ont émaillé la vie du Tchad et partant la région du Guéra, la collecte des données n'a pas été des plus aisées. Elle a été parfois impossible, en ce qui concerne les archives. En effet, la région du Guéra, épicentre de l'insécurité due à la forte implantation de la rébellion, a vu la quasi-totalité de ses archives administratives incendiées plusieurs fois par les rebelles qui, par moments effectuaient des raids sur les villes de Mongo, de Bitkine, ou de Mélfi généralement tenues par les forces et une administration gouvernementales. La dernière destruction, en date, des archives fut en 2008 lors de l'occupation de la région du Guéra par une coalition des rebelles ayant échoué dans le raid qu'elle avait lancé sur N'Djamena. Ci-dessus le bâtiment abritant les bureaux du gouverneur de la région du Guéra et les archives régionales du Guéra incendié par ladite rébellion.

À défaut des archives, il fallait nous reporter intégralement sur les sources orales. À cet effet, nous n'eûmes pas non plus la tâche facile, car il ne fallait pas non seulement déployer notre talent de chercheur pour convaincre les gens de parler, mais notre conscience était mise à rude épreuve devant des problèmes d'ordre éthique découlant d'un contrat de confiance entre un chercheur et ses enquêtés.

Photo 2.3 Scène d'un focus groupe dans le village Abtouyour (2009)

Chapitre 2

Bâtir la problématique et émettre des hypothèses sur la description des variables et indicateurs sociaux, socio-économiques et sociopolitiques des populations hadjeray, tant de la région du Guéra que d'autres localités était notre option méthodologique. Pour collecter les informations orales qui constituent les principaux 'datas' de notre travail, nous avons utilisé la méthode qualitative mêlant observations directes, Interviews avec des questions semi-structurées, des focus groupes et des observations participantes.

Afin de nous imprégner des réalités publiques et privées, des pratiques publiques et des pratiques cachées aux fins d'enrichir la science, nous avons été amené dans cette méthode qualitative, à mêler plusieurs méthodes pour recueillir les différents aspects des données concernant notre thématique. Au nombre des méthodes utilisées, nous avons employé la méthode d'observation directe qui nous a permis de déceler des habitudes, des comportements typiquement hadjeray, différents des ceux des autres ethnies, des autres communautés. Pour avoir des explications à certaines des habitudes difficiles à interpréter, nous avons souvent fait recours à la méthode d'interviews avec des questions semi-structurées. Par ailleurs, étant amené à étudier les crises, la mobilité, la marginalité, les seules méthodes citées ci-haut ne peuvent nous permettre de saisir les subtilités, les circonstances, les réalités d'une vie sous la crise, sous la mobilité, sous la marginalité, alors que nous avons besoin de comprendre les réalités de la pratique de ces concepts. Pour ce faire, nous avons souvent dû recourir à des récits de vie pour comprendre certains aspects appliqués au quotidien de ces populations. Ainsi, à travers les récits de vie qui sont souvent douloureux et émouvants, on était amené à comprendre les difficultés de vie des populations vivant dans la crise, de la mobilité. Aussi, certains angles de notre thème comme l'identité ethnique, la violence, les enjeux des technologies de l'information et de la communication, la mainmise de l'Etat sur les TIC etc. ne sont pas perçus de la même manière par les populations hadjeray elles-mêmes. Pour avoir les opinions des uns et des autres, il fallait les faire débattre afin de voir les arguments en présence. À ce propos, nous avons, soit improvisé soit soigneusement organisé des focus groupes autour d'un repas, d'un thé que les gens prennent souvent ensemble et sous l'effet de la convivialité, ils ont tendance à être plus détendus, plus bavards, plus narratifs que de coutume.

Enfin, pour mieux étudier des concepts comme la dynamique ethnique, les relations et hiérarchie sociales, il fallait faire partie de certaines organisations spécifiques qui luttent dans ce sens et qui ne sont ouvertes qu'aux seuls concernés. Ainsi, notre statut de Hadjeray intellectuel, donc d'acteur, nous a permis d'être dans les organisations physiques ou virtuelles fermées c'est-à-dire, ne renfermant que des hadjeray. Notre appartenance à ce groupe nous a permis de faire des observations participantes qui nous ont permis, en tant que chercheur, de dégager la vision, la conception hadjeray des choses, ceci nous ayant permis d'avoir une idée sur la dynamique identitaire.

Si notre position de chercheur dans sa propre communauté nous a été d'un certain avantage du point de vue de la langue, des relations, du background culturel, certains de ces mêmes éléments ont en même temps constitué un handicap pour notre recherche, car cela nous conduit à une autocensure sur un certain nombre de sources au risque de compromettre nos recherches en dilapidant le capital confiance que nous ont accordé nos enquêtes. Ainsi par exemple, étant du milieu et connaissant les interdits et les permis, nous nous sommes imposé des restrictions ou carrément des interdits d'accéder aux femmes et filles des enquêtés au risque de heurter la sensibilité de la société qui nous accueillait. Cette autocensure est un lourd handicap pour nos recherches en ce qu'elle nous prive d'importantes sources d'informations que représente la gente féminine.

Si les descriptions des habitudes, relevant de notre capacité d'observation ont été des exercices faciles, réussir les séances d'interviews individuelles et ou un focus groupe est un véritable parcours du combattant, tant est profonde la crise de confiance qui sévit dans la société tchadienne en général et hadjeray en particulier car les sujets de recherche sur les périodes des événements et sur la politique sont considérés comme sensibles.

Ayant été mordu par un serpent, les enquêtés craignent même une corde

En effet, le Tchad est un pays qui, cinq ans après son indépendance, a connu une guerre civile qui se prolonge jusqu'aujourd'hui. En fait, les différents régimes politiques et rébellions qui se sont succédé ont régné par abus du pouvoir et exactions sur la base de la délation des polices politiques des régimes successifs. Cette situation de délation a créé un climat de motus et bouche cousue.

Les régimes dictatoriaux et certains mouvements rebelles tels le Front de libération nationale du Tchad (Frolinat) que le Tchad a connu sont connus pour leurs méthodes de gouvernance basées sur la terreur que font régner leurs services de renseignements odieux à propos desquels par exemple un passage du rapport de la Commission d'Enquête sur les crimes et répressions en République du Tchad sous Hissein Habré (1993 : 22) relevait : « ces organes avaient pour mission de quadriller le peuple, de le surveiller dans ses moindres gestes et attitudes afin de débusquer les prétendus ennemis de la nation et les neutraliser définitivement (…) Elle a pleinement accompli sa mission qui consiste à terroriser les populations pour mieux les asservir ».

Des motifs somme toute banals ont conduit aux arrestations et à la disparition définitive de centaines des personnes. Si certains motifs comme l'absence de la maison, la possession d'une certaine somme d'argent, l'attitude peu bienveillante à l'égard du régime politique ou de la rébellion, peuvent parfois coûter que des amendes ou l'emprisonnement pour une plus ou moins longue durée, d'autres motifs comme héberger un étranger, un parent venu de la ville sans s'être présenté au préalable aux autorités administratives ou à la police politique sont considérés comme très graves. Être accusé de ces motifs présentait le risque certain d'une arrestation et d'une liquidation physique extra-judiciaire.

À ce propos, Monsieur Gadaye, un des enquêtés, démontra qu'un de ses frères voyageant du village vers le centre urbain de Bitkine, avait tenu compagnie à un inconnu qui faisait une même direction de voyage que lui. Cet acte fut considéré comme un crime très grave qui lui coûta l'arrestation et une disparition définitive.

Les souvenirs de ces moments douloureux ont constitué des traumatismes qui sont restés figés dans les mémoires des populations. La peur, la méfiance, le traumatisme se sont cristallisés chez les individus même après le départ de Hissein, au point où « La commission (d'enquête) s'est heurtée au cours de ses investigations à de multiples obstacles psychiques. Les victimes de la répression de Hissein Habré avaient peur de témoigner parce qu'elles doutaient de la mission exacte de la commission. Elles craignaient qu'elles soient un piège pour les identifier et les persécuter (…). D'autres par contre ne voulaient pas évoquer ces pénibles souffrances pour ne pas raviver leurs traumatismes et les violents chocs subis. Il a fallu beaucoup de diplomatie pour rassurer et apaiser les esprits apeurés ».[6]

Depuis un certain nombre d'années, sous l'action des associations de Droit de l'Homme, il y a un progrès dans le respect des droits de l'Homme et certaines de ces méthodes cruelles sont en train de s'amenuiser. Mais il n'en demeure pas moins que les mauvais souvenirs de cette période ont rendu les populations méfiantes vis-à-vis des personnes en provenance de la ville, plus particulièrement de la capitale. En souvenir des moments de traumatisme, la moindre présence d'un étranger dans un village éveille le soupçon et dérange les hôtes. Cette attitude de méfiance, de peur qui, ces dernières années, s'estompait peu à peu se trouve être relancée de plus bel par l'arrivée de la téléphonie. Loin de libérer la parole et les esprits de la peur, la téléphonie mobile est venue « planter l'Etat autour de la case[7] ». À travers les multiples événements du Tchad de ces trois dernières années où des personnes ont été arrêtées, soit sur la base de leur communication téléphonique soit de par le fait qu'un mouchard puisse transmettre très rapidement les informations aux agents de renseignements du régime par le téléphone mobile. Justement ce caractère craintif, du manque de confiance à un inconnu a été l'un des premiers obstacles auxquels nous étions confronté dans la collecte de nos données anthropologiques lors de notre séjour sur le terrain. Cette réticence, cette méfiance pour des sujets politiques, a atteint son paroxysme avec une suspicion ouvertement nourrie en notre encontre, exprimée par un khalifa[8] arabe d'Ati résident auprès du Chef de canton Migami qui contrairement aux autres villageois qui se taisent, lui, il lance : « vous venez souvent masqués mais ici on est à mesure de connaitre qui vient en agent[9] et qui vient en fonctionnaire de l'Etat ».

Les TIC : Un accélérateur et un frein pour les recherches dans une société de crise de confiance

Nos recherches portant en partie sur les technologies de l'information et de la communication, ces outils ne peuvent être mis de côté dans les débats et nos observations. Ces outils présentent des avantages pour les recherches de manière générale, mais aussi beaucoup d'inconvénients dans une société en crise de confiance, comme la société tchadienne de manière générale et la société hadjeray en particulier. En effet, les TIC nous ont été d'un avantage, en tant qu'objet de mode et d'une certaine importance dans

---

[6] Op. cit., p. 9.
[7] Expression utilisée par Malloum, un des enquêtés dans la région de Mandalia.
[8] Le khalifa est un représentant d'un chef, d'une communauté auprès de l'administration publique ou auprès d'une communauté donnée.
[9] Au Tchad, dans le parler populaire, le terme agent signifie 'agent de renseignements' pour le service de la police secrète tchadienne. Ce mot a une connotation péjorative, et signifie informateur, délateur. Ce sens péjoratif du mot agent comme agent de renseignements, donc opposé au bien-être de la population, vient du fait que depuis le règne de Habré, ces agents de renseignements ont fait des milliers de victimes.

la communication. Les données en la matière s'invitent elles-mêmes dans les débats, les conversations, les interviews ou dans les observations sur lesquelles nous n'avons fait que bondir par des questions pour avoir des détails. Le premier exemple illustratif est celui de Hamat au chapitre 1. Pendant que nous nous préoccupions de savoir comment aborder les TIC dans la problématique de notre thème, la solution était venue elle-même par ce coup de fil de Hamat qui non seulement nous a permis de circonscrire la place des TIC, mais aussi de poser la problématique de notre thème de manière générale sur fond de l'importance de la place de la communication. Le second exemple est celui de l'incident tout banal ayant opposé Monsieur Mustapha à son cousin Abdoulaye à l'origine duquel se trouve le téléphone mobile (cf. chapitre 8). Cet incident nous a permis de remonter les informations pour comprendre les interactions réciproques entre la société hadjeray et les TIC dans toutes leurs dynamiques.

À côté de ces immenses avantages, se dressent des handicaps des recherches liés à la présence de la téléphonie mobile. Ce handicap est lié à la crise de confiance qui existe au sein de la société et au regard de certains scandales des communications mobiles (cf chapitres 7 & 8). Ce handicap, nous l'avons expérimenté dans une de nos interviews avec Monsieur Souaradine qui, confondant notre enregistreur que nous avions souvent l'habitude de poser devant nous et qui avait l'air de l'intimider dans ses déclarations, n'hésita pas par lapsus de le designer comme un objet de traîtrise qui consiste à piéger les personnes dans les conversations. De cette expérience, nous avons dû comprendre pourquoi certains de nos interviewés antérieurs faisaient montre de réticence dans leurs déclarations. Ces quelques difficultés d'accès aux informations et aux déclarations nous ont amené à sortir du chapeau certaines stratégies de dissuasion des enquêtés pour ne pas rentrer bredouilles.

Sauvé par notre statut de 'venu de chez les Blancs' et la stratégie du thé

Le sentiment de méfiance vis-à-vis d'un étranger et surtout d'un étranger qui parle politique s'est considérablement accru. Cette attitude paranoïaque de la population tchadienne n'est pas de nature à satisfaire la curiosité d'un chercheur en anthropologie par ses questions politiques gênantes pour les informateurs.

Lorsque nous posons des questions sur la politique, nous entendons souvent répondre « vous qui venez de la ville, vous venez provoquer les abeilles sur les villageois ». Cette phrase métaphorique illustre la méfiance des villageois des inconnus et surtout des inconnus au verbe politique. Car comme le souligne un passage du rapport du règne d'un défunt régime : « Le régime a développé un ignoble esprit de délation et de suspicion entre toutes les couches de la société, au point que chacun avait peur de l'autre voire de sa propre ombre. Chacun vivait replié sur lui-même et n'osait évoquer la tyrannie sur le pays, par crainte de représailles. (…) Le citoyen moyen se sent dès lors traqué et devient méfiant à l'égard de tout le monde »[10].

Malgré cette méfiance, il existe des personnes audacieuses qui veulent porter à la face du monde, les réalités qu'ils ont vécues et qu'ils continuent de vivre. Mais tenaillés

---

[10] Ministère de la Justice du Tchad, Rapport de la Commission d'Enquête sur les Crimes et Détournements de l'ex-président Habré et de ses complices, p. 86.

par la peur que leurs déclarations peuvent tomber dans les oreilles des autorités ou des délateurs, ces quelques courageux informateurs qui acceptent de raconter leurs souffrances n'hésitent pas à mettre d'avance en garde contre la divulgation des informations, qui en vérité sont celles que le chercheur en anthropologie est venu chercher. Ces 'enquêtes politiques' préfèrent parler sans la présence d'une tierce personne, ami ou parent soit-elle et surtout hors enregistreur, et interdisant quelquefois toute prise de notes par l'enquêteur. L'un des exemples les plus illustratifs est celui d'un de mes informateurs rencontré dans le village Boubou. Pour avoir été lui-même un ancien combattant, puis prisonnier de la tristement célèbre police politique du regime Habré, il en savait tellement et avait envie de libérer sa conscience. Mais paradoxalement, il ne voulait pas que ses dires soient portés à la place publique et nous mit en garde en ces termes : « Comme tu viens de chez les Blancs, je suppose que tu as pris leur comportement et tu ne vas pas me vendre. Ce que je vais te dire va rester entre toi et moi ». Et à la fin de notre entretien, il conclut par cette phrase : « seul ton homme de confiance peut te tuer. On a vu cela sous Hissein Habré ».[11]

Outre notre statut d'étudiant venu de l'Europe qui nous a été d'un très grand avantage, nous avons le plus souvent dû nous habiller du nom de notre famille pour mettre en avant le nom de notre père, bien connu dans la région, ce qui aussi nous a valu une certaine confiance de la part des enquêtés assez réticents à notre premier statut personnel. Outre notre identité, nous avons dû miser sur d'autres strategies plus dissuasives pour pouvoir faire parler les enquêtés.

Si notre statut de 'venu de chez les Blancs' ou le nom de notre famille nous permet d'être accepté comme chercheur, mais pas comme délateur, il ne nous donne pas d'office accès à toutes les informations orales dans cette société où les gens sont fondamentalement peu bavards au risque de se faire piéger dans les causeries, c'est ce qui ne permet pas de capter certains non-dits, certains lapsus qui peuvent en dire longs. Pour y arriver, nous avons adopté la stratégie de thé dont la plupart des hommes sont amateurs. Au-delà de sa fonction de plaisir du goût qu'il présente, le thé représente un réel moment de distraction pour les adultes qui prennent en même temps de plaisir d'aborder des sujet divers.

L'opération consiste pour nous à proposer du sucre et du thé ou de l'argent à cet effet. Naturellement, le temps de préparation ou celui du partage relativement long, appelle forcément d'autres consommateurs improvisés alléchés par l'odeur ou qui nous rejoignent par curiosité de découvrir l'étranger que nous sommes. Ainsi, le temps d'attente de la préparation du thé constitue des véritables moments d'attroupement et de détente, tandis que le moment de le siroter représente un autre moment propice pour voir se multiplier les sujets, évoluer les débats. C'est l'un des rares moments où, sous le stimulus du thé, les langues peuvent véritablement se délier pour voir les gens parler sans retenue et avec beaucoup de courage, même si quelquefois cela peut être une occasion de voir les passions se déchaîner et le débat s'écarter du sujet. Ce qui peut toujours

---

[11] Après le départ de Habré du pouvoir, les archives de la police politique découvertes par la commission d'enquête sur les abus de ce dernier ont montré que beaucoup de victimes ont été dénoncées par leurs plus proches amis ou parents à qui ils faisaient confiance.

être un avantage pour le chercheur puisque, ce glissement permet des fois d'inviter un sujet d'une certaine importance pour le thème de recherche.

Dilemme d'un 'chercheur politique' en pays hadjeray : Publier et trahir ou se taire et rentrer bredouille

Les recherches anthropologiques dans le domaine de l'insécurité politique au Tchad et plus particulièrement dans la région du Guéra permettent de découvrir d'édifiantes histoires dignes des zones de conflits. Ces histoires sont susceptibles de permettre au chercheur de produire un travail original et riche de particularités intrinsèques à cette contrée. Cependant, les violences exercées, le système des délations mis en place par les rebelles et les différents régimes politiques qui se sont succédé au Tchad plus particulièrement celui de Habré, ont rendu les populations craintives, frileuses et méfiantes vis-à-vis des sujets touchant aux guerres et à la politique. Car bien souvent, lorsque nous introduisons un sujet politique, un sujet ayant trait à l'Etat, rares sont les informateurs qui acceptent de parler franchement à un anthropologue. Et s'ils viennent à accepter de parler, il n'est pas évident qu'ils acceptent de se présenter. Et s'ils acceptent de se présenter partiellement, il n'est pas évident qu'ils acceptent d'être cités comme source de l'information de peur de faire les frais de leurs témoignages.

Malgré cette attitude rétive, le réflexe de la quête d'une justice qui taraude l'esprit de certaines victimes, les amène à raconter leurs histoires de vie, les exactions dont ils ont été victimes, l'attitude ambiguë et suspecte de leurs parents et amis au plus fort des événements. Mais, ces témoignages sont pour la plupart assortis de mises en garde de leur divulgation, de leur publication. La conscience du chercheur que nous étions se trouve ainsi mise à rude épreuve. On se trouvait alors dans un dilemme. D'une part, au nom de la science et pour la richesse de notre document, nous étions enclins à faire fi de la mise en garde de nos enquêtés et utiliser les informations recueillies qui sont très intéressantes et caractéristiques des zones de conflits. D'autre part, la conscience du chercheur que nous étions, soucieux du bien-etre et precautionné de la sécurité de ses enquêtes, a tendance à censurer ces informations illustratives du sujet même de la recherche, mais compromettantes pour les informateurs. Puisque révéler ces informations dont l'auteur a voulu en garder le secret s'apparente à une trahison, nous mettant dans la peau d'un délateur qui comme bien d'autres dans cette société, par des révélations jugées anodines, ont dangereusement hypothéqué la vie de leurs enquêtes. En plus de ce problème éthique de premier ordre, nous avons éprouvé beaucoup de la gêne à construire notre thèse sur la base des récits et des histoires de vie des personnes qui restent dans le contexte de la société hadjeray ; leur vie privée que nous violons pour l'intérêt de notre thèse. Devant ce problème éthique, nous avons dû adopter une procédure qui permet de préserver la vie privée de nos enquêtes tout en utilisant les données recueillies. Cette procédure consiste à coder l'identité de nos enquêtes quitte à mettre à dos la science avec le problème de transparence et de crédibilité des sources.

Chapitre 2

L'intelligence du milieu comme gage de confiance, mais pas de succès

Travaillant sur un thème portant sur la dynamique sociale et identitaire actuelle aux prises avec les TIC et qui nécessite la collecte des données orales, nous étions amené à adopter des stratégies spécifiques par rapport à la connaissons nous avons-nous même de notre milieu, surtout de ses sensibilités. Ainsi, afin de localiser et dans le cas échéant de convaincre des personnes bien placées de nous fournir des informations nécessaires, nous nous sommes appuyé sur plusieurs méthodes. La première des méthodes que nous avons mises en place est celle qui consiste à repérer les informateurs à partir des avis et conseils des personnes ressources et de nos assistants. Pour cela, nous avons dû faire recours à notre carnet d'adresse des personnes ressources que nous connaissions depuis des longues dates, pour être nous-même issu de cette société qui fait l'objet de notre étude. Aussi, pour être né et avoir vécu dans la région, du moins dans ses deux principales villes : Mongo et Bitkine et aussi dans notre village natal durant les années de crises, nous connaissons par nous-même, bon nombre des personnes aux riches histoires susceptibles de nous éclairer sur notre thème de recherche.

Cependant, les quelques personnes que nous connaissons ou que nous avons repérées sur le conseil des personnes ressources et assistants ne pourraient suffire à elles seules nous fournir toutes les informations que nous avons besoin. Tout de même, elles ont été d'une grande utilité en ce qu'elles nous ont permis d'ébaucher la stratégie de 'remontée des filières d'informations'. C'est grâce à cette stratégie que nous avons pu mettre la main sur les informateurs déplacés, vivants dans les régions du Chari-Baguirmi, du Lac-Tchad et le Nord du Cameroun et aussi de faire la traçabilité des réseaux de communication de familles et d'amis, ainsi que des filières de mobilité.

Bien que ces principales stratégies nous aient fourni l'essentiel des données, il n'en demeure pas moins qu'une importante partie de nos données proviennent par hasard de nos observations directes et participantes qui découlent de notre immersion dans cette société où nous avons l'avantage de parler quelques-unes des langues locales nous ayant permis de participer aux discussions avec les villageois sur les affaires des villages et sur des sujets divers ayant trait à nos recherches. Cet avantage d'être issu de cette société a été par endroit un handicap pour nos recherches en ce que nous étions confronté aux us et coutumes qui s'imposent à nous, et nous intimant l'ordre par exemple d'être à l'écart du monde féminin souvent objets de jalousie, donc sujets de brouilles, au risque de dilapider le capital confiance que nous avons acquis. De ce fait, la question genre se trouve de ce fait petitement abordée dans notre travail, compte tenu de la qualité d'information tronquées sur les femmes que nous avons récoltées soit sur la base des simples observations à distance, soit par les biais des hommes qui leur sont proches, qui malheureusement ont une vision d'adversité vis-à-vis d'elles dans cette société.

Aussi, le fait pour nous de faire de recherches dans notre propre société, comporte l'inconvénient de pratiquer la censure et l'autocensure pour être dans les normes éthiques, en conformité avec les règles sociales locales. Car certains informations fournies par nos enquêtés mettent en causes d'autres personnes que nous ne pouvons assumer la responsabilité. Aussi, pour des questions ethniques en rapport avec le milieu de recherches qui est la nôtre et dont nous connaissons les codes (interdits et permis), nous avons refusé de rentrer dans certains sujets qui auraient pu être fort intéressants pour la recherche, pour les sciences humaines et sociales, mais qui relèvent du domaine de tabou dans la société hadjeray.

Conclusion

L'historiographie des populations hadjeray produite par les différents chercheurs qui ont visité la région du Guéra permet certes d'avoir une idée de l'identité hadjeray, mais ne permet pas de saisir cette société dans sa complexité, dans sa dynamique identitaire mue par les crises politiques et écologiques qui ont durement affecté la région du Guéra au lendemain de l'indépendance du Tchad en 1960. D'où la nécessité de circonscrire aujourd'hui autrement l'identité des populations hadjeray à travers les différents événements et leurs conséquences que sont la terreur, la mobilité et les technologies de l'information et de la communication qui sont un puissant nouveau moyen de redéfinition des rapports ; par conséquent de la dynamique sociale et sociétale. Pour mieux comprendre cette société mue de nos jours par les crises, la mobilité et les TIC, il importe d'abord de revisiter dans le chapitre qui suit les décennies obscures de la société hadjeray afin de comprendre en quoi ces périodes de crises allaient impulser les dynamiques ci-dessous.

3

Les décennies obscures de la société hadjeray

Nandje : Noms des enfants comme cahier de son histoire tumultueuse

Nandje, un sexagénaire rempli est l'un des tout premiers enquêtés que nous avons rencontrés lors de nos recherches. Durant notre séjour de deux jours chez lui, nous fûmes attiré par le nom par lequel on l'appelle. Certains l'appellent 'père de waya,' d'autres l'appellent' père de Bori,' et d'autres encore l'appellent 'père de Manboa'. Ce qui attira notre attention ce n'est pas la formule par laquelle on l'appelle, c'est-à-dire père de X ou père de Y. Cela n'a rien de curieux parce que c'est une question de politesse, de civilité que d'appeler dans la société hadjeray ou tchadienne en général, un père de famille par le nom de son enfant. Ce qui piqua notre curiosité est le sens des noms qu'il avait donnés à ses enfants. Ces noms sont : 'Waya', 'Bori', 'Manboa' dans sa langue maternelle et dont les sens sont respectivement : 'événement', 'guerre', 'femme de famine'. Contrairement à beaucoup d'autres Hadjeray qui ont tendance à baptiser leurs enfants de noms musulmans, Nandjé a préféré pour ses enfants des noms dans sa langue maternelle. Ces noms, dit-il, il ne les a pas donnés par hasard de date de naissance. Mais, il les a donnés en souvenir des circonstances majeures qui sont survenues dans le village, dans la région ou dans le pays en général. Ainsi dit-il, son premier fils Waya est né pendant la période des événements des années 70, où dit-il, les rebelles sont venus incendier le village et exiger aux villageois de payer une amende de 25 bœufs parmi lesquels il contribua pour 7 bœufs. Son deuxième enfant 'Bori' est né dans les années 80 au moment de la guerre généralisée entre les 11 tendances politico-militaires que comportait le Tchad à cette époque. Et sa dernière fille Manboa, (littéralement 'femme de famine') est née en 1985, une année de redoutable famine. Cette préférence de l'immortalisation des périodes difficiles par les noms des enfants reflète la vie mouvementée que comporte celle de Nandje[1].

En effet, l'histoire de vie de Nandje est celle d'un témoin et d'une victime d'une série d'événements faits d'insécurités politiques et ecologiques. En fait, l'insécurité pour le village de Nandjé commence dans les années 60. Par un jour d'hiver 1969, un groupe de six hommes avec deux fusils, parlant l'arabe, débarque au village Somo,

---

[1] Paysan, environ 67 ans, interview enregistrée, réalisée à Somo en mars 2009.

Les décennies obscures de la société hadjeray

réunit de force les villageois et leur parle de leur idéologie politique et religieuse contre le pouvoir des Sara[2]. Puis, ils demandent aux villageois des vivres et de la nourriture qui leur furent offerts par les villageois par peur. Plus tard, cette nouvelle parvient aux oreilles des autorités militaires loyalistes de la région. Quatre jours après le passage de ce groupe d'hommes qui semblent être des rebelles du Frolinat[3] naissant, les forces gouvernementales débarquent et encerclent le village la nuit. Au réveil, les villageois découvrent les militaires aux alentours des cases qui leur intiment l'ordre de se regrouper à la place publique du village pour un meeting. Le village fut incendié, les hommes battus. Une année après ce premier événement, les forces gouvernementales et le chef de canton sont revenus séjourner au village prélever l'impôt. En représailles, les rebelles viennent à leur tour encercler le village pour en extraire les hommes, les battre puis l'incendier à leur tour.

Pour ne plus revivre la même situation, Nandje et ses frères décident d'aller s'installer à Bedemé, une localité située à une quinzaine de km du village. Ils construisent leurs cases pour, pensent-ils, échapper aux exactions croisées des rebelles et des forces gouvernementales.

La sécurité recherchée ne dura que neuf mois. Par un jour de saison pluvieuse, alors que Nandje se trouvait dans son champ, les forces gouvernementales débarquent dans son campement, incendient les cases, abattent un de ses frères présents à la maison, prennent en otage sa famille. Pour libérer sa famille, Nandje se rend aux autorités qui l'accusent lui et ses frères de servir de lieu d'hébergement pour les rebelles. Il fut ligoté, torturé et amené en prison à Mongo où il y resta 4 ans. Lorsqu'il fut libéré, il décide de ne plus remettre pied au village. Il s'installe à Gama dans le Chari-Baguirmi. Dans sa fuite pour échapper à la répression des forces gouvernementales, son fils aîné Soudou avec qui il vivait à Bedemé s'est retrouvé à Banala, village distant de 5 kilomètres de Bitkine et de 50 kilomètres de Somo. En 2004, gagné par la vieillesse et ayant constamment à l'esprit les exactions des forces armées, Nandje choisit 'd'aller mourir au village', dit-il.

En fait, cette préférence de Nandje pour des noms d'enfants en souvenir des périodes difficiles n'est pas un fait singulier. Elle découle d'une tradition ancrée dans la région du Guéra, où il est courant de rencontrer des personnes qui portent le nom de 'Harba' (guerre) 'Kharifène' (saison pluvieuse), 'Matar' (pluie), des noms toujours évocateurs des événements douloureux que la société a vécus qui sont généralement les périodes de grandes famines, de guerres. Ces références des noms faites aux saisons pluvieuses, aux grandes pluies, aux guerres ne sont pas des faits fortuits. Elles témoignent de la récurrence des phénomènes que sont les guerres et les famines. En fait, au nombre des phénomènes sociaux qui caractérisent la société hadjeray et en faisant presque partie de son identité, se trouvent : l'insécurité politique et l'insécurité alimentaire. Ces deux phénomènes qui datent de l'époque précoloniale sont récurrents eu égard à l'instabilité

---

[2] Sara est un nom générique donné à la population du Sud du Tchad de manière générale. De manière spécifique, il désigne les populations de la région du Moyen-Chari dont est issu le premier président du Tchad, en l'occurrence Tombalbaye.
[3] Frolinat : Front de Libération Nationale du Tchad, l'un des tout premiers mouvements de rébellion du Tchad créé au Soudan en 1965.

politique qu'a connue le Tchad d'une part et le caractère réfractaire des Hadjeray d'autre, part auxquels s'ajoute l'aridité de son espace géographique. Pour mieux comprendre ces différents événements, qui ont entaché l'histoire de vie de Nandje comme celle de beaucoup d'autres Hadjeray, il importe de revisiter certaines périodes tristement riches en crises et violences politiques.

Les populations hadjeray entre le marteau et l'enclume

En effet, le Tchad est l'un des pays africains dont l'histoire post coloniale est marquée par des violences politiques. En effet, trois ans après son indépendance (Khayar, 2008), les populations tchadiennes vont faire l'objet d'exploitation politicienne de la 'dialectique Nord-Sud ou musulmane-chrétienne' (Al-Mouna, 1996) pour sombrer dans un cycle de violence rythmé par des conflits aux dimensions complexes. Ces violences politiques se situaient au départ dans la dialectique Nord/musulman-Sud/chrétien (Buijtenhuijs, 1987 : 15). Puis, dans les années 80, l'implosion de ces deux entités en une multitude de mouvements politico-militaires (Dadi, 1987 ; Kovana, 1994) leur confère un caractère d'ambitions politiciennes personnelles pour la soif du pouvoir. Car « Ce n'était pas les tendances politiques qui dominaient, ce n'étaient pas les idéologies qui prévalaient, mais les luttes de personnes fondées sur les solidarités ethniques » (Chapelle, 1980 : 242-243). Ces violences adossées sur les ethnies ou alliances des ethnies auront pour principales victimes les ethnies elles-mêmes. Ces violences politiques qui ont jalonné l'histoire contemporaine du Tchad ont fait l'objet de nombreuses publications qui se sont contentées de faire la genèse de la cause profonde de ces violences (Buijtenhuijs, 1987), d'analyser les conséquences de ces violences, de la répartition du pouvoir entre les tendances politico-militaires (Bouquet, 1982 ; Kosnaye, 1984), occultant de ce fait les conséquences de ces violences politiques sur le processus de la formation identitaire, sur la rupture entre familles, leur impact psychologique sur les ethnies. La population du Guéra est l'une de ces ethnies qui étaient très impliquées tant par les personnes que par le territoire qui a servi de théâtre d'opérations militaires entre les belligérants dans ces violences politiques qui ont agité le Tchad.

En effet, la région du Guéra est l'une des régions du Tchad qui ont connu une longue histoire de crises dues tantôt aux guerres dont elle fut longtemps l'épicentre (Doornbos, 1982 ; Buijtenhuijs, 1977 ; Netcho, 1997 ; Azevedo, 1998 ; Garondé, 2003), tantôt aux récurrentes crises écologiques (Duault, 1935 ; Abrass, 1967 ; Sabaye, 1980 ; van Dijk, 2005). Placée au Centre-sud du Tchad, par sa position géographique, sa zone climatique, les cultures de sa population, la région du Guéra va connaître une position ambivalente dans la bipolarisation du Tchad en deux parties climatiques, culturelles, religieuses et politiques distinctes. Cette ambivalence va être à l'origine du drame qu'elle va connaître durant de longues périodes de crises politiques qui ont agité le Tchad. L'ambivalence de la région du Guéra qui relève de son appartenance religieuse, politique, climatique qui divise le Tchad, va placer les populations entre le marteau et l'enclume et dont les principales victimes seront les populations civiles. Les exactions des rebelles et des forces gouvernementales vont être subies en plusieurs phases au gré de l'évolution des crises politiques.

L'acte I de la période obscure des violences politiques des forces gouvernementales et des rebelles va de 1965 à 1986. Cette période peut, elle aussi, être divisée en plusieurs actes équivalant aux différents régimes qui se sont succédé, de Tombalbaye à Habré en passant par Malloum et Goukouni et dont chacun comportait des particularités. Mais fondamentalement, cette fourchette de temps se caractérise par des répressions simultanées des rebelles d'un côté et des forces gouvernementales de l'autre.

L'acte II des événements répressifs subis par les populations hadjeray est vécu sous le règne du président Hissein Habré de 1986-1990. Les populations hadjeray qui étaient pourtant les fidèles alliées d'Hissein Habré pendant que celui-ci luttait pour l'accession au pouvoir, tombèrent en disgrâce à ses yeux lorsqu'en 1986, ils créèrent le Mosanat (Mouvement de Salut national du Tchad) pour s'opposer à son régime. Pour étouffer ces velléités, une répression était engagée contre les populations hadjeray par la police politique du régime, la DDS (Direction de la Documentation et de la Sécurité) et la garde prétorienne, la SP (Sécurité présidentielle) pour ne s'arrêter qu'en 1990, date de l'arrivée au pouvoir du Mouvement patriotique du Salut (MPS), un mouvement de rébellion conduit par l'actuel Président Deby. Ce dernier régime a relancé les espoirs d'une paix et d'un bonheur, tant étaient nombreux et influents les cadres militaires de la région du Guéra dans cette coalition. Mais cet espoir ne dura point longtemps et de nouveau, la population hadjeray renoue dès 1991 avec les cauchemars des exactions lorsqu'il y eut rupture entre les éléments hadjeray et le MPS qu'ils viennent de hisser une année plus tôt au pouvoir.

Bras de fer avec le régime Tombalbaye

Certes, les événements politiques que le Tchad avait connus tirent leur origine des causes profondes où se trouvent impliquer, l'histoire, les religions, la géographie, le climat, la colonisation, etc. (Buijtenhuijs, 1977 ; Bouquet, 1982 ; Azevedo, 1998), mais il n'en demeure pas moins que l'histoire retient, que la région du Guéra fut le point de départ de ces violences politiques (Netcho, 1997 ; Garondé, 2003), suite à une série d'abus de l'administration tchadienne naissante et donc sans expérience (Bouquet, 1982 : 125).

En effet, désireux de réaliser quelques projets de mise en valeur (Bouquet, 1982 : 127), mais manquant des moyens, le président Tombalbaye lança le 20 avril 1964, l'emprunt national : « C'était une sorte de prêt obligatoire pour permettre à l'Etat de lancer un certain nombre de projets de développement que le budget national n'était pas en mesure de financer » (Netcho, 1997 : 26). Malheureusement, cet emprunt national vient déjà s'ajouter à une série d'autres impôts qui, déjà, accablaient les paysans (Garondé, 2003 ; Bouquet, 1982 : 127). Souvent, le recouvrement de ces nombreuses taxes s'accompagne des brutalités, sévices corporels et d'humiliations de la part des fonctionnaires qui « se comportent dans leur pays, le Tchad, comme en pays à conquérir, qu'il faut 'pacifier', rançonner » (*Evénements du Tchad* rapporté par Buijtenhuijs, 1987). Entre autres brutalités et sévices : le gavage à l'eau pimentée, l'insolation.

En effet, ne pas payer ses impôts ou protester contre leur multiplication ou leur majoration expose son auteur à une de ces punitions. En fait, pour punir sévèrement afin de marquer les esprits et faire taire les velléités de refus ou de retard dans les paiements, il fut institué cette punition cruelle comme le soutient le vieux Kongo[4] :

> 'Le gavage en tant que tel existait avant l'arrivée de Tombalbaye au pouvoir. Mais, il consistait à alimenter les bébés qui ne savent pas manger. Mais qu'il puisse en être une méthode pour punir les hommes, ma foi ce n'était guère bon à vivre. Au début, quand les punitions ne consistaient qu'à effectuer des travaux d'intérêt public, les gens en supportaient. Mais lorsque la méthode de gavage est arrivée, beaucoup de villageois ont désapprouvé le régime des 'Sara' qui commençait à devenir pire que le régime colonial. Les gens se sont sentis floués, eux qui pensaient qu'avec les indépendances, ils allaient au contraire être exonérés d'impôts, des travaux forcés, des corvées.'

En fait, outre les humiliations liées à la punition, ces multiples taxes saignèrent à blanc les paysans hadjeray car « L'emprunt national fut l'occasion d'une mise en coupe réglée de certains cantons, selon la personnalité du préfet ou du sous-préfet » (Bouquet, 1982 : 127) comme l'affirme notre enquêté, Magga Tom[5] :

> 'Pendant qu'on s'attendait à la diminution des charges fiscales, c'est plutôt l'augmentation qui nous accable avec l'arrivée de l'emprunt national. On nous dit que c'est une dette que l'Etat contracte auprès des citoyens pour être remboursé plus tard. L'Etat avec les moyens qu'il dispose, vient encore chercher la dette auprès des pauvres citoyens, à ce niveau du raisonnement, on ne comprend plus ce que le président Tombalbaye voulait faire des Tchadiens. Depuis que nous connaissons le mot prêt, il n'est pas obligatoire. En plus, il y a la taxe sur la carte du parti PPT/RDA. À l'époque, j'étais jeune, c'était mon père qui payait les impôts pour la famille. Ainsi, pour couvrir ces nombreuses charges fiscales de la famille qui quelquefois s'élèvent à hauteur de 2000 F ou 3000 F, il fallait vendre jusqu'à plus de la moitié de notre mil penicillaire et sorgho blanc. Car à cette époque, le prix du sac du mil penicillaire coûtait entre 200 F et 250 F selon les saisons et le sac de Sorgho blanc, se vendait entre 150 F et 200 F. Le sac de sorgho rouge moins apprécié coûtait entre 75 F et 150 F selon les saisons. Alors pour réunir la somme demandée, on misait sur le mil qui coûtait plus cher afin de vendre moins de sacs pour avoir l'argent demandé. Ainsi, on sacrifiait notre céréale le plus préféré : le penicillaire et le Sorgho blanc. Pour réunir l'argent demandé pour l'impôt, faites vous-même le calcul et vous verrez le nombre de sacs que mon père vendait à l'époque pour pouvoir payer l'impôt. Le comble c'est que notre village ne dispose pas d'un marché où il faut aller vendre cette céréale. Pour ce faire, on était tenu de transporter des sacs à dos d'âne, de cheval, et quelquefois sur nos propres têtes pour aller le vendre sur le marché de Bitkine distant de plus de 40 kilomètres.'

Comme on peut le comprendre à travers ces déclarations, ce sont les différentes taxes et les souffrances qui accompagnent leur payement qui vont inciter les populations à vomir le régime de l'époque. Cependant, la rébellion pour laquelle la population marquait sa sympathie va aussi à son tour révéler son vrai visage qui va être aussi pire comme nous le verrons dans les pages qui suivront.

En somme, vers 1964, le régime du président Tombalbaye était discrédité aux yeux des populations hadjeray à cause des prélèvements abusifs et exagérés des taxes. Face aux charges fiscales croissantes sous lesquelles croulent les paysans et la brutalité qui va avec son recouvrement et surtout l'absence d'une brèche de dialogue avec les autorités administratives souvent autoritaires, il va naître un rapport conflictuel entre les populations et l'administration. En fin de compte, ce climat d'oppression lourdement chargé de colère que nourrit la population du Guéra envers les autorités administratives va connaitre un tournant décisif à partir du mois d'octobre 1965 où « Les paysans à bout de

---

[4] Homme, paysan, environ 70 ans, interview réalisée au village Boubou en mars 2009, prise de notes.
[5] Homme, ancien combattant, environ 60 ans, interview enregistrée, réalisée à Etena (périphérie de N'Djamena) en août 2009.

Les décennies obscures de la société hadjeray

nerfs, écrasés par les impôts, affamés, ont attaqué à la sagaie les représentants de la capitale » (Desjardins, 1975 : 65).

En effet, l'acte I du déclenchement de la guerre entre les représentants de l'Etat et les paysans eut lieu dans un village de la sous-préfecture de Mangalmé. Se sentant défiées par les paysans qui auparavant avaient déjà chassé les collecteurs d'impôts, les autorités administratives de la région décidèrent d'aller elles-mêmes dans le village voir ce qu'il en est de cette situation complexe, qui se développait et qui mettait en péril l'autorité de l'Etat. Mais la rencontre avec les paysans tourna au vinaigre. Car les paysans attaquèrent la délégation administrative et firent de nombreuses victimes. L'acte II fut la réponse du gouvernement aux populations. Le Gouvernement sentant son autorité menacée par les paysans, décide alors de sévir contre les populations insurgées qui ont massacré en premier lieu les autorités locales et ensuite attaqué une délégation ministérielle pourtant partie officiellement pour la réconciliation. Pour ce faire, il décide d'envoyer des moyens et matériels militaires supplémentaires sur les lieux de l'insurrection afin de laver l'affront que les agents de l'administration avaient subi. Partout, les militaires seront mis en alerte et recevront plus tard des renforts qui viendront pour accomplir la destruction complète des villages insurgés (Garondé, 2007) où entretemps, les habitants, par crainte de représailles, ont regagné la brousse et le Soudan. Une année plus tard, les opposants tchadiens résidant dans les pays arabes, principalement au Soudan et en Algérie, se retrouvèrent au Soudan le 22 juin 1966 et créèrent un mouvement de rébellion : le Front de Libération Nationale du Tchad qui récupéra la jacquerie des paysans de Mangalmé (Garondé, 2007 : 42). Beaucoup d'habitants de cette localité qui, au moment des représailles des forces gouvernementales avaient trouvé refuge au Soudan, s'incorporèrent dans cette rébellion. La présence nombreuse des ressortissants de la région du Guéra, notamment les Moubi et surtout la configuration du relief et de l'environnement de la région du Guéra c'est-à-dire « très giboyeuse, marécageuse et montagneuse » en a fait une des bases de cette rébellion (Garondé, 2007 : 92), car très propice aux actions de la guérilla.

Dès 1966, cette rébellion fait parler d'elle dans la région du Guéra à travers des attaques dont les principales cibles furent les collecteurs d'impôts, mais elle resta très localisée dans la région de Mangalmé (Chapelle, 1980 : 256). À l'époque où les premiers rebelles apparaissaient localisés dans la région de Mangalmé parmi la population moubi, les autres populations hadjeray étaient demeurées étrangères à celle-ci. Elles n'en entendaient que vaguement parler avec une origine mythique comme l'évoque Haroun Bally[6] :

'Quelques mois après la guerre ayant opposé les Moubi et les militaires, on entend parler vaguement d'une rébellion qui serait née tantôt au Soudan, tantôt chez les moubi et qui aurait pour chef tantôt un certain Ibrahim Abatcha, tantôt un certain Al Hadj Issakha et qui opérerait clandestinement dans ce même pays moubi. Les informations qui circulaient à l'époque à propos de ces rebelles étaient nombreuses, vagues, extrapolées. Plusieurs mythes circulaient à leur propos : que ces rebelles avaient de cheveux qui leur pendaient jusqu'aux épaules, que leurs cheveux leur couvraient le visage, les rendant impossible de les reconnaitre, de les identifier. Qu'ils avaient des corps tout couverts de poils et que pour consulter leur montre, il leur fallait dégager les poils qui leur couvraient les poignets. Qu'ils ne

---

[6] Homme, paysan, environ 70 ans, interview enregistrée, réalisée en mai 2009 au village Sissi dans la région du Guéra.

mangent pas, ne boivent pas. Bref, on les décrivait comme des êtres mythiques et mystiques mais avec un programme de lutte salvateur. Ainsi, ils forçaient l'admiration des gens qui souhaitaient ardemment leur arrivée pour venir mettre fin aux souffrances des paysans écrasés par les multiples impôts, les corvées et autres punitions qui allaient avec la levée de ces impôts.'

Bien que mal armés, les rebelles motivés par la sympathie que certains villageois leur accordaient et les renseignements qu'ils obtenaient sur l'ennemi à travers leurs complices au sein des populations, réussissent à obtenir partout des victoires sur les forces gouvernementales qui malgré leur supériorité numérique et matérielle battent souvent en retraite. Les rebelles gagnaient du terrain au fur et à mesure qu'ils s'armaient et cela, grâce aux victoires remportées sur l'ennemi, mais aussi par la complicité de la population qui était plus ou moins obligée de leur accorder l'hospitalité.

Ayant en contrôle la région de Mangalmé, les rebelles vont avoir l'ambition de s'étendre dans toute la région du Guéra. Deux raisons vont présider à ce désir d'extension : l'attitude bienveillante des populations moubi et hadjeray en général à leur regard et la position stratégique de la région du Guéra en particulier. En effet, les soutiens que les rebelles obtenaient chez les moubi leur ont fourni un motif d'encouragement de s'étendre dans la région du Guéra tout entière et bien au-delà. En fait, les villageois soutenaient la rébellion dans la mesure où ils avaient été victimes des représailles gouvernementales. Il était donc très facile aux rebelles d'obtenir l'adhésion de la population locale dans les zones où l'administration était presque inexistante, ignorée et où les rebelles étaient en revanche présents.

Aux informations mythiques que les populations du Guéra, autres que les Moubi, recevaient à propos des rebelles, succèdent les réalités de la présence effective des rebelles dans toutes les contrées de la région du Guéra. Ainsi, ceux des nombreux Hadjeray qui, pendant longtemps en entendirent seulement parler, les voyaient physiquement avec curiosité et stupéfaction comme le raconte G. Ali[7] du village de Somo :

'Brusquement, un jour, on voit arriver des hommes au nombre de 17. Ils étaient habillés en uniforme de pagne. Ils étaient faméliques, avaient des cheveux ébouriffés, l'air nerveux, un langage fermement jusqu'au-boutiste et un tempérament déterminé. Ils étaient armés de gourdins, de lances. Seuls, deux d'entre eux possédaient une arme à feu. Ils ont rassemblé tous les gens du village sur la place publique sous le baobab qui servait de lieu de rencontre publique pour un meeting. Ils disent que désormais ce sont eux qui commandent et ils sont en train de lutter contre le pouvoir des Sara qui rackette les pauvres paysans à travers l'impôt et diverses taxes. Et enfin, ils nous intiment l'ordre que désormais, si les agents de l'administration viennent pour collecter l'impôt, on se doit de refuser et résister.'

Lassés de rackets perpétuels des agents de l'Etat, les paysans ont alors trouvé le programme de lutte des rebelles légitimes et par moments avaient de la sympathie pour eux. Motivés par l'attitude de la population qui au début leur était favorable, et profitant du manque de motivation des forces gouvernementales à résister, les rebelle mènent des attaques, chassent les forces gouvernementales des zones reculées et obtinrent l'adhésion de certains jeunes hadjeray. Certains de ces jeunes les rejoignent spontanément, d'autres les gagnèrent parce qu'ils ont eu un litige avec une autre personne. D'autres encore, plus motivés, quittent leurs familles pour la rébellion parce qu'ils ont dû payer l'impôt deux ou trois fois dans l'année et, ayant appris que cette rébellion était dirigée

---

[7] Homme, paysan, environ 58 ans, interview enregistrée, réalisée en mars 2009 au village Somo.

contre le régime de Tombalbaye et ses interminables impôts, optent pour la destruction de ce régime en s'incorporant dans la rébellion

À la naissance de la rébellion au Soudan en 1966, les nouvelles qui parvinrent aux paysans hadjeray faisaient des rebelles des héros, des sauveurs. À cet effet, beaucoup de paysans souhaitaient ardemment leur arrivée pour venir les délivrer de la souffrance du régime racketteur. Jusqu'au début de son apparition dans la région du Guéra, la rébellion demeura populaire du fait des victoires qu'elle rempotait sur les forces gouvernementales et du fait des objectifs de sa lutte qui consistaient à mettre fin aux impôts que les paysans redoutaient tant. Cependant, la réaction du gouvernement pour refuser aux rebelles le contrôle de toutes les localités du Guéra va créer un climat de dualité dans l'administration de la région du Guéra. Les deux forces antagonistes vont chacune miser sur l'adhésion des populations pour espérer rejeter son ennemi. Cette logique fera de la rébellion pourtant tant admirée, un couteau à double tranchant, couteau qui malheureusement va très tôt se retourner contre ses admirateurs, les populations civiles.

En effet, pour ne pas tout abandonner, et contrecarrer l'action des rebelles, les forces gouvernementales repliées pour la plupart dans les grands centres urbains : Mélfi, Bitkine, Mongo, Mangalmé abandonnent la brousse aux rebelles. Elles vont de manière sporadique effectuer des patrouilles pour lever l'impôt dans les villages, soit effectuer des patrouilles circonstancielles pour attaquer les rebelles en brousse. Que ce soit pour des mobiles d'impôt ou des patrouilles des routines, les forces gouvernementales étaient amenées à séjourner dans les villages pour s'approvisionner en eau, en vivres, et renseignements sur les rebelles, etc. Les rebelles, quant à eux, compte tenu de leur infériorité numérique et de leur faible équipement militaire, vont souvent éviter la confrontation directe de jour avec les forces gouvernementales, mais préférer les attaquer par embuscade ou par surprise la nuit. Aussi, pour pouvoir faire passer leur message auprès des populations, les rebelles viennent souvent tard la nuit dans les villages. Ce qui leur vaut le nom de « 'ceux de la nuit' par opposition aux forces gouvernementales qui viennent au contraire le jour dans les villages » (Netcho, 1997 : 54).

Les stratégies de lutte des uns et des autres vont faire que les rebelles et les forces gouvernementales vont jouer au chat et à la souris et ce au plus grand malheur des populations hadjeray qui vont être prises en tenaille entre deux fronts de répression de 1965 en 1987. L'un des fronts de répression auxquels les Hadjeray ont dû très tôt faire face est celui des forces gouvernementales. En effet, les forces gouvernementales accusent les populations d'avoir d'abord favorisé la naissance d'un foyer de tension ayant fait le lit à la création du Frolinat, puis d'héberger et de nourrir les rebelles.[8] Pour ce faire, les forces gouvernementales réprimaient sans discernement les populations supposées être complices des rebelles. L'un des survivants de cette époque Dety Hamdan[9] livre à ce sujet un témoignage qui évoque avec émotion l'un de ses cauchemardesques souvenirs vécus dans les années 70 :

---

[8] Vivant en brousse, les rebelles du Frolinat viennent se ravitailler en vivres de gré ou de force parmi les populations au sein desquelles, ils disposent effectivement quelquefois de sympathisants, de délégués, appelés en arabe Lidjane au pluriel ou ladjna = délégué au singulier.

[9] Homme, paysan, environ 68 ans, vivant à Baltram, interview réalisée en mars 2009, témoin oculaire des exactions des forces gouvernementales sur la population.

'... Quelques jours après, la CST (Compagnie Tchadienne de Sécurité, la garde prétorienne du président Tombalbaye) est venue à son tour accuser certains villageois de collaboration avec les rebelles et d'autres personnes furent arrêtées et tuées sur le champ devant tout le monde.'

Le Frolinat au Guéra : Le retour de la manivelle

L'autre front d'insécurité auquel les populations hadjeray avaient dû faire face est celui du retour de la manivelle Frolinat. En fait, L'accueil sous la peur, que réservent les populations aux forces gouvernementales, déplaisait fortement aux rebelles. Pour dissuader les populations de rejeter les forces gouvernementales, ces derniers choisissent la manière forte contre les paysans comme le raconte ici Moussa Djoko[10] :

'Les rebelles nous disent : regardez les Moubi, comment ils avaient agi ? Non seulement, ils ont refusé de collaborer avec les autorités administratives, mais ils ont eu le courage de les affronter physiquement avec des sagaies contre les armes à feu. Pourquoi vous ici vous ne pouvez pas en faire de même, surtout que vous avez l'avantage de notre présence dans les parages de vos villages. En cas de représailles des forces gouvernementales contre vous, on pourra bien vous porter secours. Pourquoi choisissez-vous de continuer à vous soumettre ?'

Ces mises en garde fermes sont généralement des avertissements faits aux paysans en prélude aux répressions sur les populations, qui sous la peur désobéiraient à ces mots d'ordre des rebelles et accueilleraient, serviraient ou renseigneraient les forces gouvernementales. Ces ordres et contrordres (contradictoires) de ces deux forces opposées par leur philosophie et leur méthode, mettent les paysans hadjeray devant un dilemme. Les paysans ne savent où se donner la tête. Pour ne pas mécontenter une tendance et s'attirer ses foudres, les populations avaient souvent opté pour la neutralité qui consiste à servir les loyalistes le jour s'ils arrivent et aussi les rebelles la nuit lorsqu'il leur arrive de passer dans les villages comme le raconte Hachim[11] :

'N'importe qui à notre place à l'époque ne peut qu'agir de la manière dont nous avons agi. Car les rebelles, sont une force et les forces gouvernementales sont aussi une force. On obéit à chacune d'elles non pas par sympathie mais par contrainte, par peur. Notre neutralité envers les deux belligérants nous est dictée par leurs comportements vis-à-vis de nous.'

Cette neutralité enfreignit les mots d'ordre des rebelles et leur déplaît souvent. Ainsi, cette attitude de neutralité obligée va appeler la violence de la part des rebelles qui s'estiment ne pas être écoutés par les paysans comme le raconte Waya[12] :

'Un gars est allé informer les rebelles que nous avons donné à manger aux forces gouvernementales. Pour punition, les rebelles veulent tuer 30 hommes. Le chef de village qui était le père de Djamous a pris la parole pour dire aux rebelles : « écoutez, il ne sert à rien de tuer les innocents. Il n'y a que moi qui ai donné à manger et de l'eau aux forces gouvernementales parce que c'était une force comme vous. Que moi seul, le coupable puisse être tué». Dès que le chef de village s'est levé pour se proposer à la fusillade, les rebelles ont ouvert le feu sur la foule et tué 7 personnes. Ensuite, ils ont incendié le village.'

Cette attitude de brutalité et de répression pour marquer l'esprit des paysans va sonner le glas de la discorde entre les rebelles et les populations hadjeray qui vont commencer par douter sérieusement des idéaux pourtant salvatrices, de la sincérité et de

---

[10] Homme, paysan, environ 73 ans, interview réalisée en novembre 2009, au village Sidjé dans la région du Lac-Tchad.
[11] Homme, paysan, environ 59 ans, conversation enregistrée en août 2010.
[12] Homme, paysan, environ 70 ans, conversation enregistrée en mars 2009.

Les décennies obscures de la société hadjeray

la bonne foi des rebelles qui seront par endroits mal vus, voire rejetés. L'exemple du village Somo en est une illustration comme le témoigne Haroun[13] :

> 'Au lendemain du premier massacre des villageois par les rebelles, ayant tué sept personnes, une réunion au niveau du village fut tenue, présidée par le chef de village. L'ordre du jour portait sur la conduite à tenir vis-à-vis des rebelles qui ont commis des exactions. Il a été décidé de suivre les rebelles en brousse pour leur faire la guerre. Les hommes sont allés sillonner toute la brousse à leur recherche. Mais en vain.'

Conscient de la perte de leur côte de popularité auprès de certains villageois, les rebelles vont opter pour la politique du pire et révéler leurs vrais visages de bourreaux. Malgré leur beau discours des premiers jours de leurs prises de contact avec les populations, on constate sur le terrain que la situation en va tout autrement. Le programme de lutte du Frolinat prônant la liberté et la fin de l'impôt sera exécuté à l'envers au Guéra comme le relève Kosnaye (1984 : 34) : « Ses comités populaires (de Frolinat) sèment la terreur dans la paysannerie et ont pour rôle essentiel la collecte des impôts et l'établissement d'amendes ».

Le drame du Guéra c'est que la plupart des rebelles qui étaient amenés à opérer dans cette région sont des personnes sans formation militaire ni idéologique. Ils ne savaient pratiquement pas le but de leur lutte et plusieurs d'entre eux souvent recrutés entre la frontière Soudanaise et la région du Guéra affirmaient même ne pas connaitre le leader dont ils dépendaient (Netcho, 1997). Lorsqu'ils s'étaient rendus compte que toutes les populations hadjeray ne leur sont pas acquises, ils chercheront à faire plus mal, à vouloir appliquer la vraie idéologie cachée de la 'Première Armée'[14] : l'idéologie religieuse et confessionnelle (Buijtenhuijs, 1987 ; Alio, 2008) et comme le note à juste titre Kosnaye (Op. cit.) :« Ce mouvement foncièrement confessionnel ne pouvait admettre la laïcité qui doit caractériser l'Etat tchadien ».

La coloration religieuse islamique de la 'Première Armée' va être en butte à l'idéologie religieuse de la société hadjeray qui à l'époque dans sa plus grande diversité pratiquait le culte de la religion ancestrale de la Margay. Les rebelles vont profiter du refroidissement de leur relation avec la société hadjeray pour l'attaquer dans son organe sensible : la Margay, qui pour le Hadjeray est plus qu'une croyance, une idéologie qui sous-tendait son harmonie, sa survie, ses relations avec les ancêtres et les dieux et le Dieu (Fuchs, 1997 : 18-19 ; Allag, 2009). En s'attaquant ainsi aux valeurs spirituelles de la société hadjeray, les rebelles perdirent leur crédibilité vis-à-vis des détenteurs de la

---

[13] Homme, mécanicien, environ, 50 ans, interview réalisée en avril 2010 à Garoua.

[14] La première Armée est une branche militaire du Frolinat opérant dans le Guéra. Elle est la plus ancienne des nombreuses tendances du Frolinat. Elle était placée sous la direction d'Al Hadj Issakha sous le sigle de FPL (Front Populaire de Libération). Elle représente ce qui reste de l'entreprise d'Abatcha. Les fondateurs du mouvement sont des intellectuels arabophones qui ont fui la répression du régime de Tombalbaye, après les événements du 16 septembre 1963. Ses cadres sont composés des lettrés musulmans formés au Tchad (marabouts) ou intellectuels sortis des écoles théologiques de Khartoum (Soudan) ou d'Al-Azhar au Caire (Egypte). Leur motivation essentielle est, soit d'ordre religieux, soit d'ordre professionnel, dans la mesure où une grande partie d'entre eux a d'abord rejoint le pays pour y exercer les fonctions correspondant à leurs légitimes aspirations. C'est à la suite des difficultés d'intégration dans la fonction publique que certains décidèrent de regagner le maquis ou tout simplement de prendre le chemin de l'exil, vers les pays arabes voisins : Egypte, Soudan, Libye.

tradition et partant d'une grande partie de la société sur laquelle ils avaient pourtant au début établi une très grande influence.

Les massacres opérés par les rebelles d'une part et les forces gouvernementales d'autre part, consistant à tuer, piller et incendier pour obliger les paysans à les rallier, va rendre la société hadjeray plus complexe, plus ambiguë quant à sa position vis-à-vis des deux belligérants. Les populations se trouvent ainsi divisées en pro-rebelles et pro-gouvernementaux. Selon qu'on est musulman, chrétien ou animiste, ou selon qu'on a été maltraité par l'une ou l'autre de deux forces, ou encore selon qu'on appartient à telle ou telle autre ethnie dont certaines sont plus favorables au gouvernement et d'autres aux rebelles, on est tenu de marquer sa préférence discrète pour l'un ou l'autre camp. La présence de chacune de ces deux forces dans le village emporte des exactions et abus à l'image de celle qu'a vécus Soumaïne Abras sous l'administration rebelle.

En effet, l'abandon des campagnes et des villages hadjeray aux mains des rebelles appela souvent une tentative d'administration rebelle dans des zones dites 'libérées'. Cette rébellion au programme politique pourtant salvateur au début, va montrer son vrai visage lorsqu'elle aura conquis quelques zones pour les administrer. Le programme politique du Frolinat très flatteur au début, disparait, faisant place aux actes de brigandage de bandes armées sans commandement et sans idéal. En vérité, ces zones dites 'libérées' deviennent au contraire, des zones-prisons pour les paysans (Buijtenhuijs, 1987 : 39). Pour pouvoir administrer les villages hadjeray qui sont passés sous leur contrôle, les rebelles instituèrent des comités locaux dits Lidjane[15]. Les Lidjane sont chargées d'éduquer politiquement les villageois, de leur faire comprendre la nature de la lutte menée par les rebelles. Aussi, ils représentent les yeux et les oreilles de l'administration rebelle auprès des villageois. À cet effet, ils sont chargés d'informer les rebelles sur le mouvement des forces gouvernementales, leur nombre, leur position. Ils ont le devoir d'informer les rebelles sur les comportements suspects des villageois, de rapporter aux rebelles n'importe quel problème survenu au village et de dresser une fiche verbale sur chaque membre de la communauté villageoise aux rebelles. Enfin, ces Lidjane sont chargées de subvenir aux besoins alimentaires des rebelles et en vivres, sucre, cigarette, thé et autres rations.

Dans les villages passés sous leur commandement, les rebelles instaurèrent des pratiques et des méthodes à coloration islamique jusque-là pas connues de la société hadjeray. Entre autres pratiques celle de 'Am chilini'. 'Am chilini' est un terme arabe dialectal tchadien qui signifie 'prends-moi', 'choisis-moi', 'proposes-moi'. Cette pratique concerne les femmes divorcées, séparées et les 'vieilles filles' ayant dépassé l'âge de mariage et qui continuent à vivre célibataires. Le 'Am chilini' consiste pour les rebelles à demander à cette catégorie de femmes et filles libres de choisir, de proposer parmi les hommes du village ou des villages voisins, ceux qu'elles veulent avoir pour maris, à condition que l'homme à proposer, à choisir n'ait pas déjà quatre femmes ; puisque l'islam n'autorise pas le mariage au-delà des quatre femmes. Ainsi, les jeunes gens

---

[15] Lidjane est le pluriel de Ladjana qui est un terme arabe dialectal tchadien. Il signifie délégué. En fait, lorsque les rebelles arrivent au Guéra, dans les zones passées sous leur contrôle, ils instituent des comités villageois avec à leur tête un délégué (appelé Ladjana) qui fait office de chef de village et qui est chargé de les informer sur tout ce qui se passe dans le village.

célibataires, tout comme les hommes mariés et ayant moins de quatre femmes, sont les cibles des choix de cette catégorie de femmes et filles libres. Ces pratiques découlent de la remarque que les rebelles disent avoir faites sur la population à propos du nombre élevé des femmes libres qui entraîne à leurs dires la débauche, pratique contraire à la philosophie de l'islam. Pour pouvoir y remédier, il fallait imposer la pratique du fameux 'Am chilini', seule solution capable de résorber ces 'chômeuses'.

À travers cette pratique, les rebelles pensent pouvoir trouver des époux à toutes les filles, ayant dépassé l'âge de mariage ou femmes divorcées, et qui continuent à vivre sans époux. Pour les Hadjeray, cette pratique comporte pas mal de vices et va faire bien des mécontents et victimes parmi eux. En effet, cette pratique relevant purement de la tradition musulmane, fut appliquée à toutes les populations du Guéra qui n'étaient pourtant pas toutes musulmanes. Les populations animistes, ou chrétiennes ne furent pas épargnées par l'application de cette pratique de 'Am chilini'. Ainsi, à travers l'application inclusive de cette pratique, certains Hadjeray verront en 'Am chillini', non pas une manière de résorber les femmes et filles libres comme le soutiennent les rebelles, mais une astuce savamment montée pour se faire de l'argent avec les amendes et les recettes qui vont être imposées autour de cette pratique. Car, l'acceptation ou le refus d'appliquer cette pratique doit s'accompagner du versement de 'commission d'agrément' ou d'une forte amende de refus. En effet, lorsqu'une femme choisit un homme et que celui-ci accepte, le mariage est célébré selon la norme musulmane ; que les partenaires soient musulmans, animistes ou chrétiens. Pour ce faire, une somme forfaitaire doit être payée par l'homme choisi et aussi par la famille de la femme ou fille qui choisit. Cette somme varie selon les villages ou les communautés.

En somme, cette pratique, quoiqu'obligatoire, ne fait pas l'unanimité parmi les populations hadjeray. Malgré son caractère contraignant, beaucoup de gens soumis à cette pratique préfèrent la rejeter. Mais le rejet du 'Am chilini' peut provenir de la femme ou la jeune fille à qui les rebelles demandent de choisir un mari et aussi de l'homme proposé qui peut rejeter l'offre de proposition que lui fait une femme ou une fille. Dans les deux cas, les refus sont sévèrement sanctionnés par une forte amende dont le montant varie entre 50.000 FCFA et 400.000 FCFA. Le comble dans cette pratique est que, même les hommes mariés et vivant légalement avec leurs épouses sous le même toit, doivent payer une somme de 1000 FCFA aux rebelles par tête. Ceux des hommes qui n'ont pas quatre femmes doivent payer une amende forfaitaire pour n'avoir pas épousé quatre femmes. C'est ce qui a fait dire à Hassane Abga[16] que :

'À travers cette pratique, les rebelles ne cherchent pas en vérité à réduire le nombre de femmes libres. Ils ont plutôt inventé un moyen pour se faire de l'argent. Car ils savent pertinemment qu'il y a des gens qui vont refuser cette pratique. Comment peut-on tout d'un coup accepter une femme avec qui on n'a rien négocié au préalable et dont on ne connait pas bien de caractère, ou qui est sorcière ? Ou alors il y a des femmes qui sont folles, handicapées et à qui on demande de proposer des maris. Quel homme normal va accepter de vivre avec une femme handicapée ou folle ? Lorsque ces cas de refus surviennent, les rebelles se frottent les mains. Ils sont même contents que les hommes refusent les sollicitations qui leur sont faites afin qu'ils puissent tirer profit et faire prospérer leurs affaires à travers les amendes qu'ils infligent aux réfractaires. Malgré les fortes amendes qui suivent les cas de refus, beau-

---

[16] Homme, commerçant, environ 64 ans, conversation réalisée en septembre 2009 à Etena, dans la zone périphérique de N'Djamena.

coup d'hommes ont préféré payer une forte amende plutôt que de vivre avec une femme qui n'est pas de leur goût'.

Cependant, le refus d'accepter cette pratique sous n'importe quel prétexte que ce soit entraîne de fortes amendes et prédispose le refractaire à tous les abus des rebelles qui interprètent l'acte de refus comme un défi, une résistance à leur pouvoir. Ce cas de figure de l'abus de l'autorité des rebelles, est vécu par Soumaïne Abras[17], actuellement vivant à Dourbali et qui a été victime de la persécution de la rébellion consécutive à son refus d'accepter le 'Am chilini'.

En effet, en 1979, les rebelles du Frolinat d'Hissein Habré qui avait regagné la légalité en 1978 à la faveur des accords de Khartoum (Chapelle, 1980) avec la junte militaire au pouvoir à N'Djamena, déclenche une guerre contre les forces loyalistes après plusieurs mois d'incompréhension et de blocage entre le président de la République Félix Malloum et le Premier ministre Hissein Habré (Nebardoum, 1998 ; Bangoura, 2005). Le Tchad tout entier s'embrase. Le pouvoir central disparait, laissant libre cours aux bandes armées appelées à l'époque des 'tendances', qui étaient au nombre de onze et qui se partageaient le Tchad en zones de présence et d'influence. La région du Guéra fut occupée par deux tendances alliées : la 'Première Armée' et Le CDR (Conseil démocratique révolutionnaire) qui sont toutes dérivées du Frolinat après les querelles de leadership.

Le caractère musulman de ces deux tendances qui contrôlaient le Guéra à cette époque, peut se lire à travers certaines normes et pratiques imposées à la population du Guéra et dont la nature ne relève d'aucune coutume des populations locales. Parmi ces pratiques imposées par les deux tendances de la rébellion et qui fait des victimes, figure le fameux 'Am-chilini'. Cette pratique date déjà de depuis l'apparition de la rébellion au Guéra dans les années 67. Proposée et imposée à la population, son existence souffre des contestations et son application ne fut pas suivie d'effet à cause de la présence par moments des forces gouvernementales qui la remettaient en cause. Mais pendant les années 79, le Gouvernement central ayant disparu, la pratique refait surface et frappe sans discernement de religions toutes les populations de la région du Guéra.

Paysan de son état et vivant dans son village de Gourbiti avec anxiété eu égard au développement de la crise politique de N'Djamena, il se dit surpris par une décision qui vient des rebelles. Il raconte que :

> 'Pendant que le 'Am chilini' est même tombé dans l'oubli et pendant que les oreilles sont tout le temps tendues du côté de N'Djamena pour suivre l'évolution de la situation politique entre les belligérants, les rebelles qui contrôlaient la région nous surprennent et troublent davantage notre quiétude par une décision redoutable, celle de 'Am chilini'.'

En fait, le Ladjana (le délégué) que les rebelles avaient nommé au sein du village, était chargé comme à l'accoutumée de réunir le village pour leurs multiples et contradictoires messages habituels. Puis, pendant que les paysans s'attendaient à une cotisation ou à un problème devant entraîner la levée de fonds comme d'habitude, le Ladjana entouré de quelques rebelles de la Première Armée, annonçait le retour de 'Am chilini' qu'il justifiait par l'existence du nombre élevé de femmes sans maris, cause de la dé-

---

[17] Homme, 'Maître communautaire', environ 62 ans, Interview réalisée en févier 2010 à N'Djamena et Dourbali.

Les décennies obscures de la société hadjeray

bauche qui est en train de plonger le pays dans la guerre civile et la sécheresse avec leur corollaire de famine. Pour conjurer les multiples malheurs qui frappent le Tchad, il faut désormais des pratiques islamiques saines qui passent par la disparition des femmes libres et des filles en âge de se marier au profit des foyers polygamiques. À cet instant où le message est délivré, Soumaïne Abras qui savait qu'il allait souffrir de cette décision, compte tenu de sa foi chrétienne contraire à la polygamie, fut surpris et pétrifié par un sentiment de frustration et entrevoyait le sort cruel que lui réserveraient les rebelles, le jour où il fallait passer à l'acte et où il refuserait :

> 'Lorsque les rebelles prononçaient les mots 'Am chilini', de grosses gouttes de sueur perlaient et mouillaient mon corps que malgré mes efforts d'homme, je ne parvins à arrêter de trembloter. Car je connais les amendes, les punitions, les harcèlements qui découlent du refus d'accepter la décision des rebelles. Et comme il est de notoriété publique que les décisions et les verdicts des rebelles sont sans appel, à la fin de cette réunion, je rentrais à la maison, ayant à l'esprit que le pire est à venir.'

Quelques semaines après l'information, le Ladjana informe la population de se préparer pour une audience foraine d''Am chilini': « Cette nouvelle me fit passer des nuits cauchemardesques et blanches de soucis », déclare Soumaïne. Comme il fallait s'y attendre, vint le jour de l'audience foraine pour la désignation des maris. Malgré qu'il soit chrétien, une femme du nom de Assadia porta son choix sur lui. Il fut informé et tenu de payer les 25.000 FCFA qui doivent faire office de dot et aussi payer une autre somme de 7500 FCFA de commission aux rebelles pour le 'droit' d'administration. Le malheureux Soumaïne Abras refusa la proposition qui lui fut faite, évoquant sa confession chrétienne qui ne peut admettre la polygamie. Ce refus pourtant justifié passa très mal auprès des rebelles qui trouvaient là une occasion de le saigner à blanc. En réponse au refus et aux arguments avancés par Soumaïne Abras, les rebelles lui rétorquent sèchement :

> 'Pourtant le jour où nous sommes venus annoncer le message, personne ne s'est déclaré chrétien et aujourd'hui quand on doit passer à l'acte, certains se convertissent au christianisme. Le Guéra n'est pas une terre des chrétiens. Les chrétiens sont rentrés au Sud du Tchad. Et vous êtes restés ici pour servir d'espions pour le compte de vos coreligionnaires repliés au Sud et servir d'espions pour le compte des Blancs qui vous ont trompé.'

Le réfractaire Soumaïne Abras fut ainsi ligoté, battu puis exposé au soleil. Pour être libéré, une amende de 300.000 FCFA fut exigée. Avec l'intervention du Ladjana, l'amende fut réduite à 200.000 FCFA. Pour pouvoir payer cet argent que Soumaïne Abras ne possédait pas, il dut recourir au prêt. Le remboursement de ces prêts va lui valoir de vendre tous ses stocks de mil et ses quelques têtes de chèvres. L'année suivante, lorsque la nouvelle de 'Am chilini' parvient encore au village, pour ne pas endurer les mêmes souffrances, Soumaïne Abras décide de quitter le village, malgré les troubles qui sévissent dans tout le Tchad. Car dit-il :

> 'Je sais que le jour de l'audience foraine, même si aucune femme ne me désigne, je dois payer l'amende pour n'avoir pas pris quatre femmes comme l'exigent les rebelles. Comme moi, je suis chrétien, j'ai peur que les rebelles me trouvent des circonstances aggravantes pour m'amender plus que les autres. Et surtout cette année, le déficit pluviométrique a fait que je n'ai pas eu une bonne récolte, et mes bêtes sont déjà tous vendus, alors si on venait à m'infliger une amende, avec quoi dois-je la payer. Pour ce faire, j'ai préféré quitter le village pour la région de Bousso où j'étais installé pendant 12 ans. Il est vrai que je ne subissais pas la pression à cause de ma religion, mais je ne me sentais pas à l'aise parmi les gens qui sont tous musulmans. Mais comme j'ai été approché par des gens qui m'ont

proposé l'islam, j'ai accepté et je me suis converti à l'islam. Mais tout de même j'ai préféré rester ici. Car chez nous là-bas, on peut être beau musulman, mais on n'est pas à l'abri des exactions des rebelles.'

En somme, l'une des conséquences majeures de l'arrivée dans la région du Guéra du Frolinat, est le démantèlement par les rebelles des autres religions comme le christianisme et la religion ancestrale la Margay, qui pourtant, au Guéra coexistaient harmonieusement, faisant l'exception des hadjeray avant l'arrivée de la rébellion du Frolinat comme l'a relevé Fuchs (1997 : 18) : « Pendant l'époque coloniale, l'islam aussi bien le christianisme, ont été propagés parmi les populations hadjeray. Il y a beaucoup de familles où les parents font des sacrifices aux Margay et où des enfants sont musulmans, et pour certains chrétiens. C'est la solidarité entre parents qui assure une existence harmonieuse ».

La dictature de Habré : 1986-1990

Lorsque le 7 juin 1982, Hissein Habré s'empare du pouvoir, beaucoup de Tchadiens avaient pressenti le drame que va connaitre le Tchad sous son règne, à l'image de Abdou Moussa[18] qui, contrairement aux autres refugiés tchadiens du Nord du Cameroun euphoriques qui se sont empressés de rentrer au pays, il choisit de rester dans le camp des refugiés. Il déconseilla même aux compatriotes de retourner au Tchad d'Hissein Habré :

'Lorsque Habré a pris le pouvoir et que les compatriotes gagnés par une lueur d'espoir, devaient rentrer au Tchad, je le leur avais fortement déconseillé, car vu le parcours de cet homme, je le trouvais sans scrupule, sans pitié et tellement assoiffé de pouvoir qu'il est prêt à le sauvegarder au prix des sacrifices humains. Mais les compatriotes ont préféré rentrer. Alors, quelques années plus tard, ils sont revenus en courant me trouver ici dans le Nord du Cameroun, suite aux persécutions de Habré.'

Comme l'a si bien défini Abdou, Habré ne lésina sur rien pour parvenir au pouvoir. Il rallia tour à tour la rébellion armée et le gouvernement. En témoigne son long et tumultueux parcours vers le pouvoir qui est jalonné d'histoires de défection et de ralliements, d'éliminations physiques de personnes stratégiques. Car c'est bien lui qui, en 1976, faussa compagnie à son frère rebelle Goukouni Weddeye pour rallier le pouvoir central dirigé par le général Malloum. Nommé Premier ministre conformément aux accords de Khartoum de 1978, Habré profita de son entrée dans la capitale N'Djamena pour déclarer la guerre à celui qui lui avait tendu la main, le général Malloum. Sachant qu'il ne peut peser lourd dans cet affrontement armé, compte tenu du nombre réduit de ses soldats, Habré transforma la bataille en une guerre civile entre les populations musulmanes du Nord et celles du Sud, chrétiennes. Il attisa et exploita savamment les clivages religieux et régionaux pour rallier à sa cause toutes les populations 'nordistes' du Tchad, parmi lesquelles les populations hadjeray.

En effet, en 1978 lorsqu'il est devenu Premier ministre, Habré approcha fortement Idriss Miskine, le leader hadjeray qui fut un ministre de son gouvernement. Lorsque le 12 février 1979, la guerre éclate entre les éléments d'Habré et les forces armées loyalistes à N'Djamena, chaque leader politique devait choisir son camp entre la coalition

---

[18] Homme, blanchisseur, environ 66 ans, interview réalisée à Garoua en juillet 2009.

des 'nordistes' dirigée par Habré et celle des 'sudistes'. Idriss Miskine, choisit le camp d'Hissein Habré et entraîne avec lui une grande partie de la population hadjeray. Après une brève période de guerre civile entre les populations du Nord musulman et celles de Sud chrétien, un Gouvernement d'union nationale de transition 'GUNT' fut formé et présidé par Goukouni et dans lequel Habré fut le Ministre de la Défense. Ce Gouvernement vola aussitôt en éclats et une autre guerre civile de neuf mois éclata cette fois-ci entre les différentes tendances de la rébellion du Frolinat, qui avaient pourtant donné un coup de main à Habré quelques mois plus tôt. Les Hadjeray, dirigés par Idriss Miskine, optent encore pour la tendance des FAN (Forces armées du nord), de Habré. Les autres tendances se liguent contre celle de Habré. Dépassés par la puissance du feu du camp d'en face et se sentant affaiblis, Habré et sa troupe dans laquelle se trouvaient de nombreux éléments hadjeray (d'ailleurs Habré est secondé dans son mouvement par Idriss Miskine), se replièrent à l'Est du Tchad en 1980, pour souffler et se réorganiser. Pendant cette période, la région du Guéra passa alors sous le contrôle des deux tendances coalisées : la 'Première Armée' et le CDR. À ce moment, certaines populations hadjeray seront la cible de bandes armées qui les maltraiteront à cause de la présence de leurs fils dans le rang du mouvement rival, les FAN de Habré.

Deux années plus tard, Habré fait son entrée triomphale à N'Djamena le 7 juin 1982 où il prend le pouvoir abandonné par Goukouni Weddeye, ayant entretemps fui vers le Cameroun. La coalition qui soutenait Goukouni regagna à son tour les maquis, y compris celui de la région du Guéra. Cette coalition des bandes armées repliées dans le maquis du Guéra, va maintenir la répression contre les populations hadjeray qui soutenaient Hissein Habré arrivé au pouvoir. Alors, de nouveau, les populations hadjeray vont retrouver leur situation de souffrance d'antan, divisées en pro-rebelles et pro-gouvernementaux et souffrant des exactions simultanées des rebelles et du gouvernement.

Cette situation d'abus des forces gouvernementales et des rebelles va durer jusqu'en 1986. À cette date, les Hadjeray ayant auparavant en janvier 1984, perdu tragiquement leur leader Idriss Miskine dans des conditions suspectes et non élucidées et se sentant marginalisés par le régime de Habré, font défection pour former un front ethnique qui entre de nouveau en rébellion contre le régime d'Hissein Habré. Mécontents d'être tenus à l'écart de la gestion du pays, les Hadjeray créent le Mosanat (Mouvement de Salut National du Tchad) qui s'oppose militairement au régime d'Hissein Habré leur allié d'hier. Avec la création de ce mouvement de rébellion, de nouveau les Hadjeray redeviennent anti gouvernementaux et donc pro-rebelles. À cet effet, cette nouvelle défection a suscité une réaction violente et démesurée de la part du pouvoir qui en profita pour organiser 'une véritable chasse à l'homme hadjeray' par des arrestations et des exécutions systématiques des populations hadjeray civiles ou militaires. Au début, les arrestations ne concernaient que l'élite politique et intellectuelle à N'Djaména. Mais par la suite, elles finirent par s'étendre sur toute l'étendue du territoire national et plus particulièrement dans la région du Guéra et sur les différentes couches de la société hadjeray comme en témoigne la suivante plainte contre Habré à propos de la disparition d'un militaire hadjeray dans le Nord du pays.

Document 3.1   Plainte d'un Hadjeray contre Habré

> AISAR: le 1er Novembre 2008
> Nom: Hiodet
> Prénom: Ratou Kody
> GIP ancien Combattant
> Né vers 1948 à Boubou S/P Bitkine
> Matricule N° 70-5577
>
> Monsieur le juge de Paix d'instruction de
> première instance de DAKAR au Sénégal
> Association des Victimes
>
> Objet: plainte Contre Ex-Président Hissein
> Habré
>
> J'ai l'honneur Monsieur de venir très respectueu-
> sement auprès de Votre haute personnalité
> porter-plainte Contre Ex Président Hisscin
> Habré suite aux exactions Commis à
> l'égard de mon fils sergent HAROUN
> Hiodet Ratou, militaire en service
> à l'escadron blindé (A.M.L) en
> 1987 position inconnu
>
> Monsieur le juge d'instruction, je Compte
> sur votre Compétence et votre responsabilité
> pour que la justice soit rendue sur cette
> affaire et que je sois Consolé. Veillez agréer
> Monsieur l'expression de mes sentiments plus hautes
> Considérations les intéressés

Source : Archive de l'enquête Hiodet.

Etre Hadjeray à cette époque signifiait être ennemi du régime. Cette population fut traquée d'abord à N'Djamena par les sbires du régime : la DDS (Direction de la Documentation et la Sécurité), police politique du régime puis dans la région du Guéra où plusieurs dizaines des villages furent incendiés et leurs populations massacrées (Yorongar, 2003). Cette répression, aux dires de Adballi[19], dépasse de loin toutes les atrocités connues jusque-là, et dont beaucoup de villages et familles gardent encore les stigmates et portent le deuil. Voici ce qu'il en dit:

> 'Les atrocités qu'on avait subies au temps de Habré ne sont pas prêtes à être oubliées maintenant. Non seulement on a perdu des dizaines d'hommes d'un seul coup le même jour, mais notre village a été incendié plusieurs fois. Avant, tout le village était ensemble sur un même site. C'est à la suite de ces multiples attaques des militaires de Habré que nous avons décidé d'adopter cette stratégie de village dispersé pour éviter d'être cramés tous, d'un seul coup.'

Cette politique de la terreur comme mode d'administration des zones de tension sociale et politique comme la région du Guéra, fera naître au sein des populations des attitudes psychologiques de la peur et de la résistance vis-à-vis de l'Etat.

---

[19] Homme, jardinier, environ 54 ans, interview réalisée en janvier 2010 à Koundoul.

Hissein Habré, personnalité contestée et regrettée

Malgré que son parcours pour accéder au pouvoir et ses huit ans de règne soient remarquablement entachés d'assassinats, de pillages, d'extorsion des biens, de toutes formes de torture les plus atroces qu'aucun des régimes politiques tchadien n'ait commises (Rapport de la Commission d'Enquête, 1993), il surgit de nos jours, de plus en plus des débats sur la personnalité d'Hissein Habré. Aujourd'hui, avec le recul et surtout confrontés à la faiblesse de l'autorité de l'Etat et de l'immoralité des services publics, nombreux sont les Tchadiens dont les causeries sont animées par un débat sur la qualité d'homme d'Etat que fut le président Habré. En fait, au regard de l'impunité dont jouissent aujourd'hui certaines personnes haut placées et surtout considérant le fléau de tournement des deniers publics qui prend de plus en plus de l'ampleur eu égard à la faiblesse de l'autorité de l'Etat (Haggar, 2010), beaucoup de Tchadiens sont tentés de regretter le président Habré. Même certains de ses adversaires les plus farouches, comme son prédécesseur le président Goukouni Weddeye lui ont reconnu sur les antennes de la Radio France International en 2010, lors d'une émission sur l'histoire du Tchad et plus particulièrement sur sa personnalité que

> 'Hissein Habré est un homme d'Etat, un patriote, un nationaliste, un homme qui tient à l'intégrité du territoire national tchadien. Pendant son règne, il défendait bien le Tchad et les Tchadiens si bien que les Tchadiens étaient craints de leurs voisins (….) Ce qui est bien chez Hissein Habré c'est qu'il n'est pas prêt à accepter enlever un seul sou si le motif pour lequel l'argent doit être dépensé n'est pas très bien justifié.'

Ce caractère d'homme d'Etat honnête et rigoureux dans la gestion de la chose publique que fut Hissein Habré est reconnu par beaucoup de citoyens à l'exemple de Abakar O.[20], qui a pourtant perdu deux de ses cousins dans les geôles de Hissein Habré, mais qui reconnaît et loue même les qualités de ce dernier en ces termes :

> 'Si à l'époque, on n'avait pas un président patriote comme Hissein Habré, on serait tous morts de faim. Parce qu'à un moment, on n'avait rien et on vivait de l'aide de la communauté internationale et à ce propos, le président Hissein Habré et ceux qui servent l'Etat étaient justes. L'aide qui nous était destinée, nous était distribuée correctement. Si c'était comme aujourd'hui où les hommes politiques ne connaissent rien d'autre que détourner, on serait tous morts.'

Le règne de Deby, l'histoire des populations hadjeray a bégayé

Daouro Senlo[21] que nous avons convié à raconter les différentes grandes périodes des événements politiques les plus marquants que son village ait jamais connus, préfère commencer son récit par les événements les plus récents, parce que présents et vivants dans sa mémoire en ces termes :

> 'Depuis ton arrivée, as-tu vu les gens danser comme avant ? La raison c'est qu'on est toujours en deuil.'

Pour être plus explicite devant certaines de nos interrogations qui l'assaillent, il précise : « Des exactions de ce genre … même récemment à l'entrée du MPS 1991, on en a connues ». C'est autant dire qu'après le départ du président Hissein Habré du pouvoir

---

[20] Homme, maçon, environ 50 ans, interview réalisée en mars 2009 à Mongo.
[21] Homme, paysan, environ 47 ans, interview réalisée en Juin 2009 à Mataya.

en 1990, ce ne fut pas la fin des souffrances pour les populations hadjeray. En fait, le dernier épisode de la série d'événements douloureux qu'ont vécus les populations fut celui du règne d'Idriss Deby qu'elles ont pourtant aidé à prendre le pouvoir le 1er décembre 1990.

En effet, mécontents du traitement qui leur a été réservé sous Habré, les cadres civiles et militaires hadjeray, avait créé en 1986 le Mosanat, un mouvement de rébellion armée contre Habré. Après quelques mois de séjour dans la région du Guéra aux cours desquels ils menaient des raids nocturnes contre les forces gouvernementales dans la ville de Bitkine, les rebelles hadjeray du Mosanat durent se replier au Soudan. Ils sont rejoints en 1989 par une autre tendance dissidente zaghawa du pouvoir de Habré en l'occurrence, 'l'Action du 1er Avril' dirigée par le colonel Idriss Deby. En mars 1990, les responsables de 'l'Action du 1er avril', du Mosanat et d'autres mouvements de rébellion ont jugé utile d'unir leurs forces afin de triompher. Ainsi, « Du 8 au 11 mars 1990, plusieurs organisations politiques (Action du 1er avril, le Mouvement du Salut National du Tchad-MOSANAT et les Forces Armées Tchadiennes-Mouvement Révolutionnaire du Peuple FAT-MRP) se sont réunis en congrès à Bamina[22] pour se dissoudre et unifier leurs forces. C'est ainsi qu'a été créé le Mouvement Patriotique du Salut »[23]. La coalition zaghawo-hadjeray constituée, commencent les batailles contre les forces du président Habré à partir de l'Est du Tchad, où elle était basée. Au terme de quelques mois de lutte armée, l'hétéroclite coalition des combattants du Mouvement Patriotique du Salut (MPS) dirigé par Idriss Deby et secondé par Maldom Bada Abbas, le leader des combattants hadjeray, naguère président du MOSANAT, fait une entrée triomphale à N'Djamena le 1er décembre 1990. Aussi bien pour l'ensemble des populations tchadiennes que pour les populations hadjeray, le départ du président Habré chassé, surtout par le MPS au sein duquel figure un nombre impressionnant d'officiers hadjeray, représentait un véritable moment de soulagement et un signe d'espoir. Cet espoir était semé dès le 4 décembre, soit 3 jours après l'arrivée du MPS par le message à la nation du colonel Idriss Deby, alors président du Comité Exécutif du Mouvement, par certains passages de son discours :

> 'Le plaisir est immense pour tous les combattants des forces patriotiques d'avoir contribué à l'éclosion du cadeau le plus cher que vous espériez. Ce cadeau n'est ni or, ni argent : c'est la liberté ! Celle du 1er décembre 1990. Il n'y a plus d'effort de guerre[24], il n'y a plus de prison politique (…) Au risque de me répéter, je tiens à souligner qu'il n'y a pas de démocratie sans pluralisme politique, sans laïcité. Le MPS se consacrera avec le soutien et la participation de chacun, à la réalisation de cet objectif dans sa plénitude. Nous entendons par là : liberté d'association, liberté d'opinion, liberté syndicale, liberté de la presse, liberté religieuse.'

Ce discours 'libérateur' fut, plus tard le 31 décembre, à la veille du nouvel an 1991, confirmé par un autre extrait de son discours : « Les premiers fruits de nos nouvelles réalités sont palpables : il n'y a plus de prison politique, il n'y a plus de DDS (ni aucune

---

[22] Une localité située en territoire soudanais.
[23] Extrait du premier discours du 04 décembre 1990 du colonel Idriss Deby adressé à la nation après son arrivée triomphale à N'Djamena le 1er décembre 1990, p. 2.
[24] Pendant le règne de Habré, 'l'effort de guerre' est une espèce de taxe prélevée sur toutes les catégories socioprofessionnelles des populations pour financer la guerre qui se faisait à l'époque entre le Tchad et la Libye.

autre police politique), il n'y a plus d'effort de guerre et chaque citoyen peut exprimer librement sa pensée ».

Par rapport à l'espoir déçu du règne du président Habré qui a introduit des pratiques inédites, les tortures, l'intimidation, la responsabilité collective d'un acte politique posé par un individu (Al-Mouna, 1996 : 168), l'arrivée au pouvoir du MPS en 1990, avait fait naître en aval beaucoup d'espoir pour les Tchadiens en général et pour les populations hadjeray en particulier, elles qui, cette fois, avaient beaucoup de leurs fils dans les rangs du MPS avec des positions hiérarchiques très privilégiées, comme le racontait Moussa Ibet[25] :

> 'L'arrivée du MPS a été pour moi un grand ouf de soulagement. Surtout après le premier discours de Deby, j'ai même refusé de manger toute une journée entière, puisque n'ayant pas faim, tellement que j'avais espoir et confiance en l'avenir de la région du Guéra à travers ses fils qui m'avaient semblé avoir la haute main sur le pays.'

En amont, perçu comme l'organisation politico-militaire la moins tribale (puisque au-delà des Zaghawa et des Hadjeray majoritaires, le MPS comportait dans ses rangs beaucoup d'autres ethnies) et pour avoir débarrassé le pays du système politique du régime de Habré, il jouissait de ce fait d'un véritable état de grâce (Al-Mouna, 1996 : 169). Il avait une chance historique de rétablir la paix, d'instaurer la confiance entre les Tchadiens et d'ouvrir une nouvelle ère pour le Tchad.

Malheureusement, le mouvement fut très tôt miné par des grognes internes après le deuxième congrès du MPS à N'Djamena du 25-28 juillet 1991 qui a vu la réforme du parti, en faisant entrer dans le bureau exécutif des membres qui avaient servi au temps de Habré et ce, à la place des combattants ayant amené le MPS, comme l'a si bien compris et relevé d'ailleurs le président Deby lors de son discours de clôture dudit congrès :

> 'Nous venons de renouveler le Conseil National du Salut, dans un souci d'ouverture, et dans le but de proposer aux citoyens désireux de contribuer à l'avènement de la démocratie, un cadre d'expression et de réflexion plus adapté (…) Avant de m'adresser aux membres de notre nouveau Conseil National du Salut, je voudrais féliciter les camarades qui faisaient partie de cet organe précédemment et qui n'y figurent pas de nouveau. Cette modification s'impose à nous du fait de l'élargissement des rangs du MPS et du fait des particularités du combat futur. Cette modification est un enrichissement pour le Mouvement Patriotique du Salut, à condition que nous parvenions à souder nos rangs. Ainsi, il ne doit pas y avoir des militants de la première heure ou des militants de la deuxième ou troisième heure.'

Cette tension interne au MPS va aboutir le 13 octobre 1991 au clash entre les éléments hadjeray du MPS et les autres et au terme duquel, le leader hadjeray, en l'occurrence Maldom Badas Abbas qui était vice-président du MPS, et Ministre de l'Intérieur fut arrêté avec quelques-uns de ses proches. De nouveau, cet événement relança une chasse à l'homme hadjeray à N'Djamena comme du temps du Habré (Garondé, 1997 : 270) et dans la région du Guéra comme le raconte Moussa R.[26], militaire déflaté, ayant survécu aux massacres des militaires de la ville de Bitkine[27], le 15 octobre 1992 :

---

[25] Homme, maçon, environ 49 ans, interview réalisée à N'Djamena en septembre 2009.
[26] Homme, ex-combattant, aujourd'hui paysan, environ 50 ans, interview réalisée à Bitkine en juin 2009.
[27] La ville dont est originaire Maldom Badas Abbas et de la plupart des officiers hadjeray du MPS.

Chapitre 3

'À la veille de la journée du 15 octobre, on a vu arriver des dizaines de véhicules militaires de N'Djamena. Curieusement, ils sont venus rester à l'écart du camp militaire de Bitkine. De bouche à oreille, tous les militaires qui sont même aux quartiers étaient convoqués pour le lendemain pour une importante communication au camp. En rapport avec les événements de 13 octobre à N'djamena, cette convocation de nous rendre tous au camp nous paraissait louche. Elle fut suivie de quelques interrogations de notre part. Certains d'entre nous ont comme par prémonition compris que quelque chose allait se passer et ont refusé d'aller au camp le lendemain. Mais nous autres étions allés. Sur le lieu de rassemblement, nous nous mîmes en rangs comme de coutume dans l'armée pour suivre une communication. Subitement nous voyions les militaires venus de N'Djamena nous entourer avec des armes lourdes. Curieusement un d'entre eux demande que les militaires hadjeray doivent se mettre à part et les autres ethnies à part. Personne ne bougea à ces ordres. Puis, ils se mettent à tirer sur nous. Ce fut la débandade et le sauve-qui-peut. La chance que nous les survivants avions c'est que cet événement s'est passé au mois d'octobre, moment où les champs du mil n'étaient pas encore récoltés. Ces champs étaient juste à proximité de l'endroit où on était rassemblé et ils communiquaient directement avec la colline d'à côté. Ainsi, dès le premier coup de feu, j'ai disparu dans le champ du mil pour me retrouver sur la colline. Les autres qui n'avaient pas eu la chance sont tombés sur-le-champ et on a dénombré une trentaine de morts.'

Cette situation va entrainer la naissance éphémère d'une rébellion hadjeray du FAIDT (Front d'Action pour l'Instauration de la Démocratie au Tchad) basée dans la région de Mélfi. La traque des rebelles du FAIDT par les forces gouvernementales aura pour conséquence collatérale, les massacres des populations civiles (Yorongar, 2003 : 174). Ces événements font naître une rupture entre les populations hadjeray et le régime de Deby. Aussi, au fil du temps, l'entrée progressive des anciens partisans de Habré dans l'appareil de MPS a fait hériter à ce dernier les réflexes et certaines méthodes du défunt régime politique de Habré. Entre autres reflexes et méthodes, l'insécurité qui n'est pas le ressort de l'Etat comme ce fut le cas naguère au temps de Habré, mais celui des individus composant l'Etat comme le notait Beral *et al.* (2008 : 79) :

'En clair, très vite après la prise de N'Djaména par le MPS, il y eut une vague d'assassinats crapuleux ; assassinats dont étaient principalement victimes, les motards. Ce fut comme si sur le pays, s'était soudainement abattue une tribu des matérialistes obsédés, particulièrement passionnés des motos ! Des diablotins impitoyables qui, à la tombée de la nuit, abattaient sans vergogne sur tout motard en vue de le déposséder de sa mécanique. Cette inextricable situation parut bizarre à tout un peuple qui commençait à se rendre à l'évidence que la nouvelle ère annoncée avec tant de pompe n'avait de démocratie que de nom.'

La peur et la marginalisation comme mode de vie de population

Cette répression tous azimuts et à toute épreuve a fini par créer un état psychologique caractérisé par la résistance et la peur au sein de la population tchadienne en général (de Bruijn, 2008) et des populations hadjeray en particulier vis-à-vis de l'Etat (van Dijk, 2008 : 130). Les nombreux contacts que nous avons eus pour des interviews nous ont permis en même temps de faire des observations directes sur les habitudes, les comportements des personnes, quant à leur état psychologique.

L'une des remarques qui a piqué notre curiosité c'est l'évitement des débats sur des sujets politiques. Cette attitude, nous l'avons expérimentée dès le premier contact que nous avons avec notre premier enquêté en l'occurrence Hamat, vivant à Kousseri dans le Nord du Cameroun qui a brillé par une peur bleue face aux militaires et douaniers, lors de la traversée de la frontière tchadienne pour se rendre à N'Djamena. Au-delà de la peur pour les militaires, il y a une méfiance pour tout ce qui symbolisait l'Etat, la ville, ou la modernité considérée comme un moyen direct de contrôle ou pouvant servir de prétexte de contrôle ou d'exactions.

Cette attitude hostile de la population vis-à-vis de ce qui peut symboliser la modernité ou l'Etat est une des réalités que nous avons encore expérimentées dans le village natal de notre assistant Hamat, lorsque nous étions amené à y séjourner pour suivre les réseaux de communication de nos enquêtés afin de recouper les informations. En effet, Pour pouvoir cibler et rencontrer des enquêtés, nous avions demandé à disposer d'un assistant de recherche qui pourrait en même temps être une source d'information pour nos observations directes à travers les faits et gestes qu'il aura à faire. On nous en proposa un. Il s'agissait de Ahmat Azene, un garçon âgé d'une vingtaine d'années. Le lendemain, nous devrions le rencontrer le matin pour une tournée de rencontres avec quelques informateurs. Nous sommes arrivé chez lui pendant qu'il était absent de la maison malgré le rendez-vous qu'on s'était pourtant donné la veille. Son père nous demanda de l'attendre. On nous introduisit dans sa case. Après environ une vingtaine de minutes d'attente, ce dernier arriva tout essoufflé. Il entre dans la case nous trouver puis, en ressortit aussitôt avec un air mal aisé et précipité et portant un carton sur la tête. Il disparut encore pour une quarantaine de minutes avant de revenir. À son arrivée nous lui proposions le verre du thé que sa mère nous avait offert en attendant son arrivée. Il le refusa sous l'effet d'une colère qu'il parvint à peine à dissimuler, malgré ses efforts. Nous sentions une certaine frustration dans son attitude. Son père qui nous tenait compagnie et ayant aussi remarqué la colère de son fils lui lança : « tu n'as qu'à refuser le thé pendant 100 ans, ça ne nous fait ni chaud ni froid. Ce qui importe pour nous c'est notre salut ».

Nous comprenions que notre assistant avait un problème avec sa famille. Alors nous décidions de jouer la médiation en cherchant à savoir la cause des problèmes. Nous posions la question au père de notre assistant, qui en vérité n'attendait qu'une telle question pour faire la démonstration de l'ordre sec qu'il avait donné à son fils et que ce dernier ne le comprenant pas, s'avait piqué une colère. En effet, le père de notre assistant nous indique que la veille au soir quelqu'un du village avait reçu un coup de téléphone de N'Djamena, lui faisant état de fouille des domiciles des habitants de certains quartiers de N'Djamena à la recherche des armes détenues illégalement par les civiles. À titre préventif en rapport avec cette information, il a très tôt ce matin-là, sommé son fils d'aller brûler tous les documents que ce dernier avait ramenés de N'Djamena quelques mois plus tôt. Selon son fils, il s'agissait des journaux de la place et quelques magazines qui selon lui ne représentent aucun danger. Mais le père a une autre lecture du danger que peuvent représenter les journaux même les plus anodins. Pour montrer le danger que peuvent représenter ces journaux, il nous fait le parallélisme entre un événement malheureux qu'il a vécu et qui est parti sur la base de choses tout à fait anodines. En effet, il nous raconte que dans les années 80, la possession d'un simple jerrican avait conduit à la torture d'un villageois. En fait, le villageois était allé dans son champ avec son jerrican pour s'approvisionner en eau. Sur son chemin, il était tombé sur une patrouille de militaires qui l'accusèrent, au vu de son jerrican, de vouloir aller ravitailler les rebelles en eau ou en information. Pour avoir la vie sauve, il dut payer une forte amende. Pour éviter que les journaux, et tout ce qui est document rapporté de la ville ne servent d'alibi pour des massacres, il préfère faire brûler tout ce qui ressemble, semble appartenir à l'Etat et ce, sur la base d'une information faisant état de fouille des maisons par les militaires à N'Djamena distant de plus de 400 km de là, car il argumentait par cette expression : « Nous autres, nos corps ont des plaies ».

Cette expression est souvent employée par des personnes qui pensent qu'elles sont mal aimées et que le moindre de leurs propos, de leurs actes, même le plus anodin, peut susciter un problème, alors que les mêmes actes ou propos, s'ils sont tenus par d'autres personnes bien-aimées ne peuvent au contraire susciter que le rire ou l'approbation.

Cette expression traduit à la fois dans un premier temps comme réponse à ma question, une peur de parler de la politique, d'évoquer le nom de l'Etat. Secundo, elle traduit la stigmatisation dont étaient victimes les populations du Guéra durant les périodes troubles de guerre et de répression. Cet état psychologique résulte en fait de la relation conflictuelle qui existe entre l'armée, et partant l'Etat et les populations hadjeray, et qui a abouti à l'instauration de la culture de la stigmatisation et de la terreur, distillées durant des décennies par les régimes politiques qui ont dirigé le pays et pour lesquels la violence était un mode d'administration. Ces régimes politiques, pour intimider, ont développé une politique de la peur. L'un des piliers de la culture de la politique de la terreur était la violence répressive exercée au nom de la sécurité, de la protection (Linke *et al.*, 2009). Ainsi, le terme Hadjeray, à un moment donné de l'histoire du Tchad, soustend une menace, un ennemi (Rapport de la Commission d'Enquête de Crime d'Habré 1993) devient un argument pour exercer une répression contre ceux qu'on stigmatise comme source de l'insécurité, de la menace, du risque pour perpétrer des crimes (Altheid, 2009 : 55). Ces pratiques visent à insinuer la crainte dans les esprits des dominés, à briser toute résistance intérieure. Car la violence n'est pas seulement utilisée pour punir les actes de désobéissance et de résistance, mais aussi pour saper par avance, les velléités de désobéissance et briser le pouvoir de résistance (Bouju & de Bruijn, 2007). Dans ce sens, un des régimes politiques tchadiens en l'occurrence celui de Habré : « a développé un ignoble esprit de délation et de suspicion entre toutes les couches de la société, au point que chacun avait peur de l'autre, voire de sa propre ombre. Chacun vivait replié sur lui-même et n'osait évoquer la tyrannie sur le pays, par crainte de représailles. (…) Le citoyen moyen se sent dès lors traqué et devient méfiant à l'égard de tout le monde » (Rapport de la Commission d'Enquête, 1993 : 86).

Pour s'être opposées à quelques régimes politiques qui ont gouverné le Tchad, les populations hadjeray font partie des Tchadiens qui ont subi des violences punitives de la part de certains régimes (Netcho, 1997 ; Garondé, 2003), et plus particulièrement celui de Habré qui a régné de 1982 à 1990 (Yorongar, 2002) et qui a le plus cultivé la politique de la stigmatisation et de la terreur et dont les effets dévastateurs hantent encore les esprits. En fait, ce régime par exemple, pour marquer les esprits, casser tout élan de résistance ou de potentielle protestation, a développé une certaine pratique dans l'esprit de la population. Au nombre de ces pratiques tendant à intimider, mieux à inculquer les complexes, il convient de relever la mise en valeur de son groupe ethnique au détriment d'autres populations par l'augmentation du prix du sang des siens faisant, passer les siens pour les 'Super Tchadiens' : « Étourdis par le pouvoir et fort de l'impunité que leur garantit le régime, les Goranes se sont comportés à l'égard de leurs concitoyens avec mépris et les ont traités comme des esclaves » (Rapport de la Commission d'Enquête, 1993 : 18-20). Cette pratique s'accompagne dans le camp adverse c'est-à-dire parmi les autres ethnies et plus particulièrement dans les ethnies ciblées par des arrestations arbitraires et les tortures, par la militarisation des régions contestataires, la diabolisation, la stigmatisation des ethnies.

L'avènement de Deby, disons-nous, a suscité beaucoup d'espoir tant pour les populations hadjeray que pour les autres populations tchadiennes. Mais très vite, les espoirs ont été déçus non pas comme hier sous Habré à cause de la terreur de l'Etat qui était tout puissant, mais au contraire à cause de la faiblesse notoire de l'Etat. Cette faiblesse de l'Etat est supplantée par la force des individus qui souvent ont une bonne assise politique ou militaire. Ces individus tout-puissants narguent non seulement l'Etat, mais font régner la terreur parmi leurs compatriotes, créant une insécurité générale tantôt sur les routes de voyage, tantôt dans les actes de la vie quotidienne. Outre l'insécurité, le phénomène du privilège de l'ethnie du président exacerbé sous le règne de Habré (Beral et al., 2008 ; Rapport de la Commission d'Enquête, 1993) continua sous Deby comme le relève à juste titre Haggar (2010 : 438) citant les propos qu'aurait tenus le chef de l'Etat:

> '… Les ministres que je nomme ne veulent pas prendre leurs responsabilités. Ils ont peur des Zaghawas. Nous n'allons pas faire la police derrière chaque Zaghawa. Je sais qu'il y a beaucoup de problèmes à ce niveau mais reconnaissez que l'irresponsabilité est à tous les niveaux. Nos parents ne nous facilitent pas le travail. Je leur ai laissé Tiné. Là-bas, ils peuvent faire tout ce qu'ils veulent. Ils sont entre eux. Mais ici ? Non il faut faire quelque chose. J'écoute les gens raconter que l'autorité de l'Etat traine par terre. Mais comment ne trainerait-elle pas par terre lorsque personne ne veut prendre ses responsabilités. À la justice, au ministère de l'Intérieur, partout tout le monde veut que ce soit le Président qui aille faire le travail à leur place.'

Comme le mentionne si bien Haggar, la période de Deby aussi va être dominée par une attitude de la peur des citoyens tchadiens. Une peur non pas pour l'Etat comme ce fut à l'époque de Habré, mais une peur pour les gens de l'ethnie du président ou des courtisans du pouvoir qui vont être appelés pompeusement 'les propriétaires du Pays', 'les intouchables' (Debos, 2008) par le commun des Tchadiens en raison du 'tout permis' dont ils bénéficient et de l'impunité dont ils jouissent.

Pour les populations de la région du Guéra, si en termes de massacres la période de Deby est de loin le meilleur, il n'en demeure pas moins qu'elles se plaignent d'être politiquement marginalisées comme le soutient Annouar G.[28] :

> 'Le Guéra ne compte pas pour ce régime. Depuis que le MPS est arrivé au pouvoir, as-tu vu un Hadjeray occupé un poste important comme celui de ministre des Finances ou de la Fonction publique. Il est arrivé un moment, où le régime a fait défiler successivement quatre Hadjeray au poste de ministre pauvre et de moindre importance comme celui de la Jeunesse et des sports. Et même maintenant, depuis que le pouvoir a adopté le système de la fête tournante de 1er décembre où les régions choisies pour abriter la fête doivent bénéficier des infrastructures, quelle ville de la région du Guéra est choisie ? Un temps, pour se moquer des populations du Guéra, le nom de Bitkine a été avancé. Depuis lors, il s'est écoulé cinq ans et entretemps on a construit et fêté ailleurs. Ici, même pas une seule case de construit à Bitkine ni dans une autre ville de la région du Guéra.'

Il n'est pas étonnant dans ces conditions que les victimes de telles pratiques ne puissent pas penser qu'elles sont les mal-aimées, et adopter une attitude de résistance et

---

[28] Homme, tailleur, environ 49 ans, interview réalisée à Mongo en juin 2009.

de la peur pour l'Etat et tout ce qui y ressemble, ou se poser en victimes d'une injustice à toute épreuve. C'est dans ce sens qu'il faut aussi comprendre l'expression de Hamat lorsqu'il disait que « ce qui est possible pour les autres ne peut l'être pour nous ».

Conclusion

L'histoire de vie de Hamat présentée à l'introduction générale nous a permis d'introduire le présent chapitre qui nous montre les raisons d'être de l'attitude de ce dernier et qui remontent aux décennies obscures que les populations du Guéra ont connues. Ces deux chapitres nous plongent au cœur de la société hadjeray et plus particulièrement dans le cadre et les conditions de vie des populations tant dans la région du Guéra, qu'à l'extérieur de ladite région. Les récits de vie de Hamat, montrent l'histoire des populations hadjeray en général qui est faite d'insécurité, de violences politiques, de précarité de conditions de vie, de manière d'être et de communiquer consécutives à un passé fait de violences politiques. Ces violences qui ont duré dans le temps ont fini par affecter l'état psychologique des populations qui se caractérise par une attitude de la peur et la résistance vis-à-vis de l'Etat ou de ce qui s'y apparente et de la méfiance des uns envers les autres eu égard à la période de la délation qui a prévalu. En somme, cette double attitude va constituer le premier maillon de la chaîne des éléments qui fondent l'écologie de la communication de la société hadjeray telle que schématisée au chapitre 1, d'autant plus que ces violences vont donner naissance à la mobilité comme stratégie de survie des populations et aussi une certaine manière d'être, de communiquer faite de contacts et ruptures, d'ouverture et de repli, véritable point de départ de l'écologie de la communication que les suivants chapitres illustreront.

4

Une mobilité complexe pour des réseaux de famille complexe

Une observation que confirment les déclarations

Lors de notre séjour sur notre terrain de recherche en 2009 et 2010 dans les différents villages de la région du Guéra, notre curiosité n'a cessé d'être frappée par un certain nombre d'images comme celle figurant sur la photo ci-dessous. Il s'agit là d'une constellation de grandes jarres abandonnées, renversées par les bêtes et les intempéries, mais entourées par quelques solides bois ayant servi à maintenir debout les Secco de clôture de cases, de concession d'une famille. Ces jarres appartenaient, aux dires de nos enquêtés, aux villageois qui ont quitté les lieux depuis quelques années pour aller vivre ailleurs, loin de la région du Guéra, et ce depuis des lustres. Ces images qu'on retrouve dans presque tous les villages que nous avons parcourus témoignent donc de la mobilité qui sévit dans la région du Guéra comme le confirme la déclaration d'un de nos enquêtés, en l'occurrence le chef de la religion traditionnelle de Baro lorsque dans son récit, il déclare :

> 'Au départ on était nombreux dans ce village. Mais peu à peu, les gens ont commencé par émigrer pour raisons de famine. Peu après, la rébellion est arrivée. Et ce fut le point de départ d'une pérégrination générale de tout notre village. Car les rebelles venaient la nuit pour nous frapper. Pour les éviter, on a constamment changé de villages et certains d'entre nous ont fini par quitter carrément, le village, voire la région.'

Cette vie de pérégrinations, de mobilité des populations hadjeray est ce qu'on trouve dans le récit de vie d'Abdramane, chef de quartier hadjeray dans le village de Sidjé, dans la région du Lac-Tchad où l'émigration des populations du Guéra a fait naître une forte communauté au point de constituer un quartier entier. La mobilité comme identité des populations hadjeray, est mue par divers mobiles dont l'histoire de vie de la mobilité de Abdramane ci-dessus, un de ceux qui ont abandonné le village depuis des décennies, peut permettre de saisir les particularités de la complexité de la mobilité qui frappent ces populations.

Chapitre 4

Photo 4.1   Ruines d'une ancienne habitation, dans le village Sara-Kenga (2009)

'Mon départ du village remonte dans les années 1960 au plus fort moment de la crise alimentaire que notre village avait connue. Comme de coutume, pendant les années de sécheresse et des famines comme ce fut le cas, les jeunes gens doivent pratiquer l'exode rural pour aller en ville chercher du travail afin de ravitailler la famille restée au village en vêtements et surtout en vivres. Pour ce faire, mes aventures m'ont conduit à aller à Fort-Lamy où j'avais exercé le travail de domestique, puis d'apprenti maçon. Au moment de rentrer au village, je reçus une commission de la part de mon père qui me faisait état de l'insécurité au village et par conséquent, me demandait de rester en ville jusqu'à ce que la situation se stabilise. Au fil des années de mon séjour à Fort-Lamy, je pris goût à la ville et je manifeste de moins en moins d'intérêt pour le village, quoique mon séjour à Fort-Lamy me profite en rien. Alors, Je décide de quitter Fort-Lamy pour le Soudan où j'ai des oncles et frères installés depuis des décennies. Lorsque j'arrive à Ati, j'apprends la nouvelle du coup d'État militaire ayant emporté le premier président Ngarta Tombalbaye (13 avril 1973). Arrivé au niveau de la frontière du Soudan, nous fûmes refoulés pour cause de la fermeture des frontières consécutives au coup d'État. Je décide alors de rentrer au village, malgré les avertissements de mon père.

Au fil des semaines du séjour parmi les miens, je pris goût à la vie du village où j'ai doté même ma première épouse, ôtant en moi l'idée d'autres aventures. Mais c'était sans compter avec les soubresauts politiques. Car par un jour du mois de mai, nous vécûmes un événement que je ne voulais plus revivre encore et la seule option de ne pas revivre était de partir. En effet, suite aux multiples passages de bandes de rebelles dans notre village, le chef de canton, accompagné des gendarmes, nous a demandé de quitter notre village qui est excentré de la route principale pour aller nous installer aux abords de la route dans le village Chawir. Quelques semaines après notre installation, mon père et quelques hommes furent kidnappés par les rebelles qui étaient venus au village Chawir et les accusaient d'être les agents des forces gouvernementales. Pour être libérés, ils ont dû payer des amendes assorties de sommation de rentrer dans leur village d'origine au risque de pire. Pour ne pas revivre une situation plus grave telle que annoncée par les rebelles, j'ai préféré quitter le village pour le Soudan où je réussis à aller jusqu'à Gadarif au Soudan où je retrouve mes oncles et frères avec lesquels je reste pendant 4 ans. Par la suite, d'autres aventures me tentèrent. Je quitte le Soudan pour l'Éthiopie. Puis je bifurque vers l'Érythrée où je m'engage dans la rébellion érythréenne où les 'Somals' se battent contre les 'Habbasch'. Après une année d'expérience dans la rébellion, je reviens au Soudan. Mon retour au Soudan coïncida avec l'expulsion des Tchadiens de ce pays. A la faveur de cette expulsion, je quitte le Soudan et j'arrive au Tchad par la ville d'Adré. De là, je m'engage dans l'armée et je suis affecté à N'Djamena. Mon arrivée à N'Djamena coïncide avec l'arrivée des rebelles d'Hissein Habré dans le cadre des accords avec le CSM (Conseil Supérieur Militaire) du président Malloum. Je rejoins la bande d'Hissein Habré. Peu de temps après, éclate la guerre de 1979. Avec l'intervention des Libyens en faveur de ces dix tendances, qui nous combattaient, on était dépassé. Et Hissein Habré décide qu'on se retire à l'Est du Tchad. Moi, je refuse de partir, mais je décide de regagner le camp des réfugiés de Kousseri au Cameroun. En juin 1982, je rentre à N'Djamena à la faveur de la prise de pouvoir par Habré dans les rangs duquel j'avais combattu. Je repris mes activités de combattant. Dans cette armée, je sens une certaine injustice où certains avaient plus de privilèges que d'autres. Cette inégalité me frustra. Et je décide d'abandonner l'armée pour regagner la région du Lac-Tchad où entretemps, beaucoup de populations Hadjeray s'étaient implantées. Car au milieu des miens, je me sens mieux. On était d'abord à Karal où l'ONG SECADEV[1] nous avait attribués des champs. Quelques années après, les autochtones réalisent que ces champs produisent bien. Alors, ils commencent par nous faire des problèmes et petit à petit. Ils nous dépossèdent de nos champs. Alors nous nous sommes concertés et nous sommes venus nous fixer ici à Baltram avec l'appui de ladite ONG.'

Les théories de migration et mobilité à l'épreuve de la mobilité hadjeray

Cette histoire d'une vie de mobilité d'Abdramane, bien que propre à ce dernier, n'est pas unique en son genre. Elle est une histoire de mobilité parmi des milliers d'autres histoires de vie de mobilité des populations hadjeray, dont rien que dans la localité où vit ce dernier (Baltram), il existe une centaine de déplacés, où chacun traîne une histoire de vie due, soit à la guerre, soit à la sécheresse, soit à la mauvaise intégration sociale, soit cumulativement comme on en retrouve dans le récit de vie d'Abdramane. En fait, l'espace sahélien dans lequel se trouve la région du Guéra était caractérisé entre le 9e et le 15e siècle par des grands mouvements migratoires qui ont conduit à la mise en place des populations actuelles (cf. chapitre 2).

Outre cette mobilité ancestrale, la zone sahélienne du Tchad dans laquelle se trouve la région du Guéra a connu particulièrement, entre le 10e et le 19e siècle, une grande période de mobilité due aux émergences successives des trois grands empires conquérants, esclavagistes du Kanem, du Baguirmi et du Ouaddaï, qui commerçaient avec l'Orient et dont l'itinéraire de commerce a donné naissance à la 'route transsaharienne' (Kizerbo, 1989 ; Nachtigal, 1987). Cependant, ces phases de mobilité précoloniale se caractérisent déjà par une particularité dans la région qui est devenue aujourd'hui le Guéra. En fait, si la période qui a précédé celle de la création successive des grands empires et royaumes tchadiens a été particulièrement riche en mouvements migratoires, ayant conduit à la mise en place des populations du Guéra, en revanche, celle qui englobe la création des empires jusqu'à la pénétration coloniale est marquée par une période d'immobilité, à cause justement de l'insécurité créée par ces empires et royaumes tchadiens prédateurs.

---

[1] SECADEV : Secours Catholique et Développement est l'une des huit associations diocésaines qui ont pour vocation le secours d'urgence et le développement. Il est créé par l'Archidiocèse de N'Djamena en 1982 sur l'initiative du Père Pierre Faure. Les situations qui ont amené l'Eglise à créer le SECADEV sont des catastrophes d'origine naturelle (sécheresse, inondation) et humaine (la guerre) que le Tchad a vécues.

Cela dit, la mobilité contemporaine qui caractérise aujourd'hui les populations hadjeray (de Bruijn, 2007) est un phénomène social fort récent dont l'origine se confond avec l'arrivée de la colonisation. Elle est par la suite devenue complexe et a tendance à mettre à rude épreuve les théories existantes en matière de migration ou de mobilité en Afrique.

En effet, l'Afrique est généralement présentée par les littératures comme un continent de mobilité et de survie (Vidrovitch-d'Almeida *et al.*, 1996 ; de Bruijn *et al.*, 2001 ; Hahn & Klute, 2007). De manière générale, la migration ou la mobilité en Afrique ont fait l'objet d'intéressants travaux (Amin, 1974 ; Amselle, 1976 ; Adepoju, 1977 ; Beauvilain, 1989 ; de Bruijn & van Dijk, 2003).

Chacun des nombreux auteurs qui se sont intéressés à ce phénomène social s'est efforcé de circonscrire un des angles de la mobilité ou de la migration. Ainsi, ces dernières ont été abordées sous l'angle de la politique d'intégration par Engbersen *et al.* (1999) ; sous l'aspect de la formation de la communauté ethnique (Heisler, 2000) ; sous l'angle de l'insécurité transfrontalière (Saïbou, 2006). D'autres auteurs comme Wertovec (2001) et Glick *et al.* (1995) se sont pour leur part, intéressés à l'approche transnationale. Aussi, beaucoup d'auteurs abordent avec force détails cartographiques et statistiques la mobilité africaine sous ses aspects de tensions ethniques et religieuses (Kastoryano, 2007), sous l'aspect du multiculturalisme (Penninx *et al.*, 2006), ou sous l'angle de l'apport pour le développement de la société d'origine (Brown, 1991 ; Skeldon, 1997) ; et aussi, sous l'angle du monde comme un espace fluide, déterritorialisé (Malkki, 1992 ; Clifford, 1997 ; Castells, 2000 ; Appadurai, 1996).

Tout en étudiant la mobilité africaine sous ses divers aspects, plusieurs auteurs sont amenés dans la foulée à aborder les différents motifs qui ont présidé à la prise de décision du départ des migrants pour d'autres horizons. À ce titre, on peut retenir que la plupart des auteurs ayant travaillé sur la mobilité africaine mettent essentiellement l'accent sur le mobile économique (Amselle, 1976 : 34 ; Adepoju, 1974).

Les mobiles économiques ainsi épinglés ont donné lieu à une variété de motifs où certains auteurs mettent en avant selon les cas, l'industrialisation comme cause de la mobilité africaine (Adepoju, 1977, 1978) ; d'autres évoquent les crises écologiques et environnementales (de Bruijn & van Dijk, 1995 ; Kinder, 1980 ; Beauvilain, 1989). D'autres encore comme Koning (2001) et Tacoli (2001) soulignent les créations de plantations comme cause de la migration dans leurs cas d'études. Seuls quelques auteurs évoquent l'instabilité politique et la violence comme les plus importants déterminants de la migration en Afrique subsaharienne (Adepoju, 2006 ; Brinkman, 2005).

De ces littératures, il convient de relever une vision trop réductrice de la migration ou de la mobilité africaine, la ramenant à une simple cause économique ou rarement politique. Alors que la mobilité de certaines régions d'Afrique comme celle de la région du Guéra est une réalité beaucoup plus complexe que ne le pensent les littératures. L'exemple du récit de vie de mobilité de Abdramane ci-dessus en est une illustration. Les nouvelles dimensions et dynamiques de la migration ou mobilité africaine, perdues de vue par des auteurs antérieurs, a amené les auteurs récents (de Bruijn *et al.*, 2001) à avoir une définition assez flexible de la migration ou de la mobilité africaine : « … *mobility itself appears in a myriad of forms. Mobility as an umbrella term encompasses all types of movement including travel, exploration, migration, tourism, refugeeism, pastoralism, nomadism, pilgrimage and trade* ».

Cependant, leur conception de la mobilité fort ouverte, mais apparemment mue essentiellement par des motifs volontaires, considérée comme style normal de vie, semble ne pas prendre en compte les réalités de la mobilité des zones de crises complexes comme celle de la région du Guéra où les mobilités répondent tantôt à une des causes politique, économique, sociale, tantôt majoritairement à plusieurs causes simultanées, forçant les populations à quitter leur milieu d'origine sans le vouloir. L'un des exemples est Monsieur Abdramane pages 2 et 3 qui, sans une force qui l'y ait contraint, ne serait pas devenu mobile depuis sa tendre jeunesse. Car affirme-t-il :

> 'La vie au village avant les événements ne peut être comparée à nulle autre. C'était l'époque de la belle vie. Partout, il y avait l'abondance, la joie surtout pour nous les jeunes. On buvait, on dansait dans la liberté, dans l'allégresse. Tout le monde parlait d'une même voix au village. Il y avait l'harmonie, l'entente. Si ce n'étaient pas les événements, ce n'est pas moi qui allais venir m'installer ici où on se fait traiter de tous les noms injurieux comme si on ne dispose pas de village d'origine. Ce sont justement la nostalgie et le souvenir de cette belle vie au village qui a fait que les Hadjeray qui étaient parmi les premiers à peupler N'Djamena la capitale n'ont pas daigné acheter les maisons. Sinon, les quartiers comme Klemat et Mardjandaffack seraient intégralement les quartiers des Hadjeray. Car à l'époque, pour avoir un terrain de construction, il fallait juste donner deux ou trois pains de sucre au chef de quartier pour se faire tailler tout un champ. Mais les nôtres se sont toujours dit que quand la paix reviendrait, ils repartiront vivre chez eux et ne se sont nullement intéressés aux maisons à N'Djamena ni ailleurs.'

Aussi, le cas de mobilité des populations hadjeray illustré par l'histoire de mobilité d'Abdramane mue cumulativement par des mobiles économique, politique et social avec des itinéraires qui s'étendant du national à l'internationale avec une durée de séjour et des statuts de migrants assez complexes, semble constituer une entorse aux théories de la migration ou de la mobilité complexes énoncées même par ces derniers.

À ce propos, le présent chapitre se focalise sur la complexe mobilité des populations hadjeray consécutive elle-même aux crises complexes combinant à la fois les violences politiques et crises écologiques et sociales et leurs conséquences sur la dispersion des familles dans l'espace à travers des filières de mobilité toutes aussi complexes, pour constituer au final la base même de l'écologie de la communication de la société hadjeray.

En fait, la prédominance du caractère économique de la mobilité ou migration en Afrique n'est pas à mettre en doute tant est vraie la ruée vers les zones industrielles, ou les zones économiquement viables. Cependant, une telle énonciation appliquée au cas de la mobilité des populations hadjeray pécherait par insuffisance tant sont complexes les causes de la mobilité dans cette région. Certes, le caractère économique de la mobilité est valable et constitue même l'une des principales causes de la mobilité dans la région du Guéra comme dans la plupart des zones incertaines comme l'espace sahélien. À titre d'exemple, la présence nombreuse des populations hadjeray dans la région du lac-Tchad et du Chari-Baguirmi (Faure, 1980) en est une illustration.

Cependant, si l'économie présente la toile de fond de la mobilité dans les zones à crises écologiques, comme la région du Guéra, il n'en demeure pas moins que, contrairement aux autres populations sahéliennes dont la mobilité répond, soit à une cause économique, soit politique, la mobilité dans la région du Guéra est une réalité assez complexe qui répond successivement ou cumulativement aux aléas politique, climatique et social.

En effet, les aléas écologiques et politiques ayant sévi dans la région du Guéra ont souvent exposé les populations à des récurrents désastres écologiques (Duault, 1935 ; Abrass, 1967 ; Sabaye, 1980 ; van Dijk, 2005) et politiques dont elles furent d'ailleurs à l'origine (Doornbos, 1982 ; Buijtenhuijs, 1977 ; Netcho, 1997 ; Azevedo, 1998 ; Garondé, 2003 ; de Bruijn, 2007). Ainsi, comme l'énonce Dugerdil (1993 : 15) : « pressés par les guerres, les politiques arbitraires, les tyrannies purificatrices, les catastrophes naturelles, les démographies galopantes, les hommes et les sociétés cherchent à conquérir d'autres espaces que les leurs, par nécessité ».

Comme pour d'autres sociétés, la mobilité ou la migration apparait pour les populations hadjeray comme la meilleure stratégie de survie face aux récurrentes crises écologiques et politiques comme le déclarait Abdramane :

'À chaque problème correspond une solution. Face à la famine et aux menaces de mort ou de torture des différentes forces armées qui planaient chaque jour sur nos têtes, on n'avait pas d'autres solutions que de quitter nos villages pour aller ailleurs où on peut être en paix et avoir de quoi vivre.'

Les crises écologiques et politiques, un facteur de migration et de mobilité hadjeray

La région du Guéra est située dans un espace géographique sahélien qui, depuis la nuit des temps, se caractérise par un régime de précipitation irrégulier (Nicholson, 1979 ; Grainger, 1982 ; Smith, 1992 ; de Bruijn, 1995) qui a atteint le pic avec la sécheresse des années 1971-1973 et puis des années 1983-85 (de Bruijn, 1995). De par son appartenance à la zone sahélo-soudanienne, la région du Guéra se caractérise comme bien d'autres régions du Bassin du Lac-Tchad par une instabilité des régimes pluviométriques, tantôt déficitaires, tantôt excédentaires. Ces aléas pluviométriques présentent des conséquences néfastes sur l'environnement d'autant plus que l'irrégularité des pluies et la diminution persistante des quantités annuelles ont eu un sérieux impact sur les ressources naturelles qui se traduit par une diminution importante du couvert végétal, une dégradation accentuée des sols (Sabaye, 1995).

En plus de cette menace naturelle qui pèse sur l'environnement, d'autres analystes voient une menace supplémentaire matérialisée par les activités destructrices de l'homme lui-même (Demangeot, 1994 : 133). Les conséquences des déficits pluviométriques sur l'environnement sont très accentuées dans la région du Guéra. Le déficit pluviométrique de ces dernières décennies s'est traduit par une disparition considérable des arbres notamment lors des sécheresses des années 1972-1973 et 1984-1985 (Sabaye, 1997 : 41). Cette dégradation de l'environnement ces dernières décennies est vécue et regrettée par nombre de quinquagénaires à l'exemple de Tassi Meli[2] qui décrit avec émotion la savane herbeuse et boiseuse qui s'est consumée par les temps qui courent sous les aléas climatiques et de l'action de l'homme en ces termes:

'Mon fils, les arbres sont partis avec leurs propriétaires qui sont nos grands-pères. À l'époque où j'étais jeune, au temps du Commandant blanc Hamdal, pour se rendre à Mongo, on faisait une se-

---

[2] Homme, environ 67 ans, paysan, interview réalisée au village Mataya en avril 2009.

maine, tellement la forêt était dense et il fallait marcher prudemment au risque d'entrer sous l'éléphant ou de buter sur un lion. Mais aujourd'hui, dès que tu tournes derrière la montagne-ci, tu peux même voir Mongo. Quel désastre ! Les nomades sont venus de l'Est, profaner la brousse pour la rendre inculte, la dépouiller de ses grands arbres. Les terres cultivées par les villageois qui jadis jouxtaient le village, sont éloignées aujourd'hui à de centaines des kilomètres. Certains villageois sont obligés de quitter le village pendant la saison pluvieuse pour aller camper très loin du village du fait de très longues distances entre leur champ et leur village, parce que de nos jours, il n'y a plus de bonnes terres cultivables à côté du village. Allez raconter cela à nos grands-pères dans leurs tombes et vous verrez leur étonnement. Pouvaient-ils croire un seul instant qu'en moins de cinquante ans où ils avaient vécu et où la terre était presque vierge et aujourd'hui que tout a disparu comme par malédiction.'

Les coups durs portés par les aléas climatiques et l'homme sur l'environnement, présentent des conséquences dramatiques sur la qualité de vie des hommes. La dégradation du couvert végétal par insuffisance des pluies et sous l'action de prélèvement de l'homme, font que les sols de la région du Guéra subissent les effets érosifs du ruissèlement creusant des rigoles qui provoquent la destruction complète des parcelles cultivables (La Monographie du Guéra, 1993), alors que les populations du Guéra vivent essentiellement des activités agricoles (La Monographie du Guéra, op. cit.; de Bruijn, 2007; van Dijk, 2008). Les activités agricoles dans la région du Guéra reposent sur les cultures pluviales des plantes comme le mil, le sorgho, l'arachide, le sésame ; et d'autres cultures d'appoint comme le gombo, les tomates, l'oseille etc. Cependant, la culture de ces plantes se fait de manière archaïque et sans intrants agricoles, qui déjà pose le problème de rendement. À ce problème de premier ordre s'ajoutent les caprices pluviométriques desquelles dépend cette agriculture. À ces deux problèmes s'ajoute celui d'insectes et oiseaux granivores nombreux dans cette région. Ces trois problèmes exposent les populations à des famines cycliques (Duault, 1935 ; Sabaye, 1997) dont certains Hadjeray, pour en garder des souvenirs, les immortalisent par des noms de leurs enfants (cf. chapitre 3). Ainsi, il n'est pas rare de croiser dans la région du Guéra les gens qui portent des noms qui rappellent des redoutables famines qui ont ravagé la région du Guéra et rendu les crises plus complexes. Il convient de citer quelques-unes de ces famines qui ont laissé des noms parlants et significatifs :

- la famine 'Am oudam' : elle signifie 'la mère des os'. Pendant cette période de famine, la malnutrition donne l'apparence à la population de n'avoir que les peaux sur les os, d'où le nom de 'Am oudam' : Cette famine a sévi dans les années 1903 et est consécutive à une insuffisance pluviométrique doublée d'invasions acridiennes ;
- la famine 'Am kabassé' : elle peut être traduite par la 'ruée sur les aliments'. En fait, pendant cette période, les aliments sont si rares que la moindre nourriture qui est proposée voit une ruée et une précipitation des convives pour la partager ;
- la famine 'Am soudour' : 'la mère de la poitrine'. Cette famine eut lieu en 1911-1913. Elle affaiblit physiquement les populations et fut doublée des affections pulmonaires qui emporta facilement les victimes ;
- la famille 'Am zaïtounaye' : 'la mère de colliers' : elle eut lieu en 1917. Pour survivre, les femmes vendirent ou échangèrent leurs colliers contre le mil ;
- la famine 'Ankour akhouk' : 'Renies ton frère'. Elle signifie que pendant la période des famines, les familles se disloquent. La solidarité disparaît important avec elle la disparition de la 'communauté de repas' qui caractérise la société hadjeray en temps d'abondance.

Entre ces quelques grandes famines bien connues et baptisées, il existe bien d'autres de moindre importance, mais toutes aussi redoutables comme celle des 1984-1985 qui avaient obligé notre enquêté Ramadan[3] à quitter la région du Guéra pour d'autres régions plus sécurisées en nourriture comme il en parle en ces termes :

> 'La deuxième aventure m'ayant conduit à me fixer ici depuis 26 ans était la famine. En 1984, cette année-là, on avait bien semé et germé le mil. Au moment où le mil s'apprête à pousser les épis et auquel moment il a le plus besoin de beaucoup d'eau, la pluie s'est brusquement arrêtée et pour de bon contre toute attente. C'était la catastrophe. Il a sévi une famine dont il n'est pas bon de raconter les souvenirs. Parce que pendant les périodes de famines, il n'y a plus de vertus. Sous l'effet de la faim, on vole, on se sépare de ses frères, on abandonne sa femme et ses enfants, on se fait utiliser par autrui pour un repas. Les périodes de famines sont des moments d'humiliations. Pendant cette année d'indigence, on ne mange que des feuilles de savonniers pour survivre. Le savonnier que tu vois, avec le goût amer de ses feuilles, ça c'est l'arbre qui a sauvé des milliers de gens de la mort certaine. L'année suivante quand je me suis rendu compte que le même phénomène devait se répéter, j'ai quitté le village pour venir m'installer ici.'

Violences sociales 'sourdes', un facteur souvent oublié ou négligé ?

Outre les violences politiques indéniables, il existe au sein de la société hadjeray comme dans la plupart des sociétés subsahariennes d'Afrique (Le Potin, 2007; Aleksandra, 2008), une violence sociale 'sourde', 'ostracisante'. Au nombre de ces violences sociales, figure le phénomène de sorcellerie, une étiquette très stigmatisante qui conduit souvent les victimes à quitter le village pour d'autres horizons assez éloignés. Sujet délicat à aborder, puisque relevant à la limite du tabou, personne ne veut se déclarer sorcier pour parler de son expérience. Ainsi, l'expérience de la sorcellerie ne vit que sur la base des accusations, des soupçons, plutôt que des preuves formelles démontrables. À ce propos, les personnes accusées le sont souvent sur la base de leur présence lors du cauchemar de l'accusateur pendant son sommeil, la nuit ou lors d'une maladie cauchemardesque comme le paludisme. Mais généralement, les personnes accusées sont pour la plupart issues des familles reconnues comme sorcières ('mangeurs d'âmes'), 'jeteur de mauvais sort'.

Outre la punition immédiate d'être accusé de sorcellerie (souvent le sorcier est exposé à la vindicte populaire), cette dernière présente une stigmatisante conséquence d'être ostracisé toute la vie par des restrictions que la société impose au sorcier. Entre autres restrictions, la difficulté de trouver un mari pour une femme ou refus de se voir offrir une fille pour mariage pour un homme. Ainsi, certaines des personnes souffrantes de cet ostracisme ne manquent pas d'aller loin de leur société où ils sont l'objet d'opprobre.

Ainsi, la mobilité des populations hadjeray, surtout en ville présente un répertoire assez large de causes des mobilités. À côté des personnes déplacées à la suite des violences politiques ou de crises écologiques, on trouve des personnes déplacées à la suite des violences sociales 'communautaires' d'ostracisme consécutif à un comportement et une pratique jugés déviants, ruineux ou déshonorants pour la famille ou la communauté villageoise entière.

En somme, face à l'insécurité alimentaire et politique (Cf. chapitre 3) récurrente et sociale ostracisante périodique, la stratégie la plus rationnelle et la plus pratiquée va être la mobilité ou au moins la potentialité de mobilité (Tielkes *et al.*, 2000 : 267-268).

---

[3] Homme, 81 ans, paysan, interview réalisée en octobre 2009, à Gredaya. Conversation enregistrée.

Ainsi, l'insécurité alimentaire et politique va constituer dans la région du Guéra la principale cause de mobilité des populations.

Migration et mobilité consécutives à la crise écologique

À la différence des autres populations qui migrent vers des zones industrielles ou agricoles afin de revenir investir dans leur région d'origine, les populations hadjeray victimes des crises écologiques migrent vers des zones rurales plus humides que les leurs, susceptibles de leur assurer la survie. La mobilité consécutive à la crise écologique dans la région du Guéra est un phénomène ancien, récurrent et donc banal. Il existe à cet effet dans la région du Guéra, un conte anecdotique de la mobilité consécutive à la famine, conte que les populations ont coutume de narrer pour trouver des excuses aux personnes qui ont quitté le village à la suite de la famine considérée généralement comme une honte, conte que narre Mounadil H.[4] :

> 'Il s'abattit à une date que personne ne peut situer, une famine qui laissa les populations sans provisions. Pour se nourrir, les hommes s'entremirent aux feuilles, aux fruits et aux tubercules d'arbres sauvages. Ainsi, pour pouvoir se nourrir, un couple se mit à chercher des citrouilles parmi les branches rampantes des arbres. Le couple tournait, retournait, fouillait les feuilles et les branches en les suivant. Au bout de plusieurs journées de recherche, il apparut soudain au couple des citrouilles innombrables. Le couple s'arrêta, en cueillit et mangea à satiété. Quelques jours plus tard, le couple pensa aux autres parents restés au village, mais s'aperçut qu'il avait laissé loin son village. Alors, il décida de s'installer dans ce lieu aux nombreuses citrouilles.'

Ce récit anecdotique situé dans les temps immémoriaux mais que certaines populations du Guéra d'aujourd'hui continuent de conter à titre d'illustration, est révélateur de la mobilité dans la région du Guéra, mobilité consécutive aux récurrentes famines qui ont cours dans cette région au climat rude et compliqué. Cette anecdote est aussi contée pour montrer la cause de la dispersion des membres d'une famille, d'une ethnie dans les différents autres villages, différents espaces lointains du village d'origine.

Au-delà de ce récit anecdotique, la mobilité consécutive aux crises écologiques est une réalité que vivent les populations de la région du Guéra à l'exemple du patriarche Abba Seïd[5] que nous avons rencontré dans la région de Bousso qui raconte les circonstances de son implantation dans la région du Chari-Baguirmi en ces termes :

> 'Pendant la période des crises écologiques, les hommes encore valides étaient tenus d'aller ailleurs où il est possible de travailler pour ramener à la famille restée au village les provisions du mil, pour lui donner de la force pour cultiver pendant la saison pluvieuse. *Moi* je suis venu sur conseil d'un cousin. J'avais un de mes cousins qui était un agent des eaux et forêt. Il avait servi dans cette région du Chari avant d'être affecté à Mongo. Il connaissait l'avantage de la région du Chari- Baguirmi. Un jour, il m'a appelé et m'a dit: « vu la précarité de la vie des paysans ici au Guéra, une vie soumise aux caprices des aléas climatiques et vue ton ardeur au travail, je te suggère d'aller t'installer au Chari-Baguirmi dans la zone de Bousso. Là-bas, il y a suffisamment de l'eau pour travailler toute l'année. Tu récolteras beaucoup et deux ou trois fois par année et tu vivras heureux ». Quelques mois plus tard, sur ce conseil, moi et deux de mes amis quittions le village pour venir dans la ville de Bousso explorer cette région dont le cousin a vanté le mérite agricole. On arrive dans cette région et on sillonne les localités comme Mogo et Bousso où on finit par s'installer. On y resta quelques mois à faire des travaux d'irrigation comme manœuvres. On se rendit compte que le cousin avait raison de nous suggérer cette région. Car même en saison sèche où chez nous là-bas il n y a aucune possibilité de cultiver quoi

---

[4] Homme, paysan, environ 71 ans, interview réalisée en mai, 2009 à Somo.
[5] Homme, paysan, environ 75 ans, interview réalisée en août 2009 à Bousso.

que ce soit, ici avec le retrait des eaux du fleuve, on labourait le maïs, le manioc, la patate, le haricot etc. Alors j'ai dit à mes compagnons que j'envisage mon avenir ici, dans cette région. En début de saison pluvieuse de 1985, j'étais rentré au village dans le Guéra. J'y avais passé ma saison pluvieuse. Dès le début de la saison sèche où je sais qu'il n'y a rien à faire, j'ai quitté le village pour revenir ici et m'y installer définitivement. J'ai vendu quelques têtes de mes bêtes au village et j'ai empoché un peu d'argent. Alors, j'ai débarqué ici avec un peu d'argent. J'ai acheté une quarantaine de sacs de mil. J'ai creusé un grand trou dans lequel j'ai mis mes 40 sacs de mil et je les ai couverts de la terre. Après quelques mois de travail, j'ai gagné encore quelques sacs. Alors, j'ai décidé d'aller emmener ma famille avec moi. J'étais reparti au village, j'ai pris ma femme et mes enfants et je suis venu m'installer définitivement ici.'

La mobilité relative à l'insécurité politique

Née au lendemain de l'indépendance après le déclenchement de la révolte des paysans de Mangalmé en 1965, la mobilité relative à l'insécurité politique va atteindre son paroxysme pour la première fois dans les années 70 au plus fort moment des confrontations armées entre le gouvernement et les rebelles du Frolinat qui opéraient dans la région du Guéra et pour la seconde fois dans les années 1987-1990 sous le règne du président Hissein Habré qui avait maille à partir avec les populations hadjeray. L'un des déplacés puis réfugié, victime de l'insécurité politique, en l'occurrence Abdallah Z.[6] raconte le climat politique menaçant qui l'a contraint à quitter son village :

'Pendant cette période, on vivait chaque jour avec la peur au ventre d'être arrêté à tout moment. Comme la moindre déclaration, la moindre action pouvait servir de prétexte ou pouvait être interprétée comme un complot ou une adhésion à la cause des rebelles, moi personnellement, j'ai arrêté même de fréquenter mes amis, d'assister aux cérémonies sauf celles de décès. Mais malgré ma discrétion, je sens l'épée de Damoclès planer sur ma tête. D'autant plus que chaque jour je vois disparaître si ce n'est pas un frère, c'est un voisin. Alors je m'étais dit que le mieux c'est de quitter la ville de Bitkine où on est trop exposé pour la capitale N'Djamena, pour aller me fondre dans la masse des populations de la capitale pour être ignoré et épargné. Mais là encore, dans la maison, nous étions devenus une dizaine des Hadjeray à vivre ensemble et cela a très vite attiré l'attention de la police politique qui est venue arrêter un d'entre nous. Pour ne pas être arrêté à notre tour, nous avons quitté N'Djamena pour le Nord du Cameroun plus précisément la ville de Maroua, où on était resté trois mois avant de nous disperser dans les villages du Nord du Cameroun de peur d'être traqués jusqu'au Cameroun d'autant plus qu'on nous avait dit que même les opposants qui sont à l'extérieur font souvent l'objet d'enlèvement par les agents de la police politique du régime de Hissein Habré.'

Pour survivre aux persécutions et exactions, beaucoup ont dû leur salut à plusieurs formes de mobilité : mobilité volontaire ou forcée. Les formes de mobilité des populations se déclinent en mobilités collectives, individuelles, mobilités à échelle de la région, ou carrément des départs pour d'autres régions, d'autres pays. La mobilité collective concerne un ou plusieurs villages et campements.

En effet, pour couper les rebelles de leurs bases de ravitaillement qui sont généralement les villages éloignés des grands centres urbains, les forces gouvernementales pratiquent la stratégie de la terre brûlée. Pour ce faire, elles contraignent les populations des villages éloignés des grands centres urbains où les rebelles sont supposés se ravitailler, d'abandonner leurs villages, de se rapprocher des grands centres urbains inaccessibles aux rebelles. La mobilité individuelle, quant à elle, consiste en des départs des jeunes frustrés dans leurs propres villages, pour d'autres régions ou pour d'autres pays, c'est ce

---

[6] Homme, environ 64 ans, commerçant, interview réalisée en juillet 2009 à N'Djamena.

qui est à l'origine du dépeuplement de la région du Guéra dans les années 60-70 de ses jeunes pour le Soudan ou le Nigeria (Garondé, 2003).

A côté de la mobilité due à la répression politique de l'Etat, se trouve aussi une mobilité causée par les abus et exactions des forces rebelles qui avaient élu domicile dans la région du Guéra dès la création de la rébellion en 1965. En fait, L'accueil « sous la peur », que réservent les populations aux forces gouvernementales, déplaît fortement aux rebelles. Pour dissuader les populations de rejeter les forces gouvernementales, ces derniers optent pour les méthodes contraignantes consistant à torturer, à harceler, à imposer de lourdes amendes sous toutes sortes de prétextes. Ces méthodes vont être à l'origine de la mobilité de beaucoup des familles comme celle de la famille Bedjaki.

Bedjaki vivait avec sa famille dans son village situé à une quarantaine de km de Bitkine. En 1980, la guerre civile éclate. Le Tchad tout entier s'embrase. Le pouvoir central disparait au Guéra, et fait place aux bandes armées FAP (Forces Armées populaires) et au CDR (Conseil Démocratique Révolutionnaire) qui sont des mouvements politico-militaires pro-arabes, alors que les populations hadjeray dans leur plus grande majorité sont favorables aux FAN (Forces Armées du Nord). Cette situation change la nature des rapports entre populations arabe et hadjeray du Guéra. Les Arabes avaient le vent en poupe et traitaient avec mépris et condescendance les populations hadjeray. Ces dernières adoptèrent un profil bas. Les actes de provocation et les propos haineux et injurieux des Arabes se multipliaient à leur encontre.

> 'Les noirs Hadjeray serviront bientôt de charbon pour faire du thé aux Arabes et leurs champs de pâturage aux bœufs des Arabes.'

Ces actes de provocation ne se limitent pas seulement aux paroles mais furent traduits dans la réalité, dans le champ de Monsieur Bedjaki. Un troupeau des bœufs arabes dévastent son champ en sa présence. Lorsqu'il demande des explications au berger arabe, celui-ci lui répond en brandissant sa sagaie :

> 'Nouba[7], éloignes-toi si tu veux avoir la vie sauve. Estimes-toi heureux que les bœufs des Arabes t'honorent en mangeant ton mil.'

Blessé par ces propos, Bedjaki décide de se faire justice lui-même. Il bat le berger jusqu'au coma et l'abandonne. Le lendemain, trois éléments armés de CDR débarquent au village. Ils prennent Bedjaki, le ligotent, l'exposent au soleil, le battent et lui infligent une amende de 100.000 FCFA, 10 pains de sucre, 5 coros[8] du thé. Sur le champ, pour être libéré, ses parents avancent 75.000 FCFA, 7 pains du sucre et 2 coros du thé. Un délai fut accordé pour payer le reste de l'amende. Se trouvant dans l'incapacité de payer cette amende, Bedjaki s'enfuit vers Bokoro. Son absence du village fut constatée par les Arabes qui décident de porter plainte contre ses frères auprès des éléments de CDR qui règnent en maîtres dans le village. Ceux-ci débarquent au village, ligotent Offi et Soussa les frères de Bedjaki qu'ils menacent d'exécution s'ils ne payent pas sur-le-champ le reste de l'amende de leur frère fuyard. Ensuite, une autre amende est infligée aux frères

---

[7] C'est un terme péjoratif utilisé par les Arabes pour désigner les populations noires, non Arabes.
[8] C'est un récipient utilisé au Tchad comme unité de mesure de céréale et d'autres denrées alimentaires et dont le contenu pèse autour de 2 kg.

de Bedjaki pour non déclaration de leur frère en fuite. Pour avoir la liberté, les deux frères de Bedjaki durent payer 150.000 FCFA et 3 pains de sucre.

Sentant cet acte comme une humiliation, Offi décide de rejoindre les tendances politico-militaires FAN en faveur desquelles militent de nombreux combattants hadjeray. Cette nouvelle tomba dans l'oreille des combattants de CDR. En représailles, ces derniers, reviennent au village s'en prendre à Soussa qui est resté au village et le somment de payer encore une amende pour avoir autorisé son frère à rallier les FAN. Celui-ci résiste et demande à être tué plutôt que de continuer à être harcelé pour les actes commis par ses frères. Il fut ligoté, battu, ses réserves de mil vidées de son grenier. Alors, Soussa décide à son tour de quitter le village pour le Chari-Baguirmi où il reste jusqu'en 1998 avant de rentrer au village. Durant cette période les rebelles verront en tout ce qui s'apparente à l'Etat, à l'Occident, des pratiques ou des personnes à abattre. Ainsi, les écoles, les dispensaires seront les cibles de la rébellion (de Bruijn, 2007).

Au nombre des catégories des populations naturellement traquées par les rebelles, figurent les anciens combattants de l'armée française très nombreux dans cette région (Aert, 1954 ; Le Rouvreur, 1962). Tous les anciens combattants de l'armée française qui, au début de leurs retraites, se sont installés dans leurs villages respectifs vont faire l'objet de harcèlement de la part des rebelles. Face aux amendes, passage à tabac sans raisons valables, ils vont tous abandonner leurs villages pour se replier dans les villes de Bitkine, de Mongo, et de N'Djamena sous la protection des forces gouvernementales. L'une des victimes de ce harcèlement des rebelles est l'ancien combattant Amany Dota[9], vivant aujourd'hui dans la région du Chari-Baguirmi et qui garde de très mauvais souvenirs des rebelles au Guéra:

'Je vivais paisiblement dans mon village Somo, lorsque les rebelles sont apparus. Ils venaient souvent à Somo. Puis un jour, j'ai été convoqué chez Ladjana Dardamo, le représentant des rebelles qui est un Arabe. Je m'y rends et je rencontre les rebelles qui m'accusent d'avoir donné une partie de ma pension au gouvernement des Sara. Pour ce faire, ils me demandent de leur donner le double de ma pension, soit 75.000 F. Sur ma tentative de refuser, je fus ligoté et contraint de payer la somme demandée.

Mon second déboire avec les rebelles concerne mon arme Calibre 12 qui est une arme civile que je détiens légalement. Pendant 10 jours, j'étais absent du village car j'étais allé à Mongo pour ma pension. À mon retour, au village, je fus convoqué par les rebelles chez le Ladjana. Ils m'accusent d'être allé avec mon arme porter un coup de main aux forces gouvernementales dans leur patrouille à la recherche des rebelles. Malgré la preuve que je leur apporte que j'étais allé pour ma pension, je ne fus pas compris. Pour avoir la vie sauve, j'ai dû payer 65.000 F d'amende, et 4 bœufs. Par la suite, il ne se passe pas un ou deux mois sans que les rebelles ne viennent m'accuser d'être l'œil des forces gouvernementales ou Françaises « nos maîtres ». Pour échapper à ce harcèlement, j'ai décidé de quitter le village pour venir m'installer à Bitkine. Dans les années 80, même en ville, les choses se gâtent. L'armée nationale qui naguère protégeait les villes disparait à la suite de la guerre civile qui ravage le pays. Les villes et villages entiers du Guéra passent entre les mains de rebelles. Ainsi, même à Bitkine, on n'est pas en sécurité. Alors, j'ai décidé de repartir au village où je suis resté deux ans subissant les harcèlements et les humiliations des rebelles et de leur comité villageois. En 1982, lorsque Habré prend le pouvoir, beaucoup de nos enfants se trouvent dans son armée qui est contre les rebelles qui opéraient dans la région du Guéra. De nouveau, je suis plongé dans le cauchemar. À chacun de mon retour de N'Djamena où je suis allé chercher ma pension, les rebelles me trouvent des motifs pour me faire payer l'amende. Le comble a été atteint en octobre 1984. Après mon retour de N'Djamena, les rebelles sont venus me prendre et me ligoter devant ma femme et mes enfants. Ils me reprochaient d'avoir été à N'Djamena donner des informations sur les exactions des rebelles sur les

---

[9] Homme, ancien combattant, environ, 64 ans, interview réalisée en février 2010, à Kournari (périphérie de N'Djamena).

villageois et d'avoir demandé l'installation d'un poste militaire dans le village pour empêcher les rebelles d'y venir. Et que pour appuyer ma demande, j'avais même donné une grande partie de ma pension au gouvernement. À ce propos, j'ai été battu et amendé à hauteur de 170.000 F. Mon cheval qui forçait l'admiration de tout le monde a été aussi pris par les rebelles. À partir de ce jour, j'ai décidé de quitter le village et même le Guéra pour venir m'installer carrément à N'Djamena où j'étais resté jusqu'en 1989 avant de venir m'installer ici dans le Chari Baguirmi.'

En somme l'installation de cet ancien combattant dans la région du Chari-Baguirmi comme celle des autres déplacés hadjeray dans les régions du Lac-Tchad, du Salamat ou dans les pays voisins, n'est un pas fait fortuit. Mais elle obéit à un schéma de filière de migration ou de mobilité que choisit chaque groupement des populations du Guéra comme destination.

Les différentes filières de mobilité hadjeray

L'installation du patriarche Abba Seïd dans la région du Chari-Baguirmi sur conseil de son cousin à la suite des famines des années 1984-1985, ainsi que l'immersion de Abdallah Z. dans le Nord du Cameroun suite aux violences politiques du règne de Habré, nous mettent en présence d'une réalité, celle des multiples et complexes filières de mobilité ou migration hadjeray consécutive aux crises écologiques et politiques. Car chaque convulsion de violence politique ou crise écologique a donné naissance à une diversité des filières de mobilité ou de migration sur des critères et bases complexes tantôt de parenté, tantôt de proximité, tantôt de sécurité.

Les filières intérieures

À partir des années 70, les données changèrent dans la mobilité des populations tchadiennes vers le Soudan. Des lois restrictives sur l'émigration vers l'étranger furent édictées. Elles détournèrent la mobilité des populations du Soudan vers les directions intérieures. En effet, pour stopper l'émigration au Soudan qui tend à devenir une source de recrutement pour les rebelles, le Gouvernement exigea pour tout voyage à l'étranger, la délivrance des documents tels : le passeport national ou une carte d'identité nationale, un certificat international de vaccination. La junte militaire qui va arriver au pouvoir en 1973 va davantage rendre plus difficiles les conditions de voyage vers l'étranger en ajoutant une autorisation de voyage délivrée par le ministère de l'Intérieur.

• Les filières des régions du Chari-Baguirmi et du Lac-Tchad

La filière du Chari-Baguirmi est la plus ancienne et la plus complexe de la mobilité hadjeray, d'autant plus que selon le rapport de l'administration coloniale de 1914 : « à la suite d'une famine de l'année 1913, une migration sensible se produisit vers la région voisine du Chari-Baguirmi ». Elle est plus complexe en ce que, contrairement à d'autres filières qui sont alimentées juste pendant certaines périodes de grandes crises, la filière du Chari-Baguirmi est constamment alimentée par une série discontinue de mobilités, en raison, en partie, de la capitale N'Djamena se trouvant en son sein. En plus de cette mobilité continuelle qui se produit à chaque moindre crise, la région du Chari-Baguirmi, comme la région du Lac-Tchad ont enregistré de grands moments de mobilité des populations au plus fort des crises écologiques désastreuses des années 1982, 1983, 1984.

L'une des illustrations de la mobilité massive due aux désastres écologiques fut celle des années 1981-1982 et 1984-1985. En effet, pendant cette période, la région du Guéra fut ravagée par une famine causée par un déficit pluviométrique. Pour survivre, de centaines des familles ont quitté la région pour venir s'installer à N'Djamena, la capitale, qui est de loin la mieux sécurisée par rapport aux autres villes du Tchad sur le plan alimentaire. À N'Djamena, ces familles sans source de revenus ne doivent leur pain quotidien qu'aux distributions des vivres par les ONG, principalement le Programme Alimentaire Mondial (PAM) et le Secours Catholique et Développement (SECADEV). Cette crise alimentaire et l'implication des ONG vont ouvrir deux importants fronts de mobilité dans la région du Lac-Tchad et du Chari-Baguirmi comme le déclare Ahmat Doungous[10] :

> 'Pour nous convaincre d'aller au Lac-Tchad, le père Serge nous disait à l'église de Klemat qu'il veut disposer de 120 familles, uniquement hadjeray. Il va nous implanter dans une région riche en production agricole. Non seulement pour qu'on soit bien, mais que nous servirons à l'avenir de lieu de refuge pour nos parents restés au village en cas de difficulté dans la région d'origine. Et aujourd'hui, ce qu'il a dit se réalise. De 120 familles au départ, aujourd'hui nous sommes à plus d'un millier de familles et certains d'entre nous ont fini par aller créer d'autres villages aux alentours de notre lieu originel d'implantation. Notre nombre s'est accru par l'arrivée de certains de nos parents du village qui, lors des visites, ont découvert que le lieu est bien et ont fini par venir s'y installer.'

En fait, réfléchissant sur le devenir des familles entières déplacées à la suite des désastres écologiques et incrustées à N'Djamena et n'ayant compétences que dans les travaux agricoles, mais dont quelques rares chefs de famille ont trouvé des emplois de sentinelles aux salaires modiques et dépendant essentiellement des aides des ONG, le SECADEV a jugé utile 'd'apprendre à pêcher plutôt que de donner des poissons' comme le note Pierre Faure[11] un des administrateurs du SECADEV en 1983 dans son rapport :

> 'Des paysans ayant fui la famine au Guéra (...), nous leur avons proposé des vivres à condition d'aller cultiver, plutôt que de louer leur travail à des commerçants.'

Pour traduire dans les faits cette politique de réinsertion, le SECADEV a choisi deux sites propices à l'agriculture, activité qui colle le mieux aux réalités de ces familles hadjeray vivant de l'agriculture dans leur village d'origine. Les sites retenus furent la zone de Karal dans le pourtour de la région du Lac-Tchad et les abords du fleuve Logone, à la lisière de N'djamena, sur une distance de 20 à 60 km de la capitale vers le Sud, endroits plus humides et susceptibles de permettre les activités de maraîchage. À titre expérimental, dès 1983, un contingent de 120 familles fut transporté et installé dans la région de Karal, à l'Ouest de N'Djamena. Et comme le note le Père Pierre Faure (1983 : 5), « la première installation dans le village de Karal ayant présenté des inconvénients d'intégration, un deuxième village a été créé à Baltram, plus proche des zones de culture au bord du Lac ».

---

[10] Homme, environ 63 ans, ex-agent de SECADEV, aujourd'hui assistant du chef de quartier hadjeray au village Baltram. Il fut l'une des toutes premières personnes amenées par le SECADDEV dans cette zone.

[11] Compte rendu d'activités du SECADEV, janvier-septembre 1983.

A l'opposé de cette 'vague Ouest', il y eut la 'vague Sud', que Faure décrivait dans son rapport en ces termes : « la plupart choisit d'aller au Sud de N'Djamena, le long du fleuve Logone, sur une distance de 20 à 60 km de N'Djamena. (…) 500 familles ont été atteintes par ce projet ».

Au fil des années des crises écologiques et politiques et surtout durant la période de la répression politique du régime de Habré (1986-1990), la majorité de populations déplacée va se diriger vers ces deux directions au point où des villages entiers vont se créer dans ces zones éloignées du Guéra. Beaucoup de ces déplacés créeront des villages exclusifs qui prendront quelquefois le nom des villages d'origine du Guéra à l'exemple du village 'Hillé Somo', situé à une trentaine de kilomètres de N'Djamena vers le Sud. Ce village est créé et peuplé par les personnes issues du village Somo dans la sous-préfecture de Bitkine. Ce nouveau village 'Hillé Somo' va être le point de chute de beaucoup d'autres personnes issues du Somo d'origine au Guéra durant les multiples crises qui vont se succéder. Ainsi, au plus fort de la période de la mobilité dans les années 1987-1990 et 1990-1993, ce village a compté plus du quart des habitants du village Somo d'origine, avant de se dépeupler à son tour au profit, soit de son homonyme d'origine, soit au profit d'autres localités.

L'exemple de mobilité des populations entre ces deux villages Somo n'est que le reflet d'autres réalités de constitution des communautés des déplacés hadjeray sur des bases familiales, claniques et linguistiques. En parcourant les deux sites d'implantation des populations déplacées hadjeray (vague-ouest Lac-Tchad et vague-sud Chari-Baguirmi), force est de constater la constitution des communautés sur des bases claniques, familiales, linguistiques. Ainsi, la vague-Ouest renferme majoritairement des Migami alors que la vague-Sud renferme quant à elle deux communautés à savoir les Kenga et les Dangaleat qui vivent dans des villages différents.

• La filière de la région du Salamat

Le Salamat est l'une des régions du Tchad, voisine de la région du Guéra dont elle est située au Sud-Est. Elle a le mérite d'être une zone humide, très fertile, hautement agricole où certaines années, il suffit de donner le contenant c'est-à-dire un sac vide aux paysans en quête de celui-ci pour recevoir en contrepartie le contenu en céréale. Son caractère de zone de richesse agricole et surtout de paix relative qui y règne en fait une zone d'attraction pour les populations du Guéra. L'immigration des populations hadjeray dans la région du Salamat remonte aux années 70 où les premières colonies des populations du Guéra fuyant l'insécurité qui faisait rage dans la région, furent établies. Cette première colonie va servir de point d'accueil par la suite pour les autres populations victimes des désastres écologiques dans les années 73, et les années 84-85.

Les filières complexes soudanaise et nigériane

Dans son article intitulé 'Cinquante années de l'administration française à Mélfi[12], Blondiaux affirmait : « Pour une seule année de 1951-1952 suivant la date à laquelle ont

---

[12] Mélfi est une des quatre principales villes de la région du Guéra.

Carte 4.1   Directions de mobilité des crises écologiques

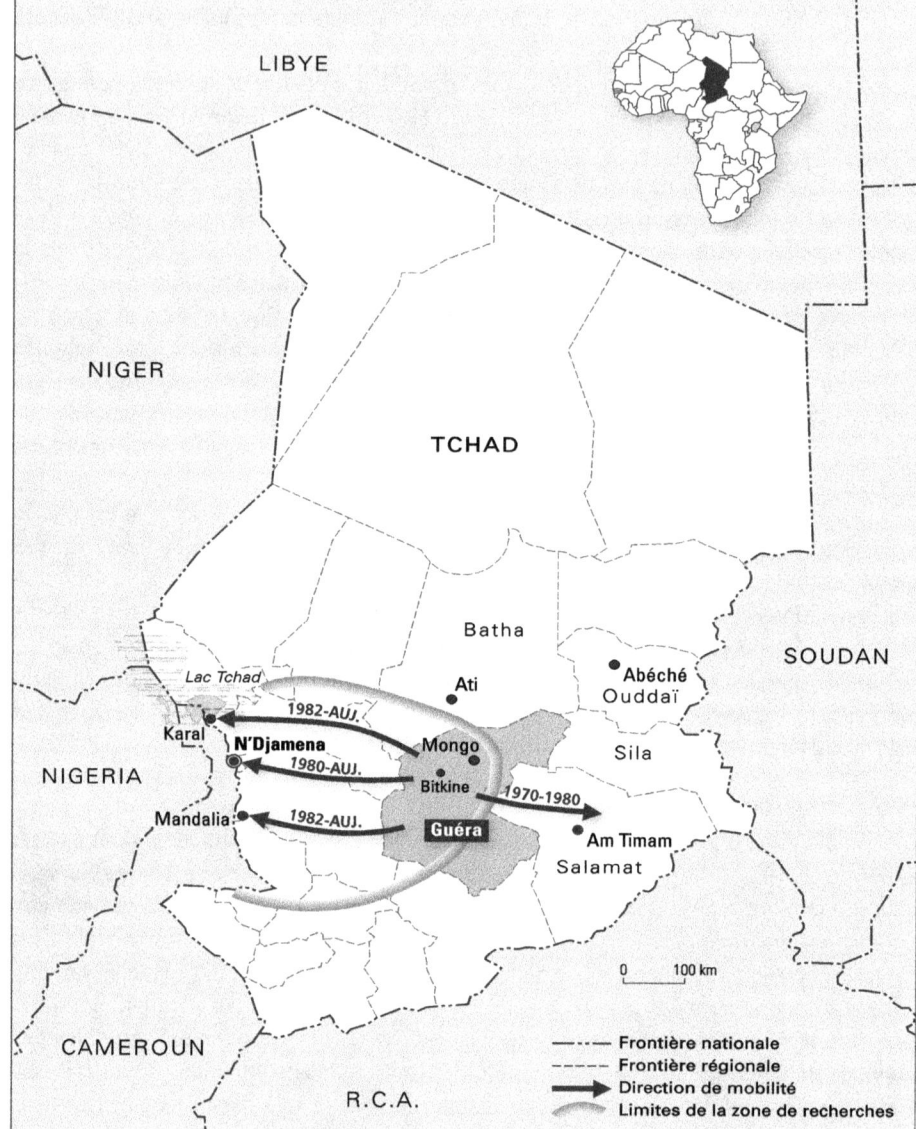

Source :   Compilation de l'auteur inspirée des enquêtes de terrain et rapports de l' ONG Secadev.

été faits les recensements, 329 jeunes hommes ont émigré au Soudan. Le total des individus partis et non encore revenus atteignait en 1952, environ 1030 unités et l'enquête ne peut pécher par optimisme, car les villageois perdent vite le souvenir et ne songent guère à ceux qui les ont quittés il y a 15 ou 20 ans ». Cette affirmation dénotait l'existence incontestable d'une filière soudanaise de l'émigration hadjeray.

Une mobilité complexe pour des réseau des famille complexe

Le Soudan et le Nigeria furent les tout premiers pays vers lesquels les populations hadjeray émigraient et ce depuis le début de la colonisation. En effet, face à la rigidité de l'administration coloniale française, les populations lassées par les multiples réquisitions et impôts, trouvèrent mieux de partir pour des horizons autres que les horizons français, moins contraignants que ceux sous lesquels ils vivaient. Ce choix leur a été offert par l'administration coloniale anglaise qui s'opérait dans les deux pays voisins du Tchad, en l'occurrence le Soudan et le Nigeria. Dès les années 20, les départs des jeunes pour le Soudan et le Nigeria se déclenchèrent comme mentionnés dans le rapport de l'administration coloniale française en ces termes :

'(1920), On rend compte à ce moment au chef de subdivision que de nombreux jeunes gens quittent la région pour le DARFOUR et le Nigeria.'

Au fil des années, cette migration devient si importante (Blondiaux, op. cit.) que l'administration coloniale locale attira l'attention de la hiérarchie supérieure dans son rapport du troisième trimestre 1931, en ces termes : « si nous continuons à recruter ainsi, je crains fort que les départs pour DARFOUR ne se fassent plus nombreux ».[13]

Si pendant les premières années de l'administration coloniale, les motifs de départ étaient essentiellement politiques : protestation contre les abus de l'administration coloniale française (Buijtenhuijs, 1977), quelques années après, d'autres mobiles tels que 'l'économique' sont venus s'y greffer. Cela accroît considérablement le nombre de jeunes pour le départ vers le Nigeria et le Soudan. Ainsi, en 1957, on retrouve dans les rapports, une alerte alarmante sur les départs des populations, surtout des jeunes de la région du Guéra. La raison invoquée témoigne, d'une part de la lassitude de la population vis-à-vis de la colonisation française, et d'autre part de l'attrait pour d'autres systèmes coloniaux autres que le système français jugé économiquement peu favorable et politiquement trop rigide :

'(1957), l'attention du chef de subdivision est de nouveau attirée par des nombreux départs vers le DARFOUR. Par centaines, des jeunes Kirdis. Quelles en sont les raisons ? D'abord l'attrait de ce pays où les salaires payés sont relativement très élevés. Pour mieux montrer la différence, les Anglais paient en billet de cinq francs...'[14]

Au Soudan, les Anglais avaient initié des travaux de construction de chemin de fer, de plantation de canne à sucre, de sésame et de coton. Ces travaux rémunérés et nécessitant une main-d'œuvre nombreuse, attirent bien des Tchadiens dans leur ensemble (Kinder, 1980 : 229). Cette opportunité fut très tôt découverte par les premiers jeunes hadjeray qui arrivèrent au Soudan à la suite de la protestation contre la rigidité de l'administration coloniale française, principalement les corvées et surtout les réquisitions pour les travaux de Chemin de Fer Congo-Océan (CFCO). En plus des débouchés qu'ils trouvaient dans les plantations, aller au soudan était pour les jeunes de cette époque 'une initiative virile' qui leur permettait de rapporter à la famille des objets tels les tissus, les perles, les sabres, les turbans, etc., qui attitraient et constituaient des sources plus importantes d'émigration comme le déclare Senoussi[15] :

---

[13] Archives de l'administration coloniale, Rapport sur la situation politique et économique de la circonscription du Batha 1919-1944.
[14] Archives de l'administration coloniale française. Rapport sur la situation politique et économique de la circonscription du Guéra, second semestre 1957.
[15] Paysan, environ 70 ans, interview réalisée en Juin 2009 au village Sissi.

> 'Aller au Soudan à l'époque pour les jeunes, était un privilège. Ceux qui y retournaient ramenaient des objets assez précieux comme le turban, les boubous, les perles, les sabres. L'importance de ces objets se voit les jours de fêtes. Dans les danses, ceux qui sont rentrés du Soudan et ayant les sabres, les turbans, les boubous étaient regardés avec envie. Leurs femmes parées de perles, des pagnes ramenés du Soudan forçaient l'admiration des autres. Ceux des jeunes filles ou femmes qui n'en avaient pas mettaient des pressions terribles sur les conjoints pour qu'ils y aillent afin de revenir avec ce que les autres possèdent.'

La filière soudanaise de la migration hadjeray commencée depuis l'époque coloniale, va s'intensifier au lendemain de l'indépendance du Tchad en 1960 sous l'effet de la violence croisée d'Etat et des bandes armées. La mobilité inhérente à la violence d'Etat commença dès 1965 avec le départ des paysans moubi instigateurs de la révolte, d'abord dans la brousse, puis dans les montagnes nombreuses dans cette région (Netcho, 1997 ; Garondé, 2003). Plus tard, cette mobilité va se diriger vers le Soudan à propos de laquelle Bachar (1970 : 9) notait que : « Les Moubi ont émigré en masse vers le Soudan, ... où ils ont même fondé un village dénommé Mangalmé ». Cette migration massive des Moubi suite à la violence politique était le point de départ d'une série d'émigrations qui va plus tard affecter toute la région du Guéra eu égard à la récupération de la révolte de Mangalmé pour la création et l'implantation de la rébellion du Frolinat dans cette région. Mais déjà, avant même l'entrée en action de la rébellion dans les exactions, les forces gouvernementales qui sont supposées apporter la sécurité à la population firent le contraire de leur mission. En effet, les forces gouvernementales accusent les populations hadjeray d'avoir d'abord favorisé la naissance d'un foyer de tension ayant fait le lit à la rébellion, puis d'héberger et de nourrir les rebelles. L'un des survivants de cette époque, Oudda Soumar[16], déclare à ce propos :

> 'La peur de la répression du gouvernement a fait que pendant presque six mois, les hommes quittent le village très tôt le matin pour se réfugier en brousse pour ne rentrer que tard le soir. À la suite de cette vie de mobilité, nous qui sommes jeunes, sommes frustrés et sur le conseil de nos parents, qui nous trouvent trop exposés, nous avons fini par quitter le village pour aller au Soudan où j'étais resté trois ans avant de revenir au village. L'avantage d'aller au Soudan était non seulement d'avoir la sécurité, mais aussi d'avoir du travail rémunéré.'

Outre le Soudan, le Nigeria constituait pour le Tchad un cordon ombilical. La circulation des Tchadiens vers le Nigeria prenait une intensité croissante. Les Tchadiens vont au Nigeria pour chercher du travail. On les retrouve dans la marine, la police, le secteur tertiaire notamment (Kinder, 1980 : 227). À l'instar d'autres Tchadiens, beaucoup de populations de la région du Guéra avaient parallèlement au Soudan opté aussi pour la filière nigériane de la migration où certains avaient préféré faire carrière dans l'armée à l'exemple de Souk Gosso[17], aujourd'hui retraité de l'armée nigériane et vivant à N'Djamena et qui situe le contexte de son départ du village et son incorporation dans l'armée nigériane en ces termes :

> 'À cinq ans avant l'indépendance, quand on était au village, il se développait un phénomène d'aspect vestimentaire. Ce phénomène opposait deux tendances : la tendance soudanaise avec le port de boubou et de turban et la tendance occidentale avec les pantalons au tissu kaki, tergal et cotonnade, les torches, les montres. Les villageois n'avaient d'yeux que pour regarder ceux-là et les filles n'avaient d'éloges que pour ceux-ci. Nous autres qui portions encore le Gabak (tissu local fabriqué de manière

---

[16] Homme, environ 68 ans, paysan, interview réalisée en juin 2009.
[17] Homme, environ 64 ans, retraité de l'armée nigériane, aujourd'hui maçon à N'Djamena, interview réalisée au quartier Dembé à N'Djamena en août 2009.

artisanale sur la base de fil de coton), on se sentait frustré. On n'avait pas notre place. Notre jeunesse n'avait pas de sens. Or, pour avoir ces biens, il fallait partir au Soudan ou au Nigeria.

Le paradoxe chez moi c'est que ma maman ne voulait pas du tout que j'aille dans l'armée française où j'aurais la chance de disposer de ces biens. Je vivais deux pressions opposées. Celle de ma mère qui ne voulait pas que je parte dans l'armée et celle des jeunes y compris de mes amis qui me demandaient d'aller accomplir cet acte qui était considéré comme un devoir à l'époque. Pour ne pas décevoir ma mère et en même temps céder à la pression que m'imposait mon époque, j'étais obligé d'aller au Nigeria où j'étais resté d'abord deux ans comme civile exerçant comme aide maçon, histoire de tromper la vigilance de ma mère. Puis, par la suite, je m'étais incorporé dans l'armée nigériane.'

La filière camerounaise

Les premières mobilités des populations hadjeray vers le Cameroun datent de l'époque qu'aucune source ne peut situer avec exactitude. Cette mobilité concernait au début les quelques rares personnes qui étaient allées à l'aventure à l'exemple de Hassan Baba[18], qui situe son arrivée à Garoua en 1974, à la suite d'une découverte de la localité de Garoua au terme d'une panne de camion qui était allé chercher des marchandises à N'Gaoundéré et où il était apprenti chauffeur. Déjà à son arrivée, il déclare avoir trouvé sur place quatre personnes issues de la région du Guéra. La mobilité des populations hadjeray vers le Cameroun et plus particulièrement vers la région nord, commence à prendre de l'ampleur à partir de l'année 1979-1980. A cette époque, une guerre civile de 9 mois éclata à N'Djamena entre les Forces Armées du Nord de Hissein Habré et les forces coalisées sous la direction de Goukouni Weddeye (Madjiangar, 1995). La guerre prend une tournure dramatique comme le décrit Senoussi :

'Durant la guerre de 9 mois à N'Djamena en 1979-1980, nous civiles étions exposés au même titre que les militaires qui se battent, parce que les belligérants sont répartis dans tous les quartiers et se battent par artillerie. Les obus tombent partout. Pour ce faire, on s'était interdit de se regrouper à deux, trois ou plus des personnes de peur qu'un obus puisse tomber et tuer ou blesser plus d'une personne. Chaque jour, on déplore des centaines de victimes civiles fauchées par les balles perdues.'

Cette situation apocalyptique de N'Djamena tranche singulièrement avec la paix et la sécurité qui règne à Kousseri, la ville camerounaise jumelle à celle de N'Djaména et distante de moins de cinq kilomètres à vol d'oiseau comme le note Kladoumbaye (1985 : 15) : « N'Djamena théâtre d'affrontement est un véritable enfer, tandis que Kousseri, sur l'autre rive du Chari, représente un paradis. C'est là que des milliers des Tchadiens, à bord de pirogues, ou à la nage, se déversent avec une seule idée dans la tête : être à l'abri des tueries ».

Le havre de paix et de sécurité que représente Kousseri par rapport à N'Djamena à feu et à sang, devient donc le point de chute des milliers des Tchadiens fuyant la guerre. Au nombre des Tchadiens ayant trouvé refuge dans la ville camerounaise de Kousseri figurent de nombreuses familles hadjeray. Estimé au départ à un demi-millier de têtes, le nombre, des populations hadjeray ayant franchi la frontière du Cameroun va croître considérablement selon Mahamat Issa[19], pour dépasser le millier d'âmes en 1982, lorsque Habré dans le rang duquel combattaient beaucoup de Hadjeray quittait N'Djamena pour se retirer à l'Est du Tchad. Beaucoup de Hadjeray civiles et militaires qui soute-

---

[18] Homme, 50 ans, mécanicien, interview réalisée en mai 2010 à Garoua.
[19] Sentinelle, environ 60 ans, ex-réfugié du camp des réfugiés de Kousseri puis de Poli-Faro. Interview réalisée en août 2009 à N'Djamena.

naient la tendance FAN de Habré préférèrent quitter la ville de N'Djaména et ce, malgré le calme relatif qui y régnait.

Le séjour des populations hadjeray dans les localités camerounaises de Kousseri, puis dans le camp des refugiés de Poli-Faro (entre Garoua et N'Gaoundéré), familiarisa nombre de ces dernières avec le Cameroun dont beaucoup, en appréciant l'hospitalité, refusèrent de regagner le Tchad au moment du rapatriement volontaire des refugiés tchadiens. Ces quelques personnes restées au Cameroun se sont répandues dans tout le Nord du Cameroun et se sont fondues parmi les populations des villes camerounaises de Kousseri, Maroua, Garoua, Mora et dans les villages environnants. Celles-ci sont rejointes plus tard entre 1986 et 1990, pendant la période de répression de Habré contre les populations du Guéra, par d'autres, fuyant la chasse à l'homme hadjeray comme le déclare Ali Senoussi[20] :

> 'Repartir vivre au Tchad maintenant n'est pas mon projet eu égard à ce que j'ai vécu au village et à N'Djamena. Au village, dans les années 1976, les bandits[21] nous emmerdaient. C'est ainsi que j'ai décidé de quitter le village pour N'djamena. À N'Djamena, on était effectivement en paix jusqu'en 1979-1980. Pendant cette période, la guerre civile de 9 mois faisait rage à N'Djamena. On n'avait pas d'autre choix que de venir se réfugier au Cameroun. Au début, on était à Kousseri, les humanitaires nous ont déplacés dans le camp des refugiés de Poly. Dans les années 87, d'autres réfugiés fuyant les massacres sous Habré, nous ont rejoints.'

Au nombre des personnes ayant fui la répression politique sous Habré pour se réfugier au Cameroun se trouve Hamat[22] qui, est traumatisé par les affres de la boucherie de Habré, a choisi de franchir la frontière camerounaise pour sauver sa peau. Il raconte le climat de la terreur qui y régnait et l'ayant contraint à quitter le Tchad en ces termes:

> 'Mon départ du Tchad remonte en 1987 au plus fort moment de chasse à l'homme hadjeray sous le règne de Hissein Habré. À cette époque, j'étais adolescent. Je vivais avec ma mère au village situé à 10 km de Bitkine. Avec les copains, on partait souvent à la chasse autour du village. Lorsque vint cette période de boucherie, les alentours de village où nous chassions les petits animaux sauvages, étaient devenus un champ d'exécution. Presque chaque jour, le 'Com-armes' de Bitkine amenait dans son véhicule de marque 'Savomac' des détenus politiques qu'il exécutait dans les endroits où on chassait. Chaque fois qu'on partait à la chasse, on tombait sur des cadavres ou des charniers. Je fus terrifié par ces images. Alors, j'ai décidé de quitter le village d'abord pour N'djamena où j'ai mis quelques mois avant de partir pour le Cameroun où je vis aujourd'hui. Pour franchir la frontière, je fus aidé par les frères qui vivaient aux abords du fleuve Logone et qui avaient des attaches avec les autres frères vivant au Cameroun principalement à Kousseri, Maroua, Mora, Garoua. Grâce à eux, moi et beaucoup d'autres personnes fûmes sauvés ; car sans eux, le régime Habré aurait fait plus de victimes. Car à l'époque, on ne pouvait pas traverser la frontière tchado-camerounaise sans risque comme on le fait aujourd'hui. Pour fuir, il fallait partir clandestinement par un endroit dérobé au risque de tomber sur les patrouilles de la police politique du régime. Seuls certains de nos frères savaient par où et à quelle heure il fallait traverser le fleuve qui est en même temps la frontière, pour ne pas être arrêté, surtout que si on se fait arrêter en train de traverser clandestinement la frontière, on est sûr à 100 pour 100 de passer de vie à trépas.'

---

[20] Homme, commerçant, environ 60 ans. Interview réalisée en avril 2009 à Garoua.
[21] Bandit est un terme employé dans les années d'avant 1980 par le Gouvernement pour qualifier les rebelles du Frolinat. La plupart des civiles ayant quitté le Tchad à cette époque ont gardé cette appellation pour désigner les rebelles.
[22] Homme, blanchisseur, 38 ans. Interview réalisée en février 2009 à Kousseri.

Une mobilité complexe pour des réseau des famille complexe

Carte 4.2 Directions des mobilités des crises et violences politiques

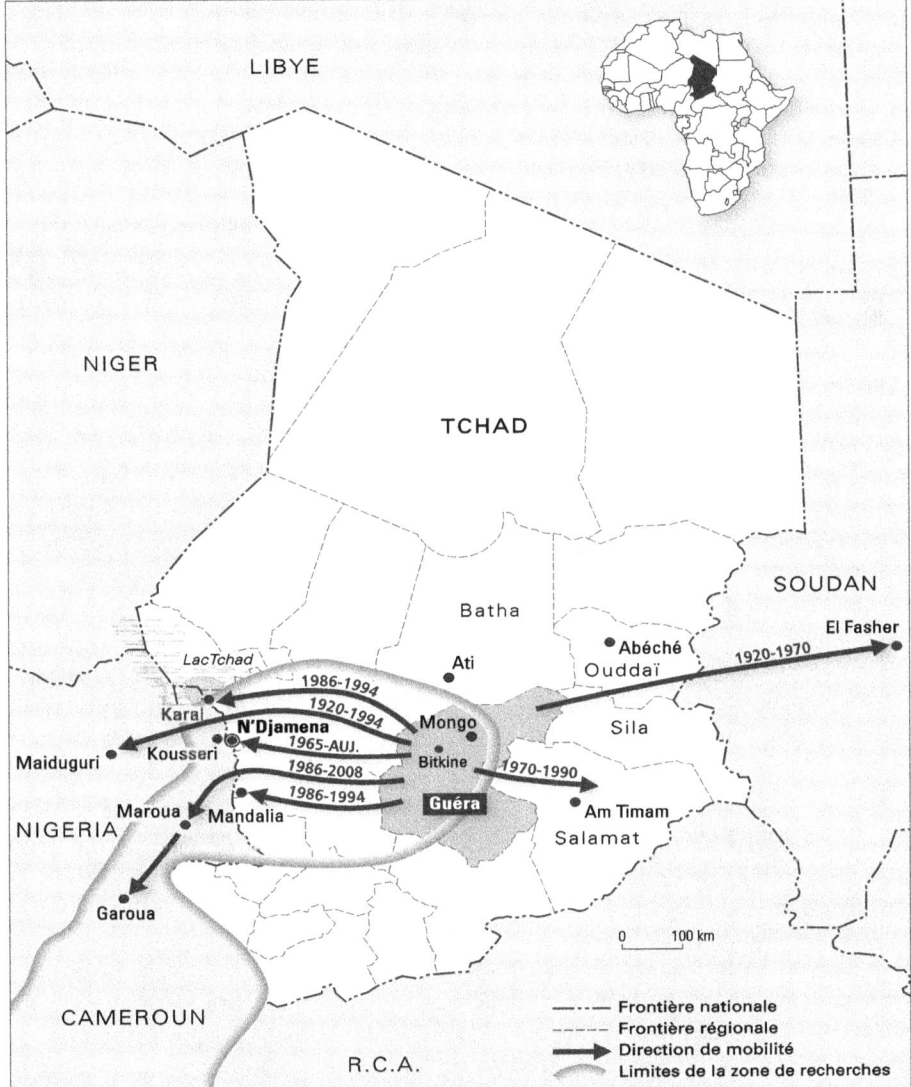

Source : Compilation de l'auteur inspirée des enquêtes de terrain et rapports de l' ONG Secadev.

Au terme des différents mouvements migratoires et mobilité des populations hadjeray dans le temps et dans l'espace, on se retrouve aujourd'hui avec plusieurs communautés implantées au Sud-est et Sud-ouest du Tchad dans les régions du Salamat, du Chari-Baguirmi et du lac-Tchad, et aussi dans les pays voisins du Tchad, plus particulièrement le Soudan, le Nigeria et le Cameroun comme schématisés sur la Carte 4.2.

Pour se rendre compte de l'évidence de la mobilité des populations Hadjeray, nous nous sommes livré à un exercice consistant à voir la répartition spatiale d'une famille afin de comprendre son ampleur et son corollaire la séparation entre les parents qui frappe les familles. Pour ce faire, nous nous sommes intéressé à la famille Abakar Gantoul dont le fils Abderahim Abakar Gantoul, vivant actuellement au village, a bien voulu nous informer sur le réseau de sa famille et le faisant d'ailleurs avec un sentiment de fierté exprimé en ces termes :

> 'Que j'aille à droite, je vais trouver un parent à moi, que j'aille à gauche, je vais trouver un parent à moi. Maintenant ce n'est pas comme autrefois où on se soucie de qui va nous accueillir, qui va nous guider sur le lieu de l'aventure. Moi personnellement, mise à part la région du BET[23], il n'y a aucune région du Tchad ou pays voisin du Tchad où je n'ai pas un frère, une sœur, une tante, un oncle, un neveu, une nièce, bref un parent. L'autre jour, mon petit frère s'est amusé à faire la comparaison entre les membres de la famille qui sont restés aujourd'hui au village et ceux qui sont installés ailleurs. Il a trouvé que ceux qui sont restés au village ne représentent même pas le tiers des membres de notre famille.'

Conclusion

Les populations de la région du Guéra ont connu dès l'aube de la colonisation, une série de mouvements de populations à la typologie complexe, en ce qu'ils intègrent d'une part les concepts de mobilité et de migration (van Dijk, 2001) et en ce que, d'autre part, ils constituent une entorse aux théories de la mobilité d'autant plus qu'ils répondent cumulativement aux mobiles économiques, politiques, écologiques et sociaux sans pressions desquels, il n'est pas évident qu'elles auraient été mobiles comme elles le sont aujourd'hui.

En effet, face aux violences perpétrées d'une part, par le Gouvernement et d'autre part, par la rébellion, et face aux aléas climatiques avec leurs corollaires les sécheresses et les famines, l'instinct de survie de l'homme hadjeray avait choisi la solution de la mobilité. En outre, la complexe mobilité hadjeray va donner naissance à des complexes filières de mobilité qui ouvrent deux intéressantes perspectives d'études sur l'identité et sur l'écologie de la communication de la société hadjeray. Car au terme de ces mobilités tous azimuts, on se retrouve avec une population éparpillée dans la partie méridionale et occidentale du Tchad et aussi dans plusieurs pays voisins du Tchad, principalement le Soudan et le Nigeria (anciennement) et le Cameroun (récemment) regroupée en communautés linguistiques, claniques, familiales à l'intérieur du Tchad, mais en communautés unifiées à l'extérieur. Ces fractures et unité entre les populations considérées à tort ou à raison comme une ethnie posent la question même de l'identité des populations hadjeray. A-t-on réellement affaire à une population homogène que les différents événements ont divisée, ou au contraire, est-on en présence de populations hétérogènes que les circonstances événementielles sont en train d'unir et dont le processus est fait de repli 'sous-identitaire', de diversité de préférence.

Par ailleurs, les différentes filières de migration ou de mobilité basées sur des réseaux de communication familiaux, claniques, linguistiques ayant abouti à la formation des différentes communautés familiales, claniques, linguistiques dans les régions du

---

[23] BET : Borkou Ennedi Tibesti, est une région située dans le Nord du Tchad, et surtout connue pour ses conditions de vie difficiles.

Tableau 4.1 Schéma de la répartition de la famille Abderahim. Le premier niveau de la ramification permet de voir la position géographique actuelle de ses frères. Le deuxième niveau de la ramification permet de voir la position géographique d'Abderahim par rapport à ses fils.

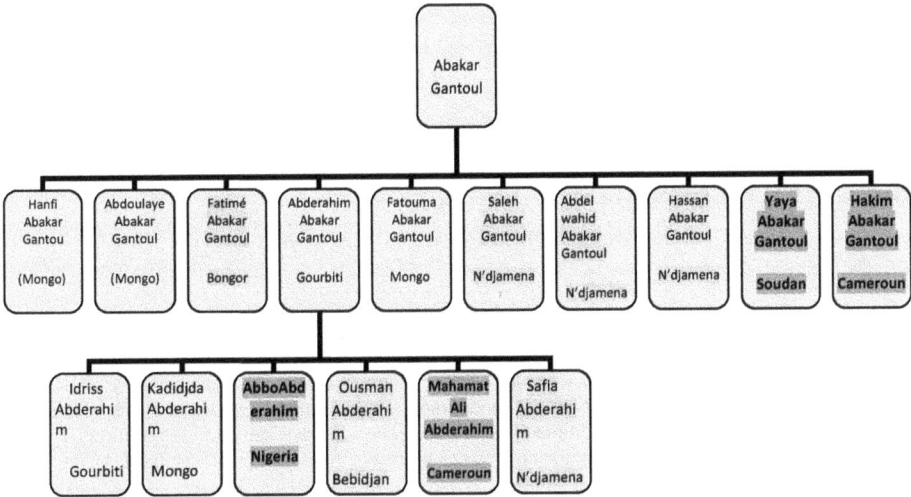

Source : Schéma de l'auteur sur la base de la déclaration de l'enquêté Abakar Gandoul.

Lac-Tchad, du Chari Baguirmi et du Salamat ouvrent une fenêtre de réflexion sur l'écologie de la communication des populations du Guéra.

5

La dynamique identitaire hadjeray à l'épreuve des crises

'Ces communautés, susceptibles de s'agrandir, de se défaire et de se transformer, sont à suivre dans leur dynamique historique. Tout en assumant des questions souvent brûlantes et qui mobilisent les passions silencieuses ou bruyantes selon les cas, le rôle du chercheur est de les remettre en perspective, de s'interroger sur les racines des adhésions aujourd'hui, de combiner le doute systématique avec le plus grand respect pour les sentiments et les convictions vécues dans les groupements étudiés. L'enjeu en est le développement d'une histoire des peuples d'Afrique digne de ce nom.' (Chrétien & Prunier, 1989 : 9)

Introduction

Notre séjour de recherche dans la région du Guéra et parmi les communautés hadjeray dans les régions du lac-Tchad, du Chari Baguirmi et parmi la diaspora du Nord du Cameroun pour comprendre le fonctionnement des réseaux sociaux de mobilité ou de migration et de communication, nous révèle l'existence non pas d'une communauté, mais des communautés hadjeray, constituées de plusieurs entités hétérogènes du point de vue social et politique. Celles-ci prennent l'identité tantôt de Kenga, tantôt de Migami, tantôt de Dangaleat, tout en se réclamant tous Hadjeray. Aussi par moments et par endroits, ces entités s'effacent au profit d'une identité générale tchadienne. Cette fluctuation de l'identité pose la question de savoir si le terme 'hadjeray' est une identité stratégique (Bierschenk & de Sardan, 1994 : 37), qui apparaît comme un parapluie dont on utilise juste pour se protéger, ou a-t-on réellement affaire à une identité d'un groupe ethnique que les circonstances douloureuses evenementielles que ce dernier a traversées ont mis en lambeaux, ou au contraire a-t-on affaire à un conglomérat d'éléments hétéroclites que l'environnement sociopolitique essaie d'unir. À travers le présent chapitre, nous cherchons à comprendre la nature de ce 'parapluie hadjeray', puis de comprendre aussi l'impact des événements sur la dynamique de cette identité.

Origine et sens de l'appellation 'Hadjeray'

L'origine temporelle de l'appellation 'Hadjeray' est difficile à situer. Tout ce que l'on sait, c'est que l'appellation est une création fort récente, datant de plusieurs années après la mise en place de la colonisation française. Plusieurs faits semblent l'attester. Le premier élément qui sous-tend cette thèse est le tâtonnement des administrateurs coloniaux français pour trouver un mot, une appellation susceptible de désigner cette population.

En effet, lorsque la colonisation française arriva entre 1907 et 1912 dans cette région qu'elle va plus tard nommer le Guéra, elle rencontra une population qui se caractérisait par une certaine hétérogénéité du point de vue de la langue (Greenberg, 1966), du point de vue de l'organisation politique qui se résume le plus souvent au niveau d'un village (Chapelle, 1980) et surtout par des querelles intestines entre villages voisins (Duault, 1935 ; Martillozzo, 1994).

Pour dénommer une telle entité aux populations hétéroclites n'ayant jamais appartenu à une quelconque organisation politique ou sociale commune, mais en l'absence d'une appellation pouvant la designer, la colonisation décidée et pressée de nommer les ethnies (Amselle, 1985 : 10), tâtonne sur des appellations diverses et variées. Les appellations proposées tournèrent pour l'essentiel autour des noms donnés en référence aux caractéristiques de mode de vie de cette population ou des noms de localités. On voit dans le rapport de l'administration coloniale fleurir des termes de 'primitifs', de 'fétichistes', de 'Kirdis', de 'subdivision de Mélfi', 'subdivision d'Abou tel fane', etc.

Ce n'est que fort tardivement, après les années 50 que cette appellation apparut dans les écrits des premiers ethnologues (Aert, 1954 ; Lebeuf ; 1959, Le Rouvreur, 1962 ; Fuchs, 1962). Mais cela ne voudrait pas pour autant dire que ce terme de 'Hadjeray' est une invention des premiers ethnologues. Au contraire, il a existé déjà avant son apparition dans les premiers documents ethnologiques. Cependant, il n'est que petitement employé par les quelques Arabes qui sillonnaient la région à la recherche de pâturage en saison sèche, pour désigner justement les populations autochtones qui habitaient, soit dans les montagnes, soit au pied des montagnes, de cette région qui est aujourd'hui le Guéra. D'où l'origine arabe du mot 'Hadjer' qui signifie rocher, montagne et l'appellation hadjeray qui y dérive et signifie simplement habitant de la montagne, montagnard (Le Rouvreur, 1962).

Le terme hadjeray est donc une appellation éponyme en référence aux nombreuses montagnes dans cette région. Sous cette appellation sont regroupés les habitants de la région actuelle du Guéra, région qui est un espace géographique montagneux qui renferme plus d'une quinzaine de groupements humains (cf. chapitre 2).

Malgré les différences d'origine, de langues, d'autonomie qui caractérisent ces populations, à quelques rares exceptions elles sont toutes uniformisées par quelques données culturelles notamment la pratique de la religion ancestrale : la Margay, qui est un culte animiste basé sur la force de la nature en liaison avec l'esprit des ancêtres. Cette uniformité dans la diversité de la société hadjeray a ainsi piqué la curiosité de plus d'un ethnologue à l'exemple d'Aert (1954 : 77) qui a laissé des observations résumant cette société en ces termes :

> « Comme en AOF (sur les hauts plateaux), le Tchad a ses HADJERAÏ. On en fait une race. Nous verrons que c'est linguistiquement vrai. Mais sous l'unité de langue et de culte, quelle diversité d'anthropologie, d'histoire, de coutume et parfois d'authentiques autonomismes ? ».

Chapitre 5

Hadjeray : Identification coloniale ou identité sociologique ?

Amselle (1985 : 10) énonçait à propos de la formation des ethnies que : « ce sont en définitive l'ethnologie et le colonialisme qui, méconnaissant et niant l'histoire et pressés de classer et de nommer, ont figé les étiquettes ethniques ».

S'il est vrai qu'en Afrique, les tracés et la dénomination des frontières des ethnies étaient l'œuvre de la colonisation, la question qu'il y a lieu de se poser est celle de savoir est-ce qu'en réalité les classifications et les dénominations des ethnies n'obéissent pas à des critères sociologiques. À ce sujet, l'exemple des populations du Guéra prises comme une ethnie est éloquent, en ce qu'il épouse et diverge des théories qui sous-tendent les exemples de création des ethnies en Afrique.

En effet, la création de la région du Guéra comme entité territoriale devant regrouper les populations hadjeray a justement été l'œuvre de la colonisation française, pour rassembler sous cet espace géographique, un conglomérat de populations hétérogènes à beaucoup d'égards (Magnant, 1980), pour en faire une 'ethnie' ou du moins un groupement ethnique apparenté. Dans le même ordre d'idée de la création et la dénomination des ethnies mais en Afrique, Lonsdale (1996 : 102), observait que : « les patrons Blancs ont créé des stéréotypes de travailleurs immigrés à partir des aptitudes supposées de telle ou telle tribu pour tel ou tel type de travail. A certaines ethnies, on reconnait des qualités 'guerrière' : elles devinrent tribus de soldats ou policiers ». L'analyse de la constitution de la population de la région du Guéra comme 'entité ethnique' semble en partie s'expliquer par cette théorie.

En effet, avant l'arrivée de la colonisation française au Tchad, les différentes populations appelées aujourd'hui Hadjeray, vivant dans cet espace géographique qu'est aujourd'hui la région du Guéra, se caractérisent par une absence de relations entre elles. Chaque entité humaine vivait en vase clos, terrée dans ou au pied de ses montagnes pour des raisons sécuritaires. Lorsque la colonisation française arriva dans cette région, elle ne trouva aucun lien d'organisation entre ces différentes populations de la société. D'ailleurs, cette société fut dans un premier temps administrée séparemment. Sous la circonscription de Mélfi, sont rangées les populations relevant de ce ressort territorial. Cette entité administrative coloniale va tantôt être rattachée au Baguirmi, tantôt, au Moyen-Chari, tantôt au Salamat avant de revenir au Guéra. Sous le vocable tantôt d'"Aboutelfane"[1], ou de 'Guéra'[2], sont mises les populations : Kenga, Djongor, Dangaleat, Bidio qui relevaient tantôt de la subdivision du Batha[3], tantôt de la subdivision du Kanem[4]. À ce stade, on remarque une quasi absence de l'entité hadjeray ou Guéra. Puis

---

[1] Aboutelfane est une chaîne de montagne située dans la région de Mongo. Pendant la période coloniale, faute de nom pouvant désigner les populations de cette localité, l'administration coloniale a tendance à désigner la région qui s'étend autour de cette région par le nom de cette montagne.

[2] Guéra est aujourd'hui le nom de la région des Hadjeray. Ce nom vient du nom d'une montagne située dans la région de Bitkine. Pendant la période coloniale, la circonscription où habitent les Hadjeray était appelée tantôt du nom de cette montagne, tantôt du nom de la montagne d'Aboutelfane, située dans la région de Mongo.

[3] La subdivision du Batha est une entité territoriale administration coloniale qui regroupait les populations de les régions actuelles du Batha et du Guéra et ayant pour chef-lieu la ville d'Ati.

[4] La subdivision du Kanem est une entité territoriale administration coloniale qui regroupait les populations de les régions actuelles du Batha, du Guéra et du Guéra et ayant pour Chef-lieu l'actuelle ville de Moussoro.

vint le besoin colonial de disposer d'hommes susceptibles de servir dans l'armée coloniale. Ce besoin va marquer le processus de la formation du Guéra. En fait, la colonisation testa un peu partout pour voir à quelle ethnie elle pourrait figer un stéréotype 'militaire' parmi les composantes sahéliennes des populations tchadiennes. Elle laissa des appréciations peu encourageantes sur les populations qui aujourd'hui ne font pas partie du Guéra dont certains[5] apparaissent pourtant proches des Hadjeray. Ainsi, on peut lire chez les populations voisines, des mentions suivantes : « le recrutement des tirailleurs (une cinquantaine) a été encore plus difficile au Ouaddaï. Ceci tient à ce que les militaires sont détestés par les indigènes »[6].

> 'J'ai signalé que les Kouka ne goûtaient pas aux métiers des armes et les recrues présentées n'avaient de volonté que de nom.'[7]

> 'J'en dirais autant du recrutement militaire. Je sais que l'Arabe du Tchad répugne en général au métier des armes. Faut-il pour cela renoncer à tout en faire des militaires ?'

Face à ce manque d'enthousiasme pour l'armée coloniale dans l'espace sahélien tchadien, il a été trouvé mieux de ficher une étiquette sur un certain nombre de populations comme pour les encourager dans cette voix. Et ce fut sur la population du Guéra que le dévolu de la colonisation fut jeté. À cette fin, les chefs locaux ont été justement mis à contribution par des rémunérations au prorata du nombre fourni. C'est ce qui allait justifier les nombreuses décorations à 'l'étoile du Benin' (Duault, 1935) récolté par le chef de canton Kenga Godi pour avoir toujours fourni le plus de 'volontaires' sur la base de la pression. Ainsi, la colonisation laissa à propos des populations hadjeray la mention suivante :

> 'Ici le recrutement a été un triomphe. Chefs, notables, parents, jeunes filles ont accompagné les conscrits au son de nombreux tam-tams et l'incorporation s'est déroulée dans une ambiance de réjouissance publique. Mieux, la désignation des recrues a été difficile en raison du nombre supplémentaire des volontaires aptes.[8] L'activité exemplaire du chef de subdivision, le goût confirmé pour le métier des armes des Hadjaraï (Kengha, Dangléat, Guerras). La propagande naturelle faite par de nombreux retraités dont la situation actuelle est appréciée et enfin l'autorité indiscutée des chefs locaux expliquent ce résultat.'[9]

Ces observations furent accompagnées d'une fiche signalétique flatteuse (Aert, 1954 : 186-206), faisant comprendre à ces derniers qu'ils sont parmi les meilleurs militaires du Tchad. Ainsi, aux dires de beaucoup d'anciens combattants de l'armée coloniale française de la région du Guéra, la création de la région du Guéra en 1956, indépendante de la région Batha et regroupant les habitant de Mélfi, de Bitkine et de Mongo à la veille de l'indépendance du Tchad, est un cadeau de la colonisation pour le service rendu par les habitants de cette région en s'incorporant massivement dans l'armée coloniale française. Comme le note si bien Lonsdale (1996 : 98-115) à propos

---

[5] Les ethnies ou les groupements humains comme les Boulala, les Kouka situées dans la région du Batha, et les Baguirmi situés dans la région du Chari-Baguirmi sont proches linguistiquement et historiquement de certains groupes comme les Kenga.
[6] Archive de l'administration coloniale: Rapport sur la situation politique et économique de la région du Batha, 1916.
[7] Ibidem.
[8] Ibidem.
[9] Archive de l'administration coloniale. Rapport sur la Situation politique et économique de la circonscription du Batha. 1918.

de l'appropriation des stéréotypes que : « Les africains se mirent, en réaction, à développer pour leur propre compte les identités que les européens leur avaient attribuées ». Ainsi, dans cette région, on entretient la tradition de faire carrière dans l'armée comme un acte viril, en s'attribuant le monopole de la bravoure comme le laisse entendre Mustapha Idriss[10] dans son intervention au débat sur la valeur et la place de l'homme hadjeray :

> '... Mais le Hadjeray n'est pas celui-là qui est malhonnête, traître. Il est tout simplement un vaillant soldat sur qui, presque tout le monde compte.'

La création de la région du Guéra comme espace vital pour les populations du Guéra, malgré la diversité de ces dernières, est donc indubitablement un fait de la colonisation. Cependant, cette création coloniale française de la région du Guéra n'est pas bâtie sur du rien. Loin d'être *ex nihilo*, elle comporte quelques éléments sociologiques qui semblent plus rapprocher ces populations entre elles. Car comme le dit si bien Revillard (2000 : 153-154), « Sur le plan sociologique, l'identité d'un individu ou d'un groupe est constituée par l'ensemble des caractéristiques et des représentations qui font que cet individu ou ce groupe se perçoit en tant qu'entité spécifique et qu'il est perçu comme tel par les autres. L'identité est donc à la fois une identité 'pour soi' et une identité 'pour autrui' ». Dans ce sens, la création de la région du Guéra rassemblant les populations hétéroclites dites Hadjeray comme une ethnie avec son identité, répond à un critère sociologique qui consiste à mettre ensemble des populations différentes des autres qui les entourent et qui entre elles bien que différentes, comportent beaucoup de points de ressemblance.

Au nombre des éléments distinctifs des populations hadjeray, il y a lieu de relever d'abord le milieu physique. Le milieu physique de la région du Guéra, bien que regroupant des populations différentes les unes des autres, frappe par son aspect visible. À la différence de ses voisinages immédiats (Batha, Salamat, Chari-Baguirmi, Moyen-Chari), la région du Guéra se caractérise par un relief montagneux. Et justement ce sont les montagnes nombreuses dans cette région qui ont servi de refuge et ou de défense pour ces populations contre les razzieurs divers qui écumaient la région à l'époque précoloniale.

Outre le milieu physique, la société hadjeray se caractérise par un certain nombre d'organisations sociale et sociologique qu'on ne trouve que beaucoup plus parmi les habitants de cette contrée ; en l'occurrence la pratique de la religion traditionnelle, la Margay qui est une religion ancestrale basée sur la force de la nature en relation avec la bénédiction des ancêtres. Cette pratique religieuse ne touche ni les Kouka, ni les Boulala pourtant très proches géographiquement des Hadjeray et particulièrement des Kenga avec lesquels ils partagent une affinité linguistique (Chapelle, 1980), moins encore les Baguirmiens dont les liens fraternels historiques avec les Kenga furent privilégiés et entretenus durant des siècles (Lebeuf, 1959 ; Merot, 1927). Mis à part les Moubi, habitants de la région de Mangalmé qui ont rejoint le Guéra fort tardivement par prélèvement sur le Ouaddaï, et sur le Batha et ce, par souci de sécurité que par cohé-

---

[10] Jeune homme, 23 ans, élève en classe de première, lycée de Bitkine, focus groupe réalisé en avril 2009.

rence sociologique (Chapelle, 1980 : 178), la région du Guéra créée par la colonisation en 1956, regroupait des populations qui affichent plus de ressemblance entre elles qu'entre elles et leurs voisins immédiats. Malgré sa position dans la zone sahélienne réputée être une zone d'influence de l'islam, la région du Guéra était demeurée une terre réticente à la pénétration de l'islam jusqu'à une époque fort récente (Le Rouvreur, 1989 : 122).

En somme, en rassemblant dans la région du Guéra, les populations hadjeray, la colonisation semble avoir pris en compte un aspect sociologique important qui existait avant son arrivée.

L'autre élément important de l'unité sociologique hadjeray est la forme d'organisation politique. Les formes d'organisation politique de ces populations à l'époque précoloniale furent partout presque identiques. L'organisation s'arrête au niveau du village. Chaque village est autonome du point de vue de son organisation religieuse, politique, défensive. Cette forme d'organisation met constamment les villages en rivalité entre eux, ce qui débouche parfois sur des querelles et des batailles entre villages voisins dont beaucoup d'entre eux à l'exemple des Abtouyour et Mataya, Somo et Banama en gardent encore les survivances.[11]

L'autre élément et non des moindres est l'esprit d'indépendance qui caractérise ces peuplades à l'époque précoloniale. Pour pouvoir préserver leur indépendance, ces sociétés avaient pratiqué les mêmes modes opératoires : refuser la présence d'autrui. Ce mode opératoire a prévalu dans tous les villages hadjeray. C'est justement cette attitude réfractaire qui a constitué un frein à la pénétration de l'islam qui pourtant rôdait au voisinage, chez les Baguirmiens, les Ouaddaiens, les Kouka et les Boulala et même chez les quelques Arabes qui sillonnaient à l'époque la région (Fuchs, 1997). Ce sont ces multiples dénominateurs communs rassemblant les Hadjeray qui ont fait dire à Chapelle (1980 : 178) que « Les Kenga, Dangaléat, Djongor, Bidio, Dadjo, Koffa, Sokoro, Saba, Bolgo, et autres ont en commun non seulement le culte de la Margaï, mais aussi une tradition farouche d'indépendance, un mode de vie et de pensée lié à la montagne ».

En fait, malgré les différences affichées çà et là sur les plans linguistique, organisationnel, cultuel, etc. qui existent entre les populations dites Hadjeray, la création en 1956 de la région du Guéra regroupant ces derniers, indépendante vis-à-vis des régions du Batha, du Salamat, et du Baguirmi, dont ces populations dépendaient naguère, répond à des soucis et impératifs ethnologiques et sociologiques. Il s'agit ici d'assembler les populations qui, malgré leur grande diversité ont en commun un certain nombre de choses à partager et un rapport entre elles plus qu'avec les autres (Arabes du Salamat, du Batha…). Aussi bien à l'égard des régions voisines du Batha, du Salamat que du Baguirmi, au Guéra, le Hadjeray est chez lui et se sent véritablement chez lui (Aert, 1954).

---

[11] Ces villages tous Kenga et voisins se caractérisent jusqu'aujourd'hui par des rivalités. À titre d'exemple, ces rivalités entre Somo et Banama, un collège fut créé à Banama pour la constellation des villages situés dans le périmètre. Contestant la suprématie du village Banama, la population de Somo préfère envoyer ses enfants faire des études dans un collège à Boubou, quatre fois distant de Banama. La même chose se passe à Mataya, distant d'à peine un kilomètre. La population du village Mataya préfère envoyer les enfants faire l'école dans les lycées de Bitkine distants d'une Vingtaine de kilomètres.

En somme, l'identité hadjeray comme label d'un groupe humain ethnique identique et singulier dans le paysage social et sociologique tchadien, est apparue fort tardivement avec l'arrivée de la colonisation qui la créa à partir des populations existant sur un espace donné, mais caractérisées par une multitude de différences. Ainsi, l'entité hadjeray apparaît comme un conglomérat de populations tantôt hétérogènes entre elles, prises de l'intérieur, tantôt homogènes vues de l'extérieur et comparées aux autres populations qui les entourent. C'est ce qui a fait dire à Chapelle (1980 : 178) que : « Le Guéra est un véritable puzzle ethnique et linguistique, et pourtant l'ensemble des Hadjaraï est l'un des plus cohérents ».

Les dynamiques évolutives de l'identité hadjeray

Les populations hadjeray comme 'unité humaine', singulière et distincte des autres, apparaissent comme toute autre identité ethnique que Chrétien & Prunier (1963 : 63) théorisent comme « …un ensemble ouvert qui se construit et se déconstruit sans cesse, comme un produit historique qui découle des rapports dialectiques entre entités diverses ». Dans ce même ordre d'idées, Magnant (1984 : 28) fait observer à propos des ethnies tchadiennes que : « Les ethnies naissent, se cristallisent, puis se dissolvent aux cours du temps, selon les vicissitudes de l'histoire ». À la lumière de ces théories, l'ethnie hadjeray ainsi créée va connaitre au fil de son évolution des fortunes diverses, faites d'appropriation et de dénégation de son usage.

Le premier niveau de la dénégation de l'ethnie hadjeray apparaît à travers l'ambigüité du parallélisme entre les appellations 'Hadjeray' et 'Guéra'. En théorie, les Hadjeray sont les habitants de la région du Guéra, sans exception aucune, des localités de Mongo, de Mélfi, de Bikine, de Mangalmé. Le Guéra doit être aux Hadjeray ce que la bouteille est au liquide. Le Guéra est en quelque sorte un contenant et les Hadjeray, le contenu.

Cependant, force est de constater que cette arithmétique se trouve constamment faussée par un certain nombre de populations du Guéra qui acceptent difficilement d'être appelés Hadjeray, tout en réclamant paradoxalement leur implantation dans l'entité géographique, le Guéra. À l'origine de cette contradiction, se trouvent des facteurs relevant des pratiques religieuses controversées de nos jours, des circonstances événementielles du Tchad et au final des données sociologiques.

En effet, l'espace sahélien tchadien en général était depuis plusieurs siècles sous l'influence de l'islam, excepté la région du Guéra dont les habitants refusèrent farouchement le contact avec les Arabes et autres royaumes conquérants voisins islamisés (Baguirmi, Ouaddaï), en se terrant dans les grottes de leurs montagnes inaccessibles et pratiquant leur religion ancestrale qui leur procure paix et sécurité (Fuchs, 1997).

Avec la colonisation, ils furent obligés d'entrer en contact pacifique avec les autres populations musulmanes qui les entourent. L'interaction entre les populations hadjeray et leurs voisins introduit aussitôt l'islam qui gagna de nos jours une plus grande partie de la population. De ce fait, les seules valeurs qui, de nos jours, ont des prestiges sont celles véhiculées par l'islam. L'islam devient donc dans le vécu quotidien, un 'visa' pour une considération sociale plus particulièrement dans la ville de N'Djamena.

D'ailleurs certains Hadjeray changent leurs patronymes typiquement hadjeray de Godi, de Atché, de Ratou, de Yelé, de Gaboutou par des noms musulmans de Hassane, de Seid, de Ali, de Saleh, etc. pour des fins d'intégration sociale dans des villes cosmopolites comme N'Djamena, Abéché, etc. Cela dénote la pression qui s'exerçait sur les populations restées animistes. Pratiquer la religion ancestrale de la Margay était considéré comme une 'honte'. En vertu de ce rapport de force créé autour de la religion, certaines populations de la région du Guéra qui déjà étaient musulmanes avant même l'arrivée de la colonisation, ont tendance à se démarquer de l'appellation 'hadjeray' qu'elles considéraient comme une appellation désignant uniquement des populations animistes de la région du Guéra.

Le paradoxe qui nécessite d'être relevé c'est que ces populations du Guéra qui refusent l'étiquette de hadjeray, sont loin de nier leur appartenance géographique à la région du Guéra. Elles acceptent volontiers d'être situées dans la région du Guéra, comme si l'appellation hadjeray se résume aux groupes des populations dont les ancêtres avaient pratiqué la religion locale dans laquelle elles ne se reconnaissent. À ce premier niveau d'analyse, l'appellation Hadjeray est refusée parce que dans l'imaginaire de ces populations musulmanes vivant dans le Guéra, le terme hadjeray sous-entend l'animisme et ne peut par conséquent désigner que les populations qui aujourd'hui, ou par le passé, pratiquent le culte de la religion ancestrale : la Margay, identité incompatible avec le statut de musulman.

Crise et mobilité, force ou faible de l'identité hadjeray ?

En effet, à la veille et au lendemain de l'indépendance du Tchad en 1960, le groupe ethnique hadjeray bien que renié par nombre de ressortissants de la région du Guéra, apparaît dans le paysage social tchadien comme une composante de populations spécifiques au même titre que les autres composantes des populations tchadiennes, et peut être même mieux que certaines composantes des populations d'autres régions du point de vue des avantages sociaux en raison d'un nombre relativement important des fonctionnaires et des d'anciens combattants de l'armée française, nombreux dans cette région. Ces avantages, bien qu'insignifiants les classèrent parmi les ethnies tchadiennes qui avaient des ressources pécuniaires et jouissaient d'un certain prestige aux yeux des autres ethnies tchadiennes comme le déclarait M. Saleh[12]:

> 'Ces gens qui aujourd'hui se sont accaparés de tout, n'étaient même pas à N'Djamena à l'époque où N'Djamena nous appartenait. Et les quelques rares qui y étaient déjà, étaient démunis comme nous le sommes aujourd'hui. L'argent c'est nous les Hadjeray et les Sara qui l'avons eu en premier. Les preuves étaient que les quartiers Mardjandaffack et Klemat qui étaient les quartiers phares de N'Djamena n'étaient occupés majoritairement que par nous. À notre époque, qui peut oser venir à Mardjandaffack nous défier ? Le samedi et le dimanche, quand on organise la danse, on interdit la traversée de la rue aux autres non Hadjeray. Et gare à un non-Hadjeray qui s'aventurerait dans les parages. On avait une solidarité légendaire entre nous. Cette solidarité était renforcée par le nombre important qu'on fût. Car on était parmi les plus nombreuses communautés tchadiennes implantées à N'Djamena. Dès qu'un Hadjeray a un problème, les autres Hadjeray, qu'ils soient de Bitkine, de Mongo, de Mélfi ou de Mangalmé, en faisaient un problème personnel. Notre solidarité faisait qu'on était très craint par les autres parce qu'on était une force de frappe redoutable. Cette attitude, on la trouvait dans les autres commu-

---

[12] Homme, environ 64 ans, retraité de la police. Interview réalisée en juillet 2009 à N'Djamena.

nautés implantées à Sarh, à Abéché avec lesquelles on était en contact régulier pour faire face au problème de prix de sang. Non seulement les autres nous enviaient, mais certaines personnes 'anonymes', se faisaient passer pour des Hadjeray pour avoir bénéficié de la protection de l'identité hadjeray. Mais comme on a coutume de dire que le premier sera le dernier, alors nous y sommes maintenant.'

En fait, l'identité hadjeray que les crises et la mobilité vont en faire une force numérique et solidaire comme l'affirme Saleh ci-haut, va être victime de son propre succès. La force que constituait l'identité hadjeray va être très tôt exploitée par les tendances et hommes politiques qui, en fin de compte, se retourneront contre elle pour la ruiner. Car comme le concluait notre enquête, l'identité hadjeray est aujourd'hui au creux de la vague si on en juge par les déclarations de certains jeunes eux-mêmes à l'exemple de la déclaration du jeune Haroun Fayçal[13] qui lors d'un focus groupe sur le thème de la 'valeur et l'identité hadjeray' disait :

> 'Ce qui nous manque, à nous Hadjeray, c'est le respect de soi-même. Comment voulez-vous qu'on nous respecte si on n'a pas du respect pour sa propre identité. Beaucoup de nos frères refusent de montrer leur propre identité en public, parce qu'ils ont honte d'être Hadjeray.'

Le constat de Saleh qualifiant aujourd'hui les Hadjeray de socialement mal lotis, confirmé par la déclaration de Saleh Haroun dénonçant la dénégation de l'identité hadjeray par certains jeunes, et surtout le rôle de 'Hadjeray' joué par un acteur 'Mandargué' dans les comédies où ce dernier apparaît toujours comme une personne pauvre, naïve, s'occupant des basses besognes etc. témoigne du malaise que connait cette identité ethnique. Les remarques des uns et des autres montrent que l'image de l'identité hadjeray qui avait connu une ère de gloire aux alentours des années 60, a périclité dangereusement. Comment a évolué cette situation ? C'est à cette question que nous tenterons de répondre.

L'identité hadjeray victime d'exploitation politicienne

Au lendemain de la conquête des territoires du Tchad par les militaires français en 1900, les différentes populations tchadiennes sont 'identifiées' et 'classées' en différents groupements par la colonisation comme entités ethniques ayant des caractéristiques semblables ou proches. Ces liens de communauté, bien qu'acceptés par les intéressés, sont quelquefois remis en cause par des rivalités internes, qui traduisent quelque peu le faux lien (seulement géographique parfois), qui vont servir de prétexte. C'est ce qui a fait dire à Magnant (1984 : 40) que « Les groupements, dont toutes les enquêtes de terrain montrent à la fois l'existence et l'inconsistance, furent appréhendés de telle sorte qu'ils apparurent rapidement comme des « nations » en miniature. En fait, il n'en est rien. La solidarité ethnique, lorsqu'elle existe, n'est qu'un moment passager de l'histoire des hommes et ne peut être vue que comme telle ».

À l'instar d'autres groupements ethniques tchadiens, les populations regroupées dans la région du Guéra sous l'appellation de Hadjeray, montrent devant certaines circonstances que l'identité hadjeray sous laquelle on les range ne leur sied pas ; et que la vraie identité pour chacun des multiples groupes est celle de la famille, du clan, ou du

---

[13] Jeune homme, 28 ans, jardinier, focus groupe réalisé en avril 2009.

canton. Plusieurs événements et circonstances ont mis à rude épreuve la solidarité hadjeray qui, à la veille et au lendemain de l'indépendance, était légendaire comme le déclare Abgali Sakaïr[14] :

> 'À notre époque, quand on était à N'Djamena, on ne se faisait pas de différence en termes de Bidio, de Dangaleat ou de Kenga etc. On était Hadjeray tout court. On se considérait comme des frères. Quand quelque chose arrive à un Sokoto de Mélfi, un Dadjo le sent comme si cela est arrivé à un membre de sa propre famille. On était uni et solidaire et d'ailleurs, on habitait presque tous dans le même quartier à N'Djamena. On était craint.'

Alliances interethniques pour la conquête du pouvoir

Mis à part les facteurs internes qui ont contribué à la remise en cause de l'identité par les concernés, il y a des facteurs politiques liés au jeu des alliances entre les communautés dans les guerres tribales qui, de 1979 à 1990 ont eu lieu au Tchad. Le groupe hadjeray, à l'instar d'autres groupes ethniques du Tchad a d'une manière ou d'une autre, pris part aux multiples guerres civiles qui ont entaché l'histoire contemporaine du Tchad. Cette participation a eu des conséquences lourdes sur l'identité hadjeray. Lorsqu'en 1979, la guerre civile éclate à N'Djamena, le groupe ethnique hadjeray comme d'autres groupes ethniques du Tchad, se coalisent avec d'autres ethnies pour donner la victoire à Hissein Habré qui au final se retourne contre les Hadjeray pour les massacrer.

Le second acte est l'alliance des populations hadjeray avec l'actuel Président Idriss Deby. En effet, en avril 1989, Idriss et les siens, pas en odeur de sainteté auprès du président Habré, prirent le chemin du maquis au Soudan où se trouvaient déjà les combattants hadjeray deux ans plus tôt. Les deux ethnies, Hadjeray et Zaghawa s'allièrent contre nature pour chasser l'ennemi commun qui était Habré et pour la gestion commune du pays après la victoire. En décembre 1990, les deux principales ethnies rebelles associées à d'autres, prirent le pouvoir et Idriss Deby président du Mouvement de rébellion en devint le président de la république. Cependant, tous les combattants du mouvement patriotique du salut, la coalition multiethnique qui a renversé Hissein Habré en décembre 1990, ne jouissent pas du même statut aujourd'hui. Le mouvement s'est déchiré peu de temps après la victoire et ce, dès octobre 1991. Les Zaghawa, dont est originaire le président Idris Deby prirent le contrôle de tous les leviers politiques et économiques du pouvoir boutant en touche leurs alliés hadjeray. Comme hier avec Habré, l'histoire de mise à l'écart des populations hadjeray dans la gestion du pouvoir se répète avec Idriss Deby en 1991.

Ces deux alliances vierges laissent apparaître les Hadjeray comme des personnes bonnes à être utilisées pour le plus grand bonheur des autres. A ce propos, cette identité, son image est associée à 'celle d'un homme qui est bon à attraper les cornes pour le plus grand plaisir des autres qui traient le lait' même si les intéressés positivent la situation comme Ibrahim Adam[15] :

> 'En nous alliant par deux fois avec Habré et Deby, notre intention n'était pas de chercher le pouvoir. Elle était de servir la nation tchadienne, en aidant Habré à prendre le pouvoir pour instaurer la justice sociale. Mais hélas. Ensuite, notre deuxième alliance c'était pour débarrasser le peuple tchadien du dictateur de Habré.'

---

[14] Homme, environ 70 ans, sans activités, interview réalisée en septembre 2009 à N'Djamena.
[15] Homme, environ 51 ans, miliaire, interview réalisée en décembre 2009 à N'Djamena.

Outre ces deux alliances politiques vierges, l'identité hadjeray a été aussi en partie très entamée par les violentes répressions politiques de 1986 à 1990, qui ont contribué à ruiner le prestige et la solidarité qui la caractérisaient, et que le vent de la liberté d'association qui soufflait sur le Tchad depuis 1990 est venu lui apporter un coup de grâce.

En fait, en 1986, un groupe de cadres militaires hadjeray fait défection au sein de l'armée tchadienne et se retire d'abord sur le Mont Guéra pour harceler les forces loyales par des attaques nocturnes. Plus tard, en 1987, ce groupe se retire au Soudan. En conséquence, cette défection a suscité une réaction répressive de la part du pouvoir qui procédait à l'arrestation et à l'exécution systématique des Hadjeray, civils ou militaires. Ces événements vont constituer un premier tournant dans la fluctuation de l'identité de l'ethnie hadjeray. Comme 'être Hadjeray signifiait être ennemi du régime' (Rapport de la Commission d'Enquête, 1993), cette traque contre cette populations, constitua une étape assez importante de la dénégation de certains Hadjeray de cette identité.

Pour pouvoir échapper aux massacres, surtout au niveau de la région du Guéra, beaucoup, choisissent de brandir l'identité de leur sous-groupe et justifier leur non-appartenance à l'ethnie hadjeray. Ainsi, la 'Hadjeraïté' à l'intérieur de la région du Guéra se résumait beaucoup plus aux initiateurs de la rébellion et contre lesquels les répressions ont été les plus particulièrement atroces.

Cette traque ciblée au niveau de la région du Guéra tranche avec la traque extérieure de la région du Guéra qui se généralise à toute personne ressortissante de la région du Guéra. On assiste alors, par ce jeu ambigu, à une dichotomie de l'identité Hadjeray. À l'intérieur de la région, l'appellation hadjeray qui sert de cause à la traque, devient mouvante, donc facultative et exclut certains groupes qui choisissent eux-mêmes de présenter l'identité de leur sous-groupe pour être épargnés des massacres qui ciblaient tout ce qui se nommait hadjeray ; alors qu'à l'extérieur de la région du Guéra, l'identité hadjeray s'imposait à toute personne ressortissante du Guéra, qu'elle soit de Mongo, de Mélfi ou de Mangalmé.

Ainsi, les événements de 1986-1987 marquèrent un pas très important dans la phase de la déconstruction de l'identité, de l'unité et de la solidarité hadjeray. Les groupes se disloquèrent et se méfièrent les uns les autres. Aussi, ces événements sonnèrent le glas de repli sur soi de chaque 'sous-ethnie', repli essentiellement causé par l'instrumentalisation des ethnies par les politiques. En fait, le processus de la 'construction' ou de la 'déconstruction' de l'identité hadjeray prend en compte des données fondamentales qui est la peur et la méfiance que nous avons notées plus haut à maintes reprises sur le comportement de nos enquêtes.

L'institutionnalisation de l'inégalité et la méfiance entre citoyens

Dans un article consacré à l'analyse de la pratique de la hiérarchie sociale au Tchad, Osée Djibé (2008 : 78), écrivait que : « Les riches citadins habitent les quartiers administratifs (…) elle est constituée des membres du clan au pouvoir. Certains sont les courtisans du pouvoir récompensés pour leur activisme. Ceux-là occupent des hautes fonctions de l'Etat sans compétence ni qualification. On les trouve pratiquement à toutes les directions et régies financières ».

Cette analyse témoigne de la hiérarchie sociale et politique qui existe un peu partout au Tchad, depuis que la rébellion était devenue un mode d'accession au pouvoir au Tchad. En fait, si en théorie, la Constitution tchadienne proclame à l'exemple de la déclaration universelle de Droit de l'Homme, l'égalité parfaite entre les citoyens, dans la pratique, le vécu quotidien des Tchadiens est fait de réalités contraires à ces dispositions. On assiste de plus en plus à une certaine hiérarchie sociale née ces dernières années dans le sillage de mode d'accession au pouvoir au Tchad par la voie des armes.

En effet, les différents régimes politiques qui ont régné sur le Tchad, ont chacun axé son administration sur son groupe ethnique (Centre Culturel Al-Mouna, 1996). Ce népotisme a atteint son paroxysme avec le règne de Habré et celui de Deby. Avec ces régimes, on assiste à l'institutionnalisation de l'inégalité entre les citoyens tchadiens et de manière directe au développement du complexe de supériorité des groupes ethniques des présidents au détriment des autres Tchadiens.

L'un des exemples les plus palpables de l'institutionnalisation de l'inégalité entre les groupes ethniques tchadiens concerne la pratique de la 'Dya'[16]. Il consiste pour un assassin de payer un dommage-intérêt à la famille d'un défunt, une certaine somme d'argent. Cette somme était jusqu'en 1982, la même pour tous les Tchadiens. Mais lorsque Habré accéda au pouvoir en 1982, les données changèrent. On se retrouve avec une justice à deux vitesses qui valorise l'ethnie du président au détriment d'autres ethnies tchadiennes. Ainsi, si un Tchadien lambda tue un membre de l'ethnie de Habré, il est tenu de payer sur le champ quatre millions de francs CFA. Cette somme représente en nature la valeur de cent dromadaires selon la coutume locale (Rapport de la Commission d'Enquête, 1992 : 20) ; alors que si un membre de l'ethnie du président Habré tue un autre Tchadien, il paie la moitié c'est-à-dire deux millions. Cette pratique va constituer un précédent pour le régime qui va lui succéder. Cet avantage institutionnel a participé au développement du complexe de supériorité des bénéficiaires et en défaveur d'autres ethnies au nombre desquelles figurent les populations hadjeray comme le montre une correspondance de protestation d'un Hadjeray suite à la 'dya' qu'il estime abusive réclamée (annexe 3).

L'instrumentalisation de la société par les belligérants : La peur de l'autre

Tout en se faisant la guerre directe par affrontement entre troupes sur le terrain, les belligérants que sont le Gouvernement et la rébellion se faisaient aussi une guerre indirecte, par populations interposées. Chacun des deux camps, gouvernement/rébellion voudrait avoir le contrôle et le soutien de la même population et susciter son rejet du camp adverse. Pour parvenir à leur fin, chacun des deux forces a construit au sein de la même population des services de renseignements qui sont à la limite des machines à délation. Ainsi, par exemple à l'époque de la rébellion du Front de Libération Nationale du Tchad, il y avait des comités villageois appelés 'Ladjana', qui roulaient pour le compte des rebelles et les différents régimes qui se sont succédé avaient aussi leur appareil de renseignement. Ces services de renseignements étaient de véritables machines de

---

[16] La 'Dya' c'est du prix du Sang qu'un assassin, un meurtrier verse à la famille endeuillée.

la terreur et d'intimidation. Au nombre des régimes politiques tchadiens qui ont le plus utilisé les services de renseignements pour terroriser la population, il y a lieu de mentionner le régime Habré qui a régné de 1982 à 1990. Ce régime politique et certains mouvements rebelles tels le Front de Libération Nationale du Tchad (Frolinat) sont connus pour leurs méthodes de gouvernance basées sur la terreur que faisaient régner leurs services des renseignements odieux à propos duquel par exemple un passage du rapport de la commission d'enquête sur les crimes et répression en République du Tchad sous Habré disait :

> 'Les piliers de la dictature sur lesquels Habré a bâti son régime étaient la Direction de la Documentation et de la Sécurité (DDS), ou la police politique, le Service d'Investigation Présidentielle (SIP), les Renseignements Généraux (RG), etc. Tous ces organes avaient pour mission de quadriller le peuple, de le surveiller dans ses moindres gestes et attitudes afin de débusquer les prétendus ennemis de la nation et les neutraliser définitivement (…) De toutes les institutions du régime Habré, la DDS s'est distinguée par sa cruauté et son mépris de la vie et de dignité humaine. Elle a pleinement accompli sa mission qui consiste à terroriser les populations pour mieux les asservir.'[17]

Pour pouvoir mettre la main sur toute la population, le régime a construit une espèce de la 'Panoptique de Bentham' qui consistait à disposer des antennes ou bureaux, des relais dans chaque circonscription, dans chaque village, quartier ou famille (Rapport de la Commission d'Enquête, 1993 : 22).

Du côté de la rébellion qui luttait contre les différents régimes, les pratiques sont à quelques variantes près les mêmes. Ceux-ci vivant dans le maquis venaient de temps en temps dans les villages pour s'approvisionner. Pour ne pas tomber dans les embuscades des forces gouvernementales d'une part, et pour punir les collaborateurs de forces gouvernementales d'autre part, les rebelles ont instauré un système de renseignements au sein de la population civile. Plus discrets que les agents de police politique du gouvernement, les agents de renseignements des rebelles vivent parmi les populations. Ils sont chargés de dénoncer auprès des rebelles tous ceux de leurs voisins et amis qui ont des attaches avec le pouvoir, moyennant modiques rétributions, promesses, etc. La région du Guéra est l'une des régions qui ont fait le plus l'expérience de l'instrumentalisation des personnes et des groupes ethniques par les belligérants en conflit. Son caractère rebelle lui a valu d'être mise sous surveillance accrue de la part des différents régimes qui se succèdent pour déceler tôt le moindre signe de protestation afin de l'étouffer dans l'œuf avant que cela ne prenne l'ampleur de la 'révolte de Mangalmé'[18]. L'appât du gain d'une part, et le règlement de comptes entre parents rivaux ou ennemis d'autre part, prirent ainsi le pas sur la raison. Les villageois, divisés en partisans du pouvoir et des rebelles et se fondant sur des motifs banals voire mensongers, se livrent à des dangereux jeux de délation. Mues par l'une ou l'autre des catégories de peur que Gahama (2005) qualifie de 'peur préventive' (il faut devancer l'autre en frappant le premier) ou 'peur vindicative' (il a tué les miens, je dois les venger en tuant davantage dans ses rangs), les populations se livraient réciproquement par des dénonciations, soit auprès des polices politiques des régimes politiques successifs, soit auprès des rebelles comme le relève un

---

[17] Ministère de la Justice du Tchad, Rapport de la Commission d'Enquête sur les Crimes et Détournements de l'ex-président Habré et de ses complices, p. 22.
[18] Mangalmé est une ville de la région du Guéra. C'est de cette localité qu'est partie la révolte des paysans contre le pouvoir en 1964.

passage du rapport de la commission d'enquête : « Les motifs des arrestations sont généralement futiles, voire dérisoires. De même, les arrestations sont souvent motivées par le désir de s'enrichir ou dues simplement à des règlements de comptes »[19].

Le motif de gain ou le désir de vengeance conduit la société à tisser un faisceau de violences (Verhaegen, 1969 : 4). Ainsi, les motifs des arrestations peuvent se résumer comme l'évoque Abdel Seid[20] à :

- X est caché dans sa chambre pour capter la radio France ou Africa No1;
- Y a hébergé pendant deux jours chez lui un de ses cousins qui est venu de la ville ;
- Z était absent de sa maison pendant cinq jours;
- La semaine passée Monsieur X a sorti un billet neuf de 10.000 f pour faire ses achats, etc.

Ces motifs somme toute banals ont conduit aux arrestations et disparitions définitives de centaines de personnes. Si certains motifs comme l'absence de la maison, la possession d'une certaine somme d'argent, l'attitude peu bienveillante à l'égard du régime politique ou de la rébellion peuvent parfois ne coûter que des amendes ou des prisons pour de plus ou moins longues durées, d'autres motifs comme héberger un étranger, un parent venu de la ville sans s'être présenté au préalable aux autorités administratives ou à la police politique sont considérés comme des fautes très graves. Être accusé de ce motif présentait le risque certain d'une arrestation et d'une liquidation physique extra-judiciaire.

Au terme de cette période trouble, on se retrouve avec une société qui fait penser à l'époque de 'Panoptique de Bentham' où de nombreux citoyens roumains découvrent, dans les archives de la Securitate, qu'ils ont été trahis par un voisin, par un ami, voire même par un conjoint ou un parent (Cleach, 2010).

En souvenir de ces douloureuses périodes et pour éviter de tomber dans les pièges des subtiles délateurs, les populations font montre de réticence, de manque de confiance entre les individus d'une part et à l'égard d'un étranger, d'un inconnu d'autre part comme l'a expérimenté la Commission d'Enquête (1993 : 69) : « Le citoyen moyen se sent dès lors traqué et devient méfiant à l'égard de tout le monde ». La moindre présence d'un étranger, d'un inconnu dans un groupe éveille les soupçons et dérange les hôtes. Cette crise de confiance résulte en partie à la période sombre du règne de Habré comme le reconnait explicitement notre enquête au chapitre 2, p. 18 : « Seul ton homme de confiance peut te tuer. On a vu cela sous Hissein Habré ». Au-delà des familles, cette crise de confiance était en partie très préjudiciable à l'identité hadjeray comme le soutient Djamouss Mahamout[21] :

'Le phénomène de la dislocation de l'unité des populations hadjeray est un phénomène fort récent. Il ne remonte qu'à la politique de diviser pour mieux régner qu'a instaurée Habré. La première initiative était de faire régner la violence auprès des personnes qui se déclarent Hadjeray. Cette stratégie a eu pour conséquence que l'identité hadjeray est fuie. Personne ne veut se déclarer Hadjeray au risque de subir. Pour avoir la vie sauve, chaque ethnie préfère brandir le nom de son sous 'groupe ethnique'. Certains groupes ethniques préfèrent évoquer leur origine orientale pour renier l'identité hadjeray. Ces

---

[19] Ministère de la Justice du Tchad, Rapport de la Commission d'Enquête sur les Crimes et Détournements de l'ex-président Habré et de ses complices, p. 34.
[20] Homme, environ 63 ans, artisan, interview réalisée en octobre 2009 à Baltram.
[21] Homme, environ 64 ans, retraité, interview réalisée à N'Djamena en décembre 2009.

Chapitre 5

différences évoquées çà et là ont permis aux gouvernants de nous monter les uns contre les autres. Chaque 'sous-groupe ethnique' cherchant une visibilité ou une promotion politique préfère montrer sa loyauté envers les régimes politiques en se démarquant des autres. Ces attitudes nourrissent les suspicions entre les populations, les sous-groupes hadjeray et ce, au détriment de la force de l'identité hadjeray'.

Document 5.1   Correspondance d'une association de la communauté Migami, une composante des populations hadjeray

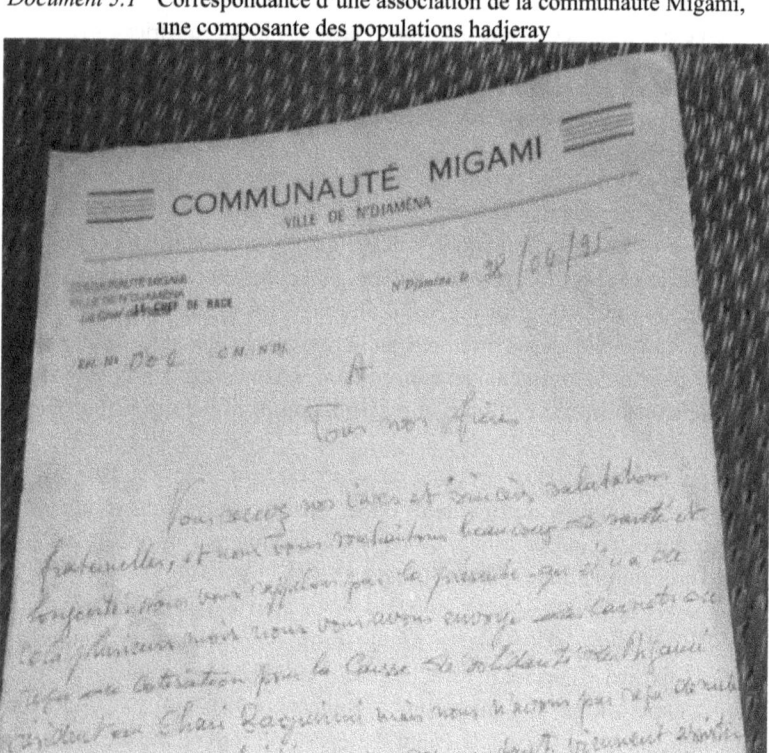

Source : Archive du secrétaire de la communauté Migami de la région du lac-Tchad.

Ce repli sur soi de chaque sous- groupe va être aiguisé par la liberté d'association née en 1990. Les sous-groupes vont mettre à profit les libertés d'association pour s'ériger, se dresser de manière officielle et visible et ce, aux dépens de l'identité générale hadjeray. Pour prendre leurs distances par rapport à cette identité générique et problématique, les différentes composantes de cette société, qui durant les décennies passées, faisaient cause commune à N'Djamena s'enfoncent dans des particularismes et repli identitaire adossés sur des clans, des cantons, des villages, etc. En somme, la liberté d'association de 1990 se présente comme un terrain fertile sur lequel se cultivent ces différences au détriment de l'identité commune hadjeray. On voit apparaître à la place de la communauté hadjeray des associations pour le 'développement', pour la 'solidarité', pour 'l'épanouissement' de canton Kenga, Migami, Dadjo, Dangaleat etc. Comme le montre ci-dessus, une correspondance de la communauté Migami.

L'identité hadjeray aujourd'hui, renaissance ou paravent politico-social ?

Pendant que du côté des différentes composantes des populations hadjeray, on assiste à un aiguisement des replis sur soi à l'échelle du clan, du village ou du canton, on assiste aussi paradoxalement sur le plan politique à un resserrement des liens entre les ressortissants de la région du Guéra. L'unité et la solidarité hadjeray qu'on croyait à jamais enterrées, se manifestent de plus en plus au niveau politique et avec fracas. L'unité politique et culturelle s'est manifestée en 1997, 2004 et 2011.

En effet, en 1997, le gouvernement tchadien, dans l'optique du redécoupage territorial dans la perspective de la décentralisation, avait émis des propositions de recoupage territorial du Tchad. Ce redécoupage fait disparaître la région du Guéra en l'émiettant et en rattachant les différentes parties émiettées à d'autres régions voisines. Pendant que les populations basées dans la région d'origine brillaient par leur attitude étonnement silencieuse, sinon par les quelques réactions d'acceptation du fait accompli : « le gouvernement est libre de disposer de son territoire et de ses citoyens » entend-on souvent les gens clamer leur impuissance ; la première et la seule réaction était venue des hommes politiques de ladite région. Face à l'indifférence et à l'inertie de la base, les hommes politiques hadjeray de tous les bords se sont d'urgence retrouvés le 9 mars 1997 au Palais du 15 janvier à N'Djamena pour protester contre ce découpage qu'ils qualifient de 'coup contre l'identité hadjeray'. La dénonciation de ce projet fut assortie des menaces qui ont fait reculer le Gouvernement en annulant le projet de redécoupage. Et le Guéra était resté intact. Aujourd'hui, malgré les redécoupages faisant éclater les autres régions du Tchad en plusieurs, la région du Guéra a gardé ses frontières intactes avec juste des érections d'anciennes sous-préfectures en départements et de certains villages en sous-préfectures. Les hommes politiques ont revendiqué ces réalisations en les positivant à l'exemple d'un des députés de la région qui faisant son bilan, déclare:

> 'Nous avons lutté pour avoir l'érection de nos quatre sous-préfectures en départements et l'érection de quelques villages en sous-préfectures. Ça c'est du positif par rapport au découpage sauvage de 1997 qu'a proposé le gouvernement. L'actuel découpage va dans l'intérêt des populations du Guéra. Car désormais, à chaque sous-préfecture vont correspondre des députés. Alors, à la prochaine législature, on verra le nombre de députés du Guéra multiplié. L'autre avantage c'est que, quand un village devient une sous-préfecture, cela appelle des infrastructures telles que l'école, le dispensaire ou l'hôpital, le château d'eau pour la localité.'

La dynamique de l'identité hadjeray au niveau politique s'est encore manifestée en 2012 lorsqu'à l'issue des élections législatives et présidentielles, un nouveau gouvernement a été formé et qu'au titre du parti au pouvoir il n'y a pas eu un ministre hadjeray dans ce gouvernement. Comme le font remarquer Van Santen & Schilder (1994 : 131), l'ethnicité peut représenter une stratégie de mobilisation efficace quand il s'agit de défendre les intérêts de certains groupes, en se servant d'un fond culturel commun qui sert de support. À côté des hommes politiques hadjeray qui luttent pour l'existence de l'identité hadjeray, il y a aussi les jeunes intellectuels hadjeray, confrontés au défi de l'insertion sociale, et qui ont préféré prouver leur existence à travers l'Association des Jeunes du Guéra pour faire part de leur existence et se poser comme une force incontournable avec qui il faut compter. L'une de ces grandes réalisations fut la commémoration médiatisée d'Idriss Miskine en 2004 en grande pompe dans la salle des cérémonies du ministère des Affaires Etrangères. Au-delà du but culturel et politique avoué, cet événement présente un fort relent de redynamisation de l'identité hadjeray par la jeunesse pour revendiquer la place qui est la sienne à travers une identité hadjeray dont Idriss Miskine fut l'une des grandes figures qui l'incarnaient.

A part ces quelques actions tendant à redorer le blason de l'identité hadjeray, et qui quelquefois portent leurs fruits, l'identité hadjeray se caractérise par une marginalité qui, se décline essentiellement en pauvreté et appauvrissement, causés par ce mode de vie de la mobilité et une marginalisation politique que ne cessent de dénoncer les populations de la région du Guéra. Car il n'est pas rare d'entendre aux cours de banales discussions, des gens dire : « les réalisations des projets d'eau et d'électricité sont faites pour les gens qui comptent dans ce pays ». Comme pour dire que tout se fait ailleurs, mais jamais dans la région du Guéra qui est politiquement défavorisée. Or, la réalité c'est que s'il est vrai que le problème d'eau, dans la région du Guéra se pose avec acuité, il n'en demeure pas moins que sur d'autres plans, la région du Guéra est plus favorisée que d'autres régions.

'Pierre qui roule n'amasse pas mousse'

La conséquence de toutes les périodes de mobilité politique et sociale des populations sous la pression des violences politiques c'est un appauvrissement chronique (Sabaye, 1997 ; de Bruijn, 2007 ; van Dijk, 2008,). En effet, préoccupées pendant des décennies par l'insécurité, les populations de la région du Guéra n'avaient pas bénéficié d'infrastructures et d'encadrement susceptibles de leur permettre de s'épanouir économiquement, socialement et politiquement. Les quelques rares initiatives économiques et éducatives ont été très tôt mises à rude épreuve comme le laisse apparaître le récit de vie de Ahmat Sidjé[22], un des animateurs d'une ONG catholique de développement agricole.

> 'Quand la guerre civile de 1979 a éclaté, l'école et l'internat de la mission catholique qui nous accueillait ont fermé leurs portes. Je vadrouillais partout ne sachant que faire. Je fus recruté comme animateur dans cette ONG catholique denommée JAD (Jeunesse Agricole pour le Developpement) qui était installée à Mongo et qui avait implanté des centres d'activités dans plusieurs villages, dont le village de Bandaro où ses activités ont connu un développement exemplaire.
>
> En 1980, arrive la guerre des tendances qui morcelle le pays. Au gré des rapports de force, la région du Guéra a été occupée successivement par plusieurs tendances combattantes rivales. La première tendance à avoir occupé premièrement le Guéra était celle des FAP. Cette tendance avait un esprit si arabisant et si islamisant que tout ce qui ressemblait à une valeur occidentale était bannie. Pour ce faire, L'ONG JAD qui est une initiative de la mission catholique fut tout le temps harcelée. Ne se sentant pas en sécurité, elle dût cesser ses activités. Puis arrivent les FAN dirigées par Habré qui délogent les FAP de Mongo. Pendant la période d'occupation de Mongo par les FAN, la confiance entre la population et les combattants FAN s'instaure, une certaine liberté de pratique laïque renaît. Pendant le seul mois qu'a duré l'occupation de cette force, la JAD avait senti qu'un minimum de condition de travail était réuni pour la reprise de ses activités. Pour des raisons qu'on ignore, les FAN quittent Mongo. De nouveau, les FAP et le CDR (Conseil Démocratique Révolutionnaire) réoccupent la ville. Ne se sentant pas en odeur de sainteté auprès de la nouvelle force ré-occupante, la JAD suspend de nouveau ses activités. Cela n'a pas plu aux responsables locaux de ces mouvements politico-militaires. La cessation des activités de la JAD fut interprétée comme un complot contre leur politique. Tous les membres de la JAD furent arrêtés y compris moi. On nous a accusés de partie pris avec les FAN. On nous a emprisonnés pendant deux semaines sans manger, ni boire. Les biens de la JAD

---

[22] Homme, environ 52 ans, enseignant, ex employé de SECADEV, interview réalisée à Sidjé en octobre 2009.

emportés et la JAD elle-même fut interdite de fonctionnement. Durant notre période de détention, beaucoup d'entre nous sont décédés : des directeurs d'écoles, des professeurs dont certains n'ont rien à voir avec la JAD. Après ma libération, je me suis dit que tant que ces gens sont là, je n'ai pas ma place ici. Je me suis enfui vers N'Djamena.'

À l'exemple de Ahmat Sidjé, beaucoup de populations hadjeray soumises aux pressions des forces armées d'une part et de la crise écologique d'autre part, ne trouvèrent leur salut que dans la mobilité (de Bruijn, 2007 ; van Dijk, 2008), au terme de laquelle aujourd'hui on trouve d'importantes communautés à N'Djamena, la capitale et les régions voisines telles que le Chari-Baguirmi, le Lac-Tchad et le Salamat (Alio, 2008). Si ailleurs la mobilité représente un avantage pour se refaire une santé économique et sociale (Paba, 1982), pour les populations hadjeray, la mobilité n'a pas permis de rattraper leur retard économique. La raison réside dans la dynamique même de la mobilité comme le démontre M. Amarra[23], installé depuis 1984 à Sidjé dans la région du lac-Tchad, mais souffrant toujours de la précarité de condition de vie :

'Nous sommes les premiers à nous implanter ici au moment où il n'y a pas une seule case ici. L'ONG SECADEV qui nous a amenés ici nous a distribués des grandes parcelles dans les zones inondables pour qu'on en fasse des champs. Mais aujourd'hui, comme tu peux le constater toi-même, ces champs appartiennent à d'autres personnes. Nous, on vient louer, parce que nous les avons simplement vendues à vil prix à l'époque, pensant réaliser quelque chose avec l'argent. Certains d'entre nous avaient essayé le commerce, mais en fin de compte, ils n'ont pas réussi. Alors que les autres qui sont arrivés après nous s'y sont mis et aujourd'hui ont réussi dans le commerce ou l'agriculture par le système de mise en location de leur terrain. Nous, notre échec s'explique par le manque des idées. Ces gens qui sont venus après nous et qui ont réussi, sont tous des gens qui ont déjà beaucoup voyagé, beaucoup vu. Ils étaient toujours restés en contact avec les leurs pour s'échanger d'idées et surtout qu'ils sont venus avec l'intention de faire quelque chose qu'ils savaient déjà faire. Alors que nous autres sommes venus avec l'intention de rester juste le temps du retour de la paix pour rentrer chez nous. L'exemple palpable est celui de la communauté hadjeray de N'Djamena. Dans les années 1960-1970, lorsque les nôtres étaient arrivés à N'Djamena, les terrains pour construire les maisons ne coûtaient que quelques pains du sucre, ce qui était largement à la portée de tout le monde. Seuls quelques-uns d'entre nous ont accepté acheter. La plupart a refusé d'acheter, parce qu'elle se disait que son avenir n'est pas à N'Djamena, mais plutôt au village natal. Tout cela par manque de vision. Si on avait des idées, des visions que les choses allaient être comme elles le sont maintenant, on se serait mis et aujourd'hui les anciens quartiers de N'Djamena comme Bololo, Klemat, Mardjandaffack allaient appartenir intégralement aux ressortissants de la région du Guéra. Tout cela par manque d'ouverture d'esprit, d'idées. Les idées, on ne peut les avoir qu'en se frottant aux autres, en s'échangeant avec les autres. Aujourd'hui, la plupart des nôtres partout où on va, on les trouve en train d'exercer des métiers des sentinelles, de blanchisseurs, d'aides-maçons, faute de s'être frottés aux autres pour apprendre à entreprendre. Par conséquent, nous sommes demeurés des gens pauvres.'

La pauvreté, ce mot de la fin que prononce M. Amarra passe aux yeux de beaucoup de Tchadiens pour attribut de l'identité hadjeray, en ce qu'il est l'un des fléaux qui affectent les populations hadjeray tant au niveau de la région que hors de la région du Guéra, plus particulièrement à N'Djamena la capitale où on trouve d'importantes communautés hadjeray dans les quartiers périphériques (de Bruijn, 2007). Cette marginalité sociale des populations hadjeray est présentée par le célèbre comédien tchadien 'Mandargué' jouant le rôle de Hadjeray dans les théâtres, où il apparaît par rapport aux autres acteurs représentant d'autres ethnies, comme quelqu'un de démuni et s'occupant des basses activités. Ainsi, dans cette fluctuation de la dynamique identitaire hadjeray, on est arrivé au stade où même un attribut comme 'pauvre' passe pour leur identité.

---

[23] Homme, environ 60 ans, paysans, interview réalisée en octobre 2009.

Chapitre 5

Conclusion

L'ensemble hadjeray pris comme ethnie créée par la colonisation, est fait de bric et de broc, tant sont différentes les réalités locales. Cependant, ce bric et broc qui font l'ossature de l'identité hadjeray constituent les caractéristiques, l'essence même de cette identité, dont les réalités sociologiques rapprochent plus les ethnies qu'elles ne les distendent, surtout lorsque celles-ci sont comparées à d'autres ethnies tchadiennes voisines qui les entourent. Les petites différences, voire les simples nuances qui existent entre les ethnies hadjeray vont faire l'objet d'exploitations politiques et idéologiques qui vont mettre à mal leur identité qui va se construire et se déconstruire en fonction des rapports de force avec les autres ethnies tchadiennes. Malgré la discordance d'ordre congénital et stratégique constatées çà et là entre les différentes composantes des populations, et qui a tendance à mettre en péril l'identité hadjeray, celle-ci subsiste et même se consolide sur le plan politique où elle apparaît de plus en plus comme un catalyseur pour les actions politiques. Ainsi, l'identité hadjeray est utilisée, brandie comme un paravent pour des revendications politiques et aussi comme un repère social dans la société tchadienne où depuis quelques décennies est apparue la notion de 'responsabilité collective' et où, pour certains actes sociaux, on ne s'adresse pas à l'individu, mais à son ethnie.

En somme, il apparaît donc que l'identité hadjeray dont la constitution a été décidée par la colonisation depuis le début de 20e siècle, se place dans une perspective dynamique dont la construction se fait au gré des vicissitudes des événements qui émaillent l'histoire du Tchad. Au terme de l'histoire tumultueuse des conflits et des mobilités qu'elles ont connues, les populations se retrouvent dans un appauvrissement chronique qui tend à devenir leur identité que certains de nos enquêtés, comme Amarra imputent au manque d'idées, d'initiative résultant de la déconnexion, de la rupture des populations durant des années de violence. Ce raisonnement de Amarra nous ouvre sur une thématique assez importante, celle de la problématique de la communication, de la connexion comme facteur d'épanouissement et de redynamisation de l'identité. Il importe à cet égard de comprendre en quoi et de quelle manière les populations hadjeray étaient déconnectées et que cette déconnection leur a été préjudiciable.

6

Déconnexion du Guéra et rupture des familles

Introduction

L'insécurité politique et la précarité économique avec et dans lesquelles vivent les populations du Guéra, comme on peut le voir à travers l'histoire de vie de Nandje (cf. chapitre 3), les exposent à la mobilité comme mode de vie tant à l'intérieur qu'à l'extérieur du Tchad, à travers les différentes filières de mobilité et de migration qui s'étaient faites dans le temps et dans l'espace. Cette constante mobilité inhérente à la situation des crises et des violences politiques, pose le problème de la communication entre les familles dispersées dans l'espace tant national que dans les pays limitrophes du Tchad.

À cet égard, il importe de voir de quelle manière, la mobilité des populations hadjeray a donné naissance à une nouvelle écologie de la communication due à la séparation des parents. Aussi, il est intéressant de voir comment cette écologie de la communication va être faite des contraintes, des crises et instabilités politiques pour contribuer à la 'déconnexion' des populations et hypothéquer un tant soit peu la force de la dynamique identitaire de ces populations.

Mobilité comme facteur de communication

La mobilité qui frappe les familles dans la région du Guéra depuis l'aube de la colonisation est venue donner une dimension nouvelle à l'écologie de la communication de ses populations. Sous l'action de la mobilité, surtout des différentes filières de mobilité, on assiste à l'extension et à la dilatation de l'espace géographique des familles.

De l'espace réduit à l'échelle du village où toutes les familles vivaient naguère avant la colonisation, aujourd'hui les populations hadjeray se retrouvent vivant sur un espace géographique plus étendu. Non seulement à l'échelle de la région du Guéra ou du Tchad, mais sur un espace géographique qui s'étend jusqu'aux pays voisins du Tchad. L'exemple de la famille Abakar Gantour ci-dessus en est l'illustration. À l'exemple de la famille Abakar Gantour, les populations hadjeray en général, sous l'effet des différentes filières de mobilité qui se sont succédé dans le temps et dans l'espace au gré des différentes circonstances événementielles, ont donné naissance à plusieurs autres communautés hadjeray dans d'autres régions et pays voisins. On trouve dans les pays limitrophes du Tchad ou régions voisines du Guéra, si ce n'est pas des villages entiers qui portent les noms des villages du Guéra (exemple Hilé Somo dans la région de Koundoul, en référence au village Somo de la région de Bitkine), des quartiers entiers qui sont peuplés des Hadjeray et qui portent souvent les noms de 'Quartier hadjeray 'comme à Baltram et Sidjé dans la région du Lac-Tchad.

Photo 6.1 Une vue partielle du *Quartier hadjeray* à Sidjé dans la région du Lac-Tchad (2009)

Au terme de différentes filières de mobilité et de migration, on rencontre des communautés hadjeray implantées un peu partout aux alentours de la région du Guéra. Ces mobilités et migrations ont de ce fait, redessiné la carte géographique des populations qui désormais, ne se limite pas seulement au niveau de la région du Guéra, mais s'étend sur certaines régions voisines comme le Salamat, le Chari-Baguirmi et le Lac-Tchad et aussi à des pays limitrophes comme le Soudan, le Nigeria et le Cameroun. Ci-dessous la carte géographique des zones de concentration des populations hadjeray.

Avec la dispersion des populations dans l'espace, les familles se retrouvent séparées par des centaines, voire des milliers de kilomètres. La séparation des parents par de longues distances et durant de longues années, constitue elle-même le premier facteur important de l'écologie de la communication. Car l'émigration des jeunes gens permet-

Carte 6.1   Cadre géographique des populations du Guéra

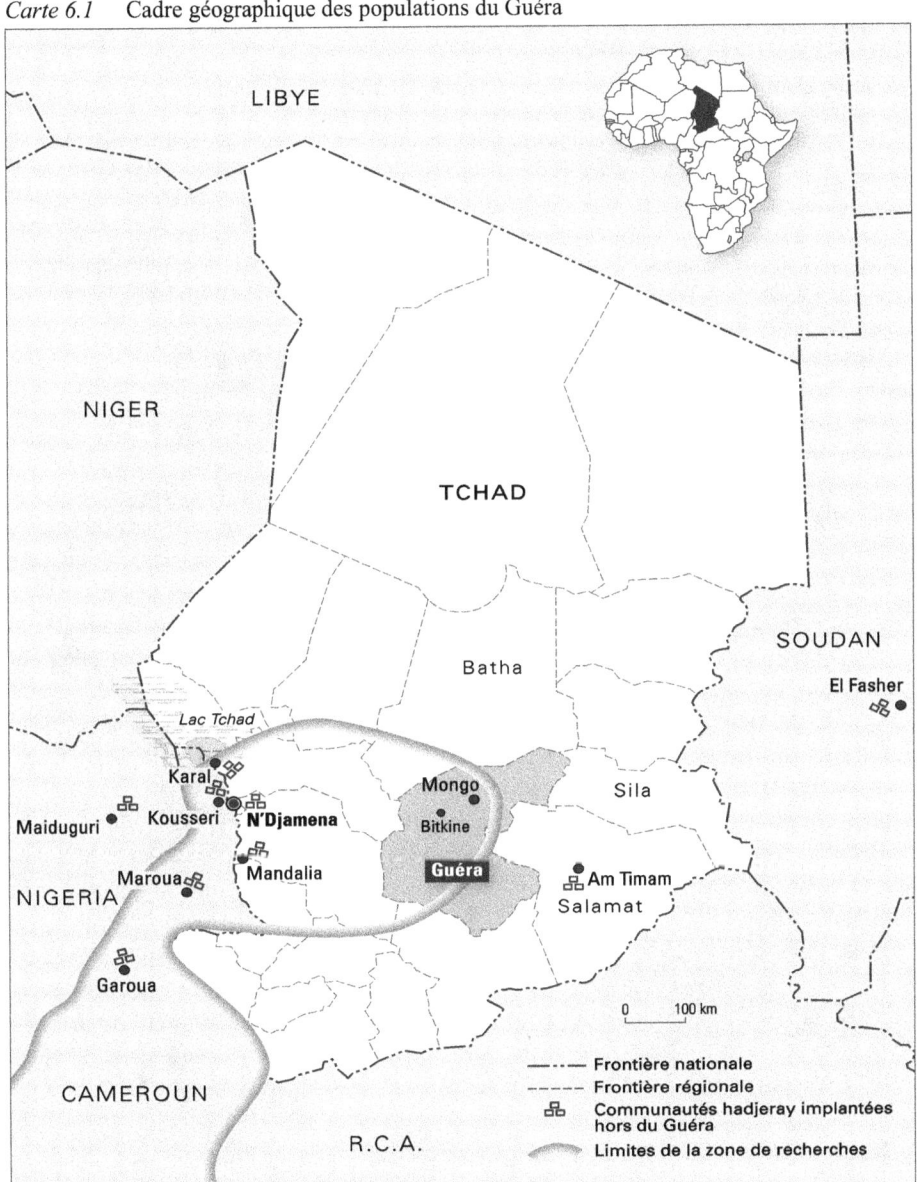

Source : Compilation de l'auteur inspirée des enquêtes de terrain et de la littérature.

tant le ravitaillement des parents du village en produits manufacturés et aussi en argent passe par des voyages sur de longues distances qui n'existaient pas auparavant comme le soutient Abderamane Amane[1] :

> 'Le fait que moi, mes frères et mes enfants vivons séparés, loin les uns des autres, n'est pas en vérité une mauvaise chose. Car si on était tous ici ensemble, beaucoup d'entre nous se seraient faits des problèmes. Ces distances qui nous séparent, resserrent en même temps nos liens. Maintenant que nous vivons loin les uns des autres, le sentiment qui anime les uns envers les autres c'est celui de la nostalgie, de l'amour. Car quand on ne voit pas quelqu'un pendant longtemps, on garde un bon souvenir de lui et on éprouve à son encontre un sentiment de nostalgie, le besoin de le voir, de lui parler. Loin d'être un inconvénient, l'émigration de mes frères, de mes enfants représente un avantage en ce qu'il nous permet d'être ravitaillés en vêtement et autres produits manufacturés d'une part et d'autre part cela leur permet de s'ouvrir l'esprit et d'acquérir des idées, car dit-on souvent que 'celui qui a vu cent villages est égal au vieillard qui a vécu 100 ans.'

Généralement, les personnes parties à la recherche de la fortune pour une année, restèrent plusieurs années durant, le temps de se constituer une économie conséquente. Car la tradition en vigueur veut qu'au retour d'une immigration, l'on soit en mesure d'apporter de l'habillement à toute la famille, le sel à tout le quartier, en plus de l'argent en espèces pour acheter des chèvres ou veaux pour constituer une économie en vue de parer à un éventuel problème. Avoir de tels biens requiert pour certaines personnes qui n'ont pas de chance de trouver tôt du travail bien rémunéré, de passer plusieurs années dans leurs lieux d'émigration. Le comble c'est que, plus on met des années sur les lieux d'émigration, plus on est tenu de rapporter beaucoup d'effets au village. Cette tradition oblige alors beaucoup de personnes n'ayant pu constituer ce dont elles ont besoin pour rentrer au village, d'y rester aussi longtemps que possible.

À côté de cette tradition du matériel, il y a une autre tradition au village, celle d'informer l'immigré de tout ce qui se passe au village après son départ. En somme, avec les crises, naquit la mobilité et de la mobilité naquit le désir de la communication, surtout la communication par les voyages sur de longues distances. Cette communication permet d'établir les contacts entre les populations de la région du Guéra et les communautés ou les diasporas hadjeray implantées dans d'autres régions ou pays limitrophes du Tchad.

Cette théorie de la distance ou de la séparation des parents comme l'un des facteurs de l'écologie de la communication est d'autant plus plausible qu'elle se vérifie à travers même le répertoire et le 'journal des appels'[2] téléphonique de Abdramane Amane. En effet, sur une liste de 42 correspondants dont Abdramane Amane dispose dans le répertoire de son téléphone, 31 se trouvent ailleurs. Seuls, 11 de ses correspondants se trouvent au village et dans la région du Guéra.

Le second élément qui renforce cette thèse, c'est Abdramane lui-même, très préoccupé à vouloir ne communiquer qu'avec des parents très éloignés et de ce fait, néglige même de lister le numéro de ses cousins et de certains de ses voisins, avec qui, il partage d'ailleurs l'ombre d'un hangar à longueur des journées durant la caniculaire période des mois de mars-avril-mai.

---

[1] Homme, paysan, âgé d'environ 70 ans, interview réalisée en juin 2009 à Baro.
[2] Le terme 'journal des appels' ici désigne un menu du téléphone mobile où on trouve les appels reçus, les appels émis, les appels en absence ou appels manqués. Cette appellation varie d'une marque de téléphone à une autre.

Le troisième élément, et non des moindres se trouve dans le journal des appels de son téléphone mobile. Sur une liste de 8 correspondants appelés et reçus figurant dans son téléphone mobile, pas un seul ne réside dans le village ou même dans le village voisin. Car avoue-t-il : « Le téléphone est fait pour appeler les gens qui sont loin, et qu'on ne peut pas rencontrer facilement. Les gens qui sont ici dans le village ou qui sont dans les villages environnants ne nécessitent pas qu'on dépense des crédits pour les appeler ».

À la théorie de l'éparpillement des familles comme facteur de la communication qui sous-tend l'écologie de la communication dans la société hadjeray, s'ajoute une autre, celle de la communication de crise. Les multiples crises (instabilité politique et crise alimentaire) que traverse la région du Guéra, a fait naître le sentiment de nostalgie et aussi le sentiment d'insécurité sans la présence des siens, sentiments qui, à leur tour, ont fait naître le besoin de communication entre les communautés hadjeray du Tchad et de l'étranger et leurs parents vivant dans la région d'origine comme l'affirme Abdramane, le chef de quartier hadjeray du village Sidjé dans la région du Lac-Tchad, pour montrer son attachement aux parents vivant dans la région d'origine:

> 'Cette année, j'ai appris que la situation alimentaire n'est pas bonne au village. J'aurais aimé que c'est nous ici qui puissions connaître une telle situation, plutôt que les parents du village. Eux là-bas, ils sont notre nombril. Ici, nous ne sommes que des "étrangers". La moindre souffrance frappant les gens du village nous touche plus que nos propres souffrances. Certes, nous sommes implantés ici depuis des années, mais on ne se sent pas comme chez nous. Le jour où il va y avoir des problèmes entre nous et les autochtones du village dans lequel nous vivons actuellement, c'est dans nos villages d'origine que nous allons repartir trouver refuge. L'histoire nous a donnés une bonne leçon à partir des événements de 1979 à N'Djamena. Lorsque la guerre a éclaté en 1979 à N'Djamena, chacun a pris la direction de son village. Même ceux dont les villages sont situés à plus de 1000 kilomètres et où il n y a même pas les moyens de déplacement. C'est à pied que les gens sont rentrés dans leur village. Par conséquent, il y va de notre intérêt, de notre avenir de maintenir le contact avec notre village car on ne sait jamais dans la vie. D'ailleurs, maintenant ici, il y a des signes qui nous montrent déjà que nous n'allons pas rester ici éternellement parce que, ici ce n'est pas chez nous. Lorsque nous étions arrivés ici, on ne connaissait pas le problème foncier, le problème de cohabitation avec les autochtones. La terre suffisait à tout le monde. Mais petit à petit, on a perdu nos terres pour nous retrouver aujourd'hui en train de louer les champs pour y pratiquer l'agriculture. En plus de cela, il arrive que certains autochtones nous traitent de 'réfugiés', des gens chassés par la famine. Demain, ce sont peut-être nos propres concessions dans lesquelles on vit qui vont être prises. Le seul endroit où on peut aller habiter en paix c'est notre village.'

Du côté des populations hadjeray de la région d'origine, le même sentiment de la dépendance vis-à-vis des parents immigrés et du besoin de la communication se fait nettement sentir comme le relève Moussa Sabre[3] qui déclare que :

> 'Malgré que nous vivions séparés à des milliers de kilomètres de nos parents immigrés, nous ne pouvons pas nous passer d'eux. Ils constituent notre seul secours pendant les périodes difficiles, ou en cas de problèmes de paiement de prix du sang lors d'un assassinat. Nous dépendons d'eux sur beaucoup de plans. On a tout le temps besoin d'être en contact avec eux pour qu'ils puissent nous aider à gérer nos difficultés de la vie. Nous ici, nous n'avons pour seule source de revenu que les rendements de nos champs qui nous servent à nous nourrir et à nous vêtir, et aussi pour résoudre d'éventuels problèmes de la vie. Mais le problème c'est que ces rendements de nos champs dépend des aléas climatiques où certaines années les récoltes suffisent à peine pour nous nourrir. Alors, pendant des années difficiles, on s'entremet aux parents immigrés qui nous fournissent au moins les vêtements et l'argent en cas de problème qui nécessite un dédommagement. Par exemple, l'année surpassée, n'eût été mon frère Ousman, je me demande si aujourd'hui je serais encore un homme libre de mes mouvements.

---

[3] Homme, environ 65 ans, interview réalisée en juin 2009 à Mongo.

Chapitre 6

Car comme on le dit souvent un malheur ne vient jamais seul. En plus de la mauvaise pluviométrie qui a entrainé une mauvaise récolte, j'ai dû payer encore une amende de 130000 FCFA pour cause d'adultère qu'un de mes enfants a commis. Pour pouvoir payer cette somme, j'ai dû aller directement voir mon frère Ousman qui est à Bebedja. Dieu merci, il m'a trouvé plus de la moitié de la somme demandée.'

En somme, les multiples crises que connait la société hadjeray ont tendance à devenir un déterminant qui imprime un rythme à la communication. Plus la situation est difficile, plus les contacts se nouent, se renouent, se multiplient et se densifient. Ainsi, les crises constituent un coefficient de multiplication, de densification de la communication entre les parents séparés comme le démontre Abderrahmane Hassan que nous avons interrogé sur la fréquence de la communication entre lui et ses parents du village :

'Dans les années passées, surtout au temps de Habré, il ne passait pas une seule année sans que je reçoive quatre ou cinq personnes de la famille. Les deux cases que tu vois là (à l'entrée de la concession), je les ai construites uniquement pour abriter les visiteurs. Ils venaient sans discontinuer. Maintenant, Dieu merci, il y a la paix, il y a l'abondance, donc les gens n'ont pas besoin de venir.'

Le paradoxe de l'écologie de la communication hadjeray

Cette tendance à la communication ou à la densification de la communication entre les familles en temps de crises se conjugue souvent avec les difficultés de communication que rencontrent les populations et qui sont dues tantôt à l'enclavement géographique de la région du Guéra, tantôt au manque d'infrastructures de communication ou à leur destruction par la rébellion, tantôt au quadrillage policier de la région du Guéra pendant les longues décennies des troubles que le pays et en particulier la région du Guéra ont connues.

La difficulté de la communication des populations du Guéra relève de prime abord de l'enclavement même de la région du Guéra, puisque les manuels scolaires en vigueur au Tchad définissent la région du Guéra comme 'une région doublement enclavée'. Le double enclavement de la région du Guéra s'explique premièrement par la position du Tchad dans l'hémisphère nord entre le 8e et le 24e parallèle Nord d'une part et entre le 14e et le 24e degré de longitude Est d'autre part. Cette position géographique met le Tchad au milieu de l'Afrique, entouré par la Libye au Nord, la République centrafricaine au Sud, par le Soudan à l'Est et par le Nigeria et le Cameroun à l'Ouest. Ensuite, le deuxième niveau d'enclavement de la région du Guéra s'explique par le fait qu'elle soit elle-même une région enclavée, donc sans déboucher sur la mer. En effet, située entre 10° et le 12° de longitude Nord et entre le 18° et le 20° de latitude Est, la région du Guéra est placée au milieu du Tchad sans frontières directes avec les pays voisins dans lesquels vivent de nombreuses communautés hadjeray. Puis, il s'agit là d'une région montagneuse dans laquelle la circulation n'est pas aisée, car il faut souvent contourner des chaînes de montagnes pour accéder à un village.

Etre situé au centre d'un pays est-il réellement un handicap pour la communication ? En principe non. Car être au centre permet d'être plus proche de toutes les régions limitrophes. Cela aurait pu permettre à la région du Guéra d'être une des régions les plus connectées du Tchad à toutes les autres, voire une région carrefour comme le démontre M. Ahmat[4] avec des panneaux d'inscriptions comme preuve à l'appui de ses déclarations:

> 'L'enclavement dont a été victime la région du Guéra durant des décennies passées sous prétexte de sa position au centre du Tchad n'était qu'artificiel, savamment voulu et entretenu. Ce sont l'Etat et les politico-militaires qui ont enclavé la région du Guéra. Sinon la nature l'a favorisée en la mettant au milieu pour en faire une région carrefour. C'est la même région du Guéra qu'on disait hier enclavée, qui sert aujourd'hui de carrefour, de lieu de passage obligé pour toutes les populations du Sud qui vont au Nord, du Nord qui vont au Sud, de l'Est qui vont à l'Ouest et de l'Ouest qui vont à l'Est. Mieux c'est la même région du Guéra qu'on disait hier géographiquement enclavée, qui sert aujourd'hui de siège régional des organismes et institutions étatiques qui opèrent à partir de Mongo pour couvrir les régions voisines du Salamat et Batha.'

Cependant, l'avantage d'être au milieu qu'aurait dû avoir la région du Guéra s'est transformé en handicap par l'insuffisance des infrastructures de communication. Et le peu d'infrastructures qui existait ont été transformées intentionnellement en inconvénients. Ainsi, les décennies passées furent marquées par la marginalisation géographique de la région du Guéra comme l'a relevé (Vincent, 1987 : 161):

> 'Les montagnes du pays hadjeray correspondent en fait à un ensemble de massifs montagneux isolé, situé à égale distance de N'djamena et du Soudan (...) il s'agit là d'une région reculée, à l'écart des grands axes dont de surcroît, la majeure partie est coupée du Tchad par des inondations saisonnières.'

La région du Guéra était une région reculée, isolée et périodiquement coupée du reste du pays, à cause d'une part du manque d'infrastructures de communication, en particulier les routes et d'autre part, pour des raisons de quadrillage politique et policier.

Le double enfermement des populations du Guéra : 1966-1980

Malgré son état calamiteux, la seule route qui reliait la région du Guéra à la région du Chari-Baguirmi et plus particulièrement à N'Djaména va devenir au fil de développement de la rébellion, une source d'insécurité. Les quelques ouvrages comme les ponts, construits pour rendre la circulation possible sur cette route vont être systématiquement détruits à l'exemple du pont de Bollong situé à une cinquantaine de kilomètres de Bitkine. À la destruction des ponts qui rendent déjà la circulation très difficile, va s'ajouter une insécurité notoire due aux braquages par les bandits de grand chemin appelés communément 'coupeurs des routes' qui opèrent plus particulièrement sur le tronçon Bokoro-Bitkine et dont les habitants de la région du Guéra ou du moins les usagers de cet axe gardent un mauvais souvenir.

En effet, la région du Guéra détient l'un des plus tristes tronçons de braquage du Tchad, à travers le tronçon de Bollong, qui décidément, coupe le souffle à tout voyageur amené à y passer. Il s'agit d'un tronçon d'une cinquantaine de kilomètres, assez densément boisé, appelé Bollong. Ce tronçon est situé entre les localités de Bikine et Bokoro sur la route de N'Djaména. Il a une très longue histoire d'insécurité routière qui remonte dans les années 70.

Pour le besoin de braquage d'une part et pour le besoin d'inaccessibilité de la région du Guéra aux forces gouvernementales en provenance de N'Djaména la capitale d'autre part, les rebelles avaient dans les années 70 dynamité cet important pont qui longe une

---

[4] Homme, enseignant à l'école du Centre de Mongo, environ 56 ans, interview réalisée en avril 2009.

grande rivière située dans la zone de Boullong, entre Bitkine dans le Guéra et Bokoro dans le Chari-Baguirmi. L'impraticabilité du pont a pour conséquence le ralentissement des camions à l'approche de la rivière et lors de la traversée. Ce qui permet aux rebelles souvent embusqués dans les bois aux alentours, de surgir, puis de braquer les voyageurs ou d'attaquer les militaires loyalistes qui y circulaient. Au fil des années, l'insécurité va se densifier à cet endroit qui deviendra un véritable coupe-gorge, un endroit très redouté par les voyageurs, le symbole de l'insécurité routière par excellence au point de nécessiter dans les années 80, une escorte militaire pour chaque véhicule des passagers. Outre l'escorte militaire pour sécuriser les passagers, il fut créé un peloton spécial chargé d'opérer sur cette route pour la sécuriser.

Malgré la création d'un peloton spécial 'Anti Gang' basé à Bokoro et qui faisait régulièrement les va-et-vient entre Bokoro et Bikine plusieurs fois par jour pour sécuriser la route, la traversée de ce tronçon représente un cauchemar pour les passagers en ce qu'elle fait planer le risque de braquage. Ainsi, même de nos jours, où il y a un minimum de sécurité sur cette route, l'ombre de cette tristement célèbre route hante toujours l'esprit des voyageurs, à qui elle fait couper le souffle comme ce fut le cas de Issa Ousman[5], notre voisin de siège, lors de notre voyage de recherche au Guéra en avril 2009.

En effet, Issa Ousman, un homme d'une cinquantaine d'années, était tout le long de notre voyage, un des passagers les plus bavards. À l'entendre parler, ses activités de commerçant l'ont fait voyager à travers tout le Tchad pendant de longues années. Son art de parler lui vient de cette activité qui le met souvent en contact avec des personnes inconnues dont il s'efforce de faire la connaissance à coup d'animation. Cela se ressent à travers la facilité qu'il a d'improviser les sujets de causerie et la manière dont il animait les passagers tout au long de la route. Car non seulement il a horreur du silence comme il aime à le répéter à qui veut l'entendre, mais il est capable de trouver un sujet de conversation, de causerie à partir du regard, de l'accoutrement et même à partir du silence de quelqu'un.

Malgré son caractère bavard, son reflexe de la peur de l'insécurité du tronçon de Boullong lui impose le silence sans qu'il ne s'en rende compte. En effet, lorsque nous amorçons le périlleux tronçon, Issa Ousman qui était inlassablement bavard depuis le début du voyage, arrêta brusquement de parler comme tous les autres voyageurs. Il enleva de sa poche un chapelet de prière musulmane qu'il égrena accompagné d'une prière silencieuse tout au long de la traversée de la dangereuse zone qui s'étend sur une distance d'une quarantaine de kilomètres. Lorsque nous arrivons à l'approche du village de Mataya annonçant la fin du dangereux tronçon, il arrêta sa prière, poussa un gros ouf de soulagement et porta son chapelet avec les deux paumes de main ouvertes sur le visage, suivi de *Al hamdu lilay*, pour remercier Dieu de nous avoir fait traverser la zone sains et saufs. Faisant semblant d'ignorer la dangerosité qui lui a imposé le silence, nous le provoquions par la question de savoir s'il avait sommeil pendant la traversée du tronçon. Notre question fut pour lui une occasion de nous montrer en quoi cette zone est dangereuse en ces termes :

> 'Mon jeune frère, il faut remercier Dieu de t'avoir envoyé au monde maintenant où il y a la paix, il y a la sécurité. Si tu étais de mon âge, que tu sois de la région du Guéra ou d'une autre région, tu aurais

---

[5] Homme, commerçant, environ 50 ans, résidant à Bitkine, entretien réalisé en mars 2009.

dû savoir pourquoi je m'étais tu comme tout le monde lorsque nous traversions le tronçon. Si ce n'est pas que l'évolution a apporté la route aujourd'hui, je doute que tu sois en train de voyager sur cette route maintenant. Tout cela pour te dire que le tronçon que nous venons de traverser était le tronçon le plus dangereux que la région du Guéra ait pu avoir. Depuis que j'ai appris à nommer les choses, j'ai compté pas moins de 20 braquages sur cette route. D'ailleurs, dans les décennies passées, aucun camion ne pouvait venir ici sans être escorté par les militaires.'

Sous la pression de deux forces (gouvernementales et rebelles) qui s'exerçaient sur les populations, ces dernières avaient tendance à vouloir quitter la région du Guéra (Garondé, 2003 ; Netcho, 1997). Ce besoin de quitter la région du Guéra ne doit pas seulement faire face aux difficultés créées par la rébellion qui crée l'insécurité routière, mais aussi par les forces gouvernementales. En effet, pour échapper aux exactions, les populations, avaient tendance à l'époque, à partir au Soudan où vivaient déjà une importante communauté hadjeray partie depuis l'époque coloniale (Buijtenhuijs, 1978). Cependant, le Soudan étant le lieu de naissance et de recrutement de la rébellion parmi les communautés tchadiennes immigrées ou exilées, ce pays devient aux yeux des autorités tchadiennes de l'époque une destination suspecte, car il représente une base de recrutement pour la rébellion. Dans les années 70, les conditions de voyages des populations tchadiennes vers ce pays (Kinder, 1981) vont être difficiles. Pour plus décourager les populations hadjeray de s'y rendre, les forces gouvernementales vont user des exactions pour dissuader les populations de rester dans la région, comme le rapporte Garondé (2003 : 93-94) :

'En octobre 1969, quarante jeunes et adolescents des villages de Moulouk, Iedjé et Domaï du canton Sorké quittèrent leur territoire pour le Soudan. Ils furent interceptés par les forces gouvernementales non loin du village de Tounkoul, dans la sous- préfecture de Mongo. (…) Les forces de l'ordre en exécutèrent trente-neuf sur l'axe Mongo-Niergui. (…) En novembre 1971, les commerçants ambulants qui revenaient du marché de Gama, furent interceptés par les forces de l'ordre sur l'axe allant de Djana à Mélfi, ces commerçants utilisaient des ânes comme montures. Ils furent accusés par les soldats d'avoir amené du sucre aux rebelles. Ils furent castrés bien qu'innocents.'

L'insécurité qui avait prévalu sur le tronçon entre Bitkine et Bokoro avait entraîné dans les années 70 et 80, l'interdiction de l'utilisation de cette unique route qui reliait le Guéra à N'Djamena et partant à la partie méridionale du Tchad. Pour pouvoir sortir de la région du Guéra, il fallait passer par Ati pour aller, soit à N'Djamena, soit à Abéché vers l'Est. Le détour par Ati imposait aux voyageurs du Guéra, de longues périodes de séjour d'attente d'un hypothétique camion à Mongo qui pourrait desservir le trajet Mongo-Ati.

Quadrillage policier des moyens de communication : 1982-1990

La période qui va de 1982 à 1990 va connaître une autre forme de difficulté de communication pour les populations hadjeray. Cette fourchette du temps équivaut au règne du président Habré qui va être marqué par une mainmise, voire un quadrillage policier des moyens et infrastructures de communication.

Habré, arrivé au pouvoir en 1982 dans un contexte politique très troublé, avait pour souci de faire disparaître toute identité opposante et de faire taire toute voix discordante (Rapport de la Commission, 1993). Pour ce faire, il fut instauré un quadrillage policier à presque tous les niveaux des moyens et infrastructures de communication.

Le premier niveau de quadrillage concerne la circulation routière. À cet effet, les barrières routières policières aux fins de contrôle d'identité se multipliaient. Chaque barrière comportait plusieurs corps : gendarmerie, police nationale, police politique, douane, service des eaux et forêts, etc., constituant une véritable tracasserie pour la circulation comme le relève Djimtebaye Lapia (1993 : 13) :

> '... s'il est effectivement aisé d'entrer au Tchad, il est par contre particulièrement difficile d'y circuler librement et d'en sortir. En effet, dans les précédents régimes, les pesanteurs du système policier avaient imposé un quadrillage systématique des personnes à l'intérieur du territoire national. Le déplacement des expatriés à l'intérieur du pays était soumis à une 'autorisation de circuler' délivrée par le Ministère de l'Intérieur. Les Tchadiens eux-mêmes étaient confrontés aux innombrables barrières et postes de contrôle, où il était impératif de présenter, à chaque arrêt, sa carte civique, sa carte d'identité, sa carte de l'Unir (parti unique au pouvoir), le reçu de l'effort de guerre, etc. Vers l'étranger, les sorties étaient minutieusement verrouillées. L'octroi du passeport relevait du pouvoir discriminatoire du Ministre de l'Intérieur, alors que le décret No 1029/PR/PRE/MIAT/89 réglementant le passeport national tchadien précise en son article 2 : 'la délivrance du passeport peut être sollicitée par tout Tchadien dès lors qu'il justifie de son identité'. Si aujourd'hui deux décennies après la chute de la dictature, l'obtention du passeport est relativement facile, la réglementation de la libre circulation des personnes demeure quant à elle tout aussi contraignante. À l'intérieur du pays, les multiples barrières et postes de contrôle ont été maintenus et renforcés pour le plus grand malheur des commerçants et transporteurs.'

Compte tenu de son caractère rebelle, la région du Guéra fut l'une des régions les plus policièrement quadrillées afin de décourager la communication entre les populations suspectées d'alimenter la rébellion. À cette fin, on assiste à la multiplication des barrières de contrôle policier comme le mentionne Haroun Adam :

> 'Rien que dans la ville de Bitkine qui s'étendait à l'époque sur à peine 1 kilomètre, il y avait 3 postes de contrôle. Un premier poste de contrôle au niveau du marché même où sont embarqués les passagers. Un second poste de contrôle se trouve à la brigade de la gendarmerie où tous les camions sont tenus de passer pour contrôle d'identité et un troisième poste de contrôle à la sortie de la ville. A chaque poste de contrôle, on trouve la police nationale, la gendarmerie, la police politique, l'armée. À chaque poste de contrôle, il faut présenter sa carte d'identité nationale ou son acte de naissance, l'impôt, la carte du parti unique (UNIR[6]), la carte de contribution à l'effort de la guerre.'

L'absence d'un des documents demandés expose le passager à une punition, voire à une arrestation avec disparition définitive (Rapport de la commission d'Enquête, 1993 : 35-36) ou une amende dont le montant arbitraire s'élève au double, au triple de la valeur de la pièce manquante. La valeur d'amende des pièces demandées sur la route du voyage représente à elle seule deux ou trois fois le budget annuel d'un paysan, soutient Chaibo Adam[7] qui se dit découragé de voyager à cause des rackets dont il a fait l'objet en 1985 au cours de son seul voyage. Il décide de ne plus répéter l'expérience du voyage par voiture sur N'Djamena :

> 'Avant, à chaque saison sèche, je partais à N'Djamena pour travailler et avoir de l'argent pour venir payer mes impôts et habiller ma famille. Mais avec l'avènement de cette tracasserie policière, je préfère voyager à pied sur Gama[8] par la brousse, pour aller faire le travail de battage de mil et avoir un peu d'argent plutôt que d'aller à N'Djamena ou à Abéché où sur la route on dépense plus que ce qu'on gagne par année et avec le risque d'emprisonnement.'

---

[6] UNIR : Union Nationale pour Indépendance et la Révolution.
[7] Homme, paysan, environ 65 ans, interview réalisée en juin 2009 à Abtouyour.
[8] Une localité située dans la région du Chari-Baguirmi, à une centaine de kilomètres du Guéra.

Photo 6.2 Un parc d'ânes sur le marché hebdomadaire de Baro dans le Guéra (2009)

Les contraintes de voyage que représente le manque des infrastructures routières doublées de l'insécurité ainsi que les caprices des moyens de transport, contrastent avec le besoin de la communication qu'éprouvent les populations soumises à la pression des violences politiques d'une part et de crises écologiques d'autre part. Ces contraintes conduisent ces populations à s'entremettre à des moyens de locomotion traditionnels, que sont les ânes et les chevaux, nombreux dans cette région depuis de longues dates (Le Rouvreur, 1962).

Les infrastructures routières

Le Tchad est l'un des pays africains qui souffrent de la faiblesse des infrastructures de communication. Avec une superficie de 1.284.000 km², le Tchad ne dispose en théorie, jusqu'en 1998, que de 40.000 km de routes, dont seules 6200 km ont été retenues comme routes nationales. La moitié Sud du pays abrite toutes les routes principales, qui sont le plus souvent des pistes plus ou moins entretenues, et quelques voies secondaires. Le Nord du Tchad, largement moins bien fourni, ne possède que quelques routes secondaires qui joignent les différents oasis et villages. Parmi les routes dites même nationales, certaines deviennent impraticables pendant la saison des pluies, entrainant l'isolement des régions entières pendant 4 à 5 mois. Le réseau routier très peu fourni, ne facilite pas la connexion entre les villes du Tchad.

Chapitre 6

Au nombre des régions du Tchad mal desservies par le réseau routier dans les décennies passées, figure la région du Guéra. En effet, jusqu'en 1990, la région du Guéra ne disposait d'aucune infrastructure routière susceptible de la raccorder en permanence à d'autres régions et plus particulièrement à N'Djamena la capitale. Les seules routes qui existaient étaient des simples pistes tracées depuis la colonisation et qui ne reliaient que les villes de Bitkine et Mongo à N'Djamena et que de temps en temps, on réquisitionnait la population pour les remblayer. Car elles ne sont praticables qu'en saison sèche, de décembre à mars. Les voyages sur ces routes étaient pénibles comme le racontait Issa Matane[9], qui se souvient d'une de ses conditions de voyage entre Bitkine et N'Djamena dans les années 1966.

> 'Je ne sais si de nos jours c'est la terre qui se rétrécit de plus en plus, ou bien c'est réellement l'effet de la route et de la vitesse des moyens de transport. Aujourd'hui, les voyages sur N'Djamena durent moins d'une demi-journée. C'est à peine si de nos jours pour aller à N'Djamena les gens prennent des provisions d'eau avec eux. Car le temps d'avoir soif, on arrive à Bokoro, le temps d'avoir faim, on est déjà à Massaguet et c'est pratiquement N'Djamena. Pendant notre jeunesse, pour aller à N'Djamena, on mettait au moins une semaine en route. Pour aller à N'djamena, on préparait suffisamment des provisions, les femmes prennaient aux ustensiles de cuisine avec elles parce qu'il fallait cuisiner en route pendant des jours. Je me rappelle une de mes conditions de voyage dans les années 70. Ce voyage était le plus pénible de ma vie. J'avais préféré aller à N'Djamena dès le mois de novembre. Mon grand frère qui savait beaucoup de l'état de la route m'en a fortement déconseillé. Malgré les conseils de mon grand frère d'attendre la saison sèche pour voyager, je m'étais entêté à voyager, et j'ai mis en route 12 jours pour arriver à N'Djamena, parce que la route était partout entrecoupée par des mares d'eau qui se séchaient à peine. Chaque fois, le camion s'embourbait et pour le faire sortir, il fallait décharger toutes les marchandises pour que le véhicule puisse être léger afin d'être poussé par les passagers. Sur certains tronçons, on était obligé de couper les branches d'arbres pour mettre devant le camion afin que celui-ci puisse rouler dessus. À force de faire ronfler le moteur du camion sur des petites distances, on a épuisé le carburant en route, et donc il fallait dépêcher un apprenti-chauffeur à pied pour aller chercher du carburant dans la ville voisine. Pour cela, on a attendu deux jours. Donc au terme de ce 12 jours de voyage, j'étais arrivé à N'Djamena physiquement épuisé à force de pousser le camion et économiquement à sec parce que j'avais bouffé en route toutes mes provisions.'

Les lettres

Faute de pouvoir voyager à cause, soit des tracasseries policières, soit des coûts élevés de transport, beaucoup d'habitants de la région du Guéra recourent régulièrement au mode de communication par les courriers épistolaires pour pouvoir échanger avec les membres des familles immigrées. Assez répandues, les lettres étaient restées les moyens de communication les plus utilisés pour communiquer avec les parents séparés. Malgré le fort taux d'analphabétisme de 70% (Monographie de Guéra, 1993) qui accable les populations, ces dernières utilisent les lettres pour pouvoir se communiquer. En témoigne la déclaration de Modi[10], 'enseignant communautaire', ex-écrivain public (des lettres) de son village :

> 'Avant l'arrivée de la téléphonie mobile, les gens n'avaient que les lettres pour se communiquer avec les parents vivant dans d'autres villes et principalement à N'Djamena. Par exemple, le jeudi, c'est le jour de départ des gens du village pour le marché de Bitkine où ils doivent aller prendre les véhicules pour N'Djamena, Mongo et ailleurs. De ce fait, les journées de jeudi ont toujours été des journées

---

[9] Homme, paysan, environ 63 ans, interview réalisée en mai 2009 à Abtouyour.
[10] Modi Soumaine, homme, enseignant, détenteur d'une cabine téléphonique ambulante. Interview réalisée en mars 2009 à Boubou.

noires pour moi à cause des dérangements dont je fais l'objet de la part des parents qui viennent de partout pour se faire écrire des lettres. Le matin, lorsque je me réveille, je trouve déjà quelquefois 3 ou 4 personnes en train de m'attendre pour se faire écrire des lettres. Le matin, ce sont généralement des gens qui viennent des villages voisins de 7, 8 ou 10 km. Lorsque le jour se lève, c'est une marée humaine qui envahit ma cour. Je leur écris des lettres jusqu'à mon départ pour l'école. D'autres personnes me suivent même à l'école. Par semaine je n'écris pas moins d'une dizaine des lettres'.

Comme d'autres moyens de communication, les courriers épistolaires souffraient du contrôle policier qui s'était abattu sur le Tchad durant la décennie 1980-1990. En effet, le régime policier et répressif que le Tchad a connu sous Habré n'était pas de nature à encourager des communications portant sur des sujets confidentiels à travers les lettres. Car, pendant le règne de Habré, les lettres découvertes étaient systématiquement ouvertes et lues, histoire de voir si le contenu ne véhicule pas un complot. En outre, la méfiance qui régnait entre les Tchadiens en général et entre les populations du Guéra à cette époque elles-mêmes en particulier, constituait un frein à la communication par les lettres. Le recours à un intermédiaire écrivain, inspirait souvent méfiance, eu égard à la délation qui prévalait au Tchad pendant cette période de dictature. Aussi, les lettrés chargés d'écrire des lettres se sentant souvent menacés, acceptaient difficilement d'écrire des lettres comme le déclare Mamadou Hissein[11], enseignant à cette époque :

'Les objets des lettres sont vraiment divers. Il y a des gens qui écrivent des lettres à leurs parents pour demander des habits, du sel, des couvertures. D'autres écrivent tout simplement pour envoyer des salutations. D'autres encore écrivent pour annoncer la mauvaise récolte et profiter de l'occasion pour lancer un SOS. Les sujets à caractère politique sont soigneusement évités. Aussi, pendant les périodes difficiles, non seulement les populations ne voulaient pas elles-mêmes s'exposer, mais même nous les enseignants qui, comme d'habitude, sommes très sollicités pour ce genre de travail, refusons d'écrire des lettres à n'importe qui, au risque de se voir trouver un motif d'autant plus qu'à cette époque tous les moyens sont utilisés pour piéger.'

Cette période de la terreur n'a pas seulement intimidé les écrivains des lettres, mais elle a aussi intimidé au premier abord les transporteurs des lettres comme le déclare Mamadou Hissein :

'À cette époque, il n'est pas aisé que tu trouves quelqu'un pour transporter ta lettre jusqu'à destination, surtout si ta lettre est dans une enveloppe scellée. Les gens ont peur de se faire piéger par les lettres qu'ils transportent.'

Les restrictions qui frappent les communications par les lettres ne sont pas que policières, elles sont aussi infrastructurelles. D'autant plus que les services postaux n'existent à l'époque que dans la seule ville de Mongo, le chef-lieu de la région du Guéra où seules 50 boîtes aux lettres sont construites, essentiellement pour un besoin administratif étatique et pour le besoin des organisations non gouvernementales comme le déclare A.M.G. receveur de la poste :

'Normalement les boîtes postales sont faites pour tout le monde, c'est-à-dire l'administration et la population. En principe, toute personne qui veut disposer d'une boîte postale peut venir et en disposer moyennant les frais d'attribution. Malheureusement, ici, force est de constater que la population ne dispose pas des boîtes aux lettres. Les quelques boites qui sont occupées le sont par les institutions étatiques, les ONG, ou les Eglises. Le problème était que dès le début, on n'a jamais montré à la population qu'elle peut disposer aussi de cette infrastructure. Par conséquent, jusqu' aujourd'hui, la population continue de penser que ce sont des choses qui appartiennent à l'Etat, et pour l'usage unique de

---

[11] Homme, aide chauffeur, 48 ans, interview réalisée en avril 2009 à Bitkine.

l'Etat, alors que la poste est même privatisée depuis longtemps. Ainsi, on se trouve aujourd'hui en train de gérer l'héritage des années de motus et bouches cousus.'

Cette mainmise ou cette confiscation des infrastructures de l'information et de la communication par l'Etat est encore plus nette et sans équivoque sur les canaux traditionnels de diffusion des messages de masse tels que le crieur public ou moderne comme la radio.

Photo 6.3   Boîtes aux lettres de la ville de Bitkine (2009)

Le crieur public urbain

Faute d'une radio régionale pour diffuser le message à l'intention des populations des grandes villes du Guéra comme Mongo, Bitkine, Mélfi, ou Mangalmé, il est fait recours au crieur public mobile, pour passer des avis et communiqués, qu'ils soient des services publics ou pour les particuliers.

Le crieur public urbain est une création de l'administration publique dont il a gardé le relent, bien que de temps à autre, il soit aussi utilisé par les particuliers. Les relents administratifs sur le crieur public se mesurent à l'aune de la formule introductive et conclusive figée, autoritaire, contraignante et menaçante que cite celui-ci avant de délivrer le contenu de son message proprement dit. Ainsi, tous les messages du crieur public sont introduits par les formules de mise en garde :

'Écoutez bien le message de l'Etat.'

Et aussi ces messages sont conclus par une formule de menace :

> 'Que ceux qui n'exécuteront pas ce message de l'Etat s'assumeront.'

Cette formule fichée crée une incohérence et une confusion dans certains messages qui n'émanent pas forcément de l'administration. Car le crieur public, même s'il reste dans son essence le "porte-message" de l'administration, est quelquefois appelé à passer le message d'un particulier. Surtout les messages de perte d'un objet, et plus souvent d'égarement d'un enfant. Mais même dans ce dernier cas, par conditionnement et reflexe, le crieur public commence son message par cette formule figée : « Ecoutez bien la parole de l'Etat », alors que le message n'émane pas de l'Etat, mais d'un particulier. On peut ainsi par exemple entendre le crieur public libeller son message de la manière suivante :

> '*Ecoutez bien la parole de l'Etat.* Un enfant de 8 ans, sorti de la maison depuis hier, habillé d'une culotte noire et d'une chemise rouge, appelé Hissein, est déclaré égaré. Son père s'appelant Daoud et sa mère Hapsita, prient toute personne l'ayant trouvé de le conduire dans le quartier X. *Que ceux qui n'exécuteront pas cette parole de l'Etat s'assumeront.*'

Bien que le crieur soit une activité libérale, puisque rétribué à la tâche à raison de 2000 FCFA ou 3000 FCFA par celui qui l'utilise (l'Etat ou les particuliers), l'usage qu'il fait des formules figées introductives et conclusives 'autoritaires' au nom de l'Etat en fait un moyen de communication de masse approprié effectivement par l'Etat.

La communication par la radio

Pendant la période coloniale, pour renforcer le pouvoir communicationnel de la colonisation afin de permettre une connexion des administrateurs et ressortissants européens installés en Afrique, des radios furent créées un peu partout en Afrique et « n'avaient guère d'autre objet que de servir les intérêts du gouvernement colonial et de la communauté non Africaine » (Mwaura, 1980 : 99). C'est dans la foulée de cette stratégie de connexion des administrateurs et autres fonctionnaires coloniaux par la radio, que naquit à Fort-Lamy le 28 octobre 1955, 'Opération-pilote de Radio-Tchad', l'ancêtre de l'actuelle Radiodiffusion Nationale Tchadienne.

Au-delà de sa mission traditionnelle, la radio-Tchad était très vite apparue comme un instrument d'information, d'éducation et de distraction à travers le contenu de son programme savamment dosé par les musiques puisées dans le répertoire local (Célarié, 1962 : 125). Cependant, le taux de pénétration très faible à l'époque faisait de la radio un moyen de communication élitiste, 'un objet de ville' (Tudesq, 1983 : 25). D'objet de curiosité qu'elle était au début, elle devient au lendemain des indépendances des pays africains, un instrument d'information, de diffusion de massages. C'est ce qui a fait dire à Bebey (1963 : 7) que la radio en Afrique avait remplacé le message tambouriné.

Pour un pays comme le Tchad avec son vaste territoire, doublé par les réseaux de communication rudimentaires, l'ubiquité de la radio était un grand atout. Surtout que cette dernière a le mérite de s'adresser même aux analphabètes dans leurs langues vernaculaires. En somme, la radio était le moyen technique de l'information qui correspondait le mieux à la tradition de l'oralité qui caractérisait les populations tchadiennes. Comme pour la plupart d'autres sociétés africaines affectées par l'analphabétisme

(Tudesq, 1983 : 7), la radio était de toute évidence demeurée le moyen de communication le plus accessible pour les populations hadjeray. La Radiodiffusion Nationale Tchadienne, héritée de la colonisation, exerçait dans le domaine de l'information et de la communication un monopole absolu. Ses émetteurs couvraient l'ensemble du territoire national, y compris la région du Guéra. Dans les années 1979, la généralisation du conflit au Tchad, puis la guerre tchado-libyenne des années 1986-1987 renforcèrent l'audience de la radio-Tchad qui était demeurée la seule à donner les informations sur les événements et surtout sur le bilan (quelque peu trompeur) des batailles. Aussi, la radio-Tchad était plus suivie dans la région du Guéra dans ses tranches des 'avis et communiqués' où sont diffusées les nouvelles des décès, les nouvelles des naissances, etc. Ces émissions sont très prisées, en partie à cause des deux de leurs animateurs qui sont de la région du Guéra (Nangdi de Bitkine qui animent la tranche en français et Abaké de Mongo qui anime la tranche en Arabe.) Ces derniers profitent de leurs émissions pour laisser des messages distrayants à l'attention de leurs parents hadjeray. Aussi, ils ponctuent leurs émissions de musiques hadjeray. Ces animateurs de la radio ressortissants de la région du Guéra ont augmenté considérablement l'audience de cette radio dans la société hadjeray.

Malgré le rôle de plus en plus important que la Radiodiffusion Nationale Tchadienne prend auprès de la population, cette dernière exerce pour le moins un impact limité sur les populations rurales pour des raisons que le contenu de l'information est peu tourné vers les réelles préoccupations des populations. Les messages sont de portée générale, ne tenant pas compte des réalités socioculturelles de la région du Guéra. La difficulté de la radio-Tchad comme moyen de communication, est aussi qu'aucune des langues hadjeray n'y est parlée. L'arabe vernaculaire utilisé n'est pas accessible à toutes les populations du Guéra. La non-utilisation d'une seule langue hadjeray est vécue comme une frustration. Malgré qu'une bonne partie des populations du Guéra suivent la radio-Tchad elle le fait dans un but de distraction. Car, le message de la radio Tchad, est un message public et ne prend pas aussi en compte les réalités de communication confidentielle pouvant résoudre le problème de survie que rencontrent les populations. C'est ce qui a fait dire au Secrétaire du gouvernorat de la région du Guéra lors d'un séminaire sur la création des radios communautaires au Guéra que :

> 'Les programmes de la Radiodiffusion Nationale Tchadienne conçus à partir de N'Djamena, restent assez généraux et ne prennent pas en compte les réalités régionales du Guéra. Les radios de proximité dont a besoin la région du Guéra doivent servir exclusivement la communauté, la localité, la région, se préoccupant de la spécificité locale et fonctionnant aussi à partir des contributions locales.'[12]

Indépendamment de son programme qui est de portée générale, donc loin des réalités de communication des populations hadjeray, la radio-Tchad fut de surcroît très tôt prise en otage par les régimes politiques qui se sont succédé pour en faire un media de masse de propagande politique ou même de culte de la personnalité du chef suprême à longueur de communiqué et d'information. C'est sous le président Habré que la radio a connu une de ses pires instrumentalisations pour le culte de la personnalité de président. Chacune des trois éditions des journaux du matin, de midi et du soir est précédée par un extrait du discours du président de la République. Cette mainmise de l'Etat sur la radio

---

[12] 'Le Guéra prépare la naissance des trois radios', en *Le Progrès* no 2536 du vendredi 24 octobre 2008.

s'accompagne à cette époque par l'interdiction d'écoute des radios étrangères comme Africa N°1 ou Radio France Internationale.

En somme, les difficultés de communication durant les décennies passées, qu'elles soient par les lettres, les routes ou par d'autres supports, ont abouti à l'enfermement de la société hadjeray et aux ruptures entre les familles (Rapport de la Commission d'Enquete, 1993).

Enfermement de la société, le cas du couple de la famille Algadi G.

Les contraintes de la communication qui avaient pesé sur les populations du Guéra dans les décennies passées avaient abouti d'une part à l'enfermement des populations hadjeray et d'autre part à la rupture des contacts entre les familles pendant des années. Cet enfermement des populations se faisait beaucoup plus ressentir dans les villages passés sous le contrôle de la rébellion où pendant des décennies, les populations ont vécu en rupture avec l'extérieur et par conséquent, avec la modernité, les nouveautés. L'une des victimes de cet enfermement est Algadi G., un homme d'une soixantaine d'années vivant dans un village situé à une cinquantaine de kilomètres de Bitkine. Les longues années de rupture avec le monde extérieur se lisent dans le travail de tissage artisanal du tissu traditionnel qu'il exécute avec dextérité, travail qu'il n'entend pas abandonner, malgré l'arrivée massive des tissus modernes de nos jours sur le marché. Cette ténacité à persister dans son travail de tisserand aujourd'hui sans importance pour la population, lui a été enseignée par les circonstances de la vie, car disait-il:

> 'Pendant les périodes des événements où les gens ne pouvaient pas aller en ville s'approvisionner, c'est de nos produits locaux qu'on vivait. L'un de ces produits locaux avec lesquels on vivait était le tissu artisanal que je fabrique maintenant. Durant les années 70, 80, à cause de la guerre, on ne pouvait pas aller et venir comme on le faisait avant. Ceux qui sont allés à N'Djamena ou au Soudan sont restés là-bas. D'habitude, c'est de ceux-là qu'on reçoit des produits manufacturés. Mais comme ils ne revenaient plus au village, on était coupé des choses modernes. Nous qui étions au village, nous ne pouvions pas non plus aller nous approvisionner en produits manufacturés au risque d'être accusés de quelque chose. Pour ce faire, on s'est rabattus sur les choses que nos ancêtres faisaient pour y survivre. Au nombre de ces choses, le tissage artisanal des tissus pour nous habiller. Le processus de la fabrication de ce tissu, je l'ai appris dès mon jeune âge comme tout autre jeune. Mais c'est durant cette période des événements où seul le tissage artisanal nous permettait de nous habiller que je m'étais perfectionné à force de le faire presque toute la saison sèche. Ainsi, je m'étais presque spécialisé dans la fabrication du tissu. Ce travail que je fais, s'il bénéficiait de l'apport technologique de l'extérieur, il allait être perfectionné et devenir un vrai tissu. Aujourd'hui, si on parle souvent de Centre du tissage de Baro et de la qualité de son tissu c'est parce qu'il a bénéficié de l'apport de l'extérieur, en technique de tissage et aussi de la coloration. Nous ici, les guerres ont fait que nous sommes coupés des autres et continuons à faire les choses comme elles se faisaient il y a un siècle. Vous les enfants de maintenant, vous avez la chance, vous avez la liberté et les moyens d'aller n'importe où pour voir, pour apprendre. Toi, tu es un exemple. Tu es allé chez les Blancs, tu as beaucoup vu, beaucoup appris et tu bénéficies même de la liberté de proposer, d'innover. Cela n'était pas le cas pour nous autres à l'époque. Moi personnellement durant ma vie je n'ai pas beaucoup voyagé. J'étais une seule fois à Fort-Lamy pour une aventure d'une année et à Mongo rendre visite à un parent qui était détenu. À l'époque, si j'avais eu cette opportunité que vous avez aujourd'hui d'aller n'importe où pour voir, pour apprendre, je serais plus particulièrement allé à Baro ou vers le sud pour me perfectionner dans le travail de tissage que je continue de faire aujourd'hui de manière traditionnelle sans intéresser les gens'.

Plus illustrative encore de la situation d'enfermement dans laquelle ont vécu les populations de la région du Guéra pendant les événements, est la position de sa femme.

Chapitre 6

Agée d'une cinquantaine d'années et vivant depuis sa naissance dans ce village qui l'a vue naître, elle est l'une des nombreuses femmes de ce village qui déclarent n'être jamais montée dans un camion, car raconte-t-elle :

> 'J'ai certes voyagé, mais j'ai juste effectué des déplacements dans les villages voisins pour les condoléances ou les fêtes pendant ma jeunesse ou à Bitkine pour le marché hebdomadaire. Et ces voyages, on les faisait à pied. Le camion ou la voiture, je n'y ai jamais mis les fesses parce que l'occasion de les prendre ne s'est jamais présentée à moi. D'ailleurs, c'est maintenant qu'on peut voir la voiture chaque semaine dans les marchés, car avant, pour voir une voiture, il fallait aller à Bikine et même là il fallait attendre le samedi c'est-à-dire le jour du marché pour en voir.'

Photo 6.4 Un tisserand hadjeray (2009)

Rupture des contacts entre les familles, le cas d'Ayoub

En plus de l'enfermement, l'autre conséquence de la crise de la communication qu'avaient vécue les populations de la région du Guéra durant les décennies des crises et violences politiques, était la rupture des contacts entre les familles. Car comme le disait le tisserand Algadi G., pendant la période de répression politiques, ceux des villageois émigrés qui auparavant avaient l'habitude de revenir au village pour ravitailler les familles, ne revenaient plus à cause, non pas seulement du manque d'infrastructures de communication, mais surtout de peur d'être accusés par l'un ou l'autre des camps des belligérants d'être des agents à la solde de l'ennemi. Cette double insécurité avait pour conséquence, la rupture entre les populations hadjeray vivant dans la région du Guéra et les différentes communautés hadjeray vivant dans les régions voisines et les pays étrangers. L'un des cas de rupture de contact avec la famille est celui d'Ayoub, vivant dans le village Tachay dans la région du Chari-Baguirmi.

Ayoub est un homme d'une cinquantaine d'années. Comme beaucoup d'autres jeunes de son âge, il avait quitté son village pour la première fois en 1967 pour le Soudan. Une année après, il y retourna après avoir réalisé une petite économie qu'il ramena pour s'acheter les chèvres. Une année après son retour du village, il tenta encore une seconde aventure, cette fois-ci vers N'Djamena dans les années 70 où il resta 2 ans avant de partir pour la zone périphérique de la capitale où il exerça comme aide-maçon dans un chantier de construction d'un centre de santé dans le village Tachay. Sur ce lieu de travail, il se familiarisa avec les populations locales parmi lesquelles il y avait une forte communauté hadjeray qui forma un quartier et où il décide de s'installer. Sur ce lieu, il passa deux ans avec la permanente hantise de repartir au village lorsqu'il aura les moyens nécessaires. Au fil des années de ses recherches des moyens, la situation sécuritaire se compliqua dans la région du Guéra du fait du développement de la rébellion. Les nouvelles qui lui parvinrent de son village ne furent guère bonnes et le dissuadèrent de rester là où il vivait. Il y resta plusieurs années sans avoir de contact avec des gens du village. En 1980, il décide de rentrer au village voir ses parents. Arrivé au niveau de la ville de Bokoro, il a dut rebrousser chemin à cause des combats entre deux tendances de la rébellion qui se battaient. Il revient s'installer dans le village Tachay où il y resta encore jusqu'en 1986. Cette année, il reçoit les nouvelles du village à travers un habitant du village voisin au sien qui l'avait quitté suite à la crise écologique de 1985. Il apprend par cet homme, qu'au village, ses parents avaient appris une nouvelle le faisant passer pour mort et qu'ils ont même fait le sacrifice de son décès. Surpris par cette nouvelle, il décide de rentrer au village l'année suivante. Pendant qu'il s'organisait pour rentrer au village, il reçut un certain nombre de parents vivant à N'Djamena et ayant fui la ville à cause des arrestations qui s'y opéraient. Avec cette nouvelle, il changea d'avis de ne pas rentrer au village, mais de rester encore un temps à Tachay pour sa sécurité. Mais en moins d'une année, le quartier hadjeray de Tachay lui-même se rétrécit comme peau de chagrin par suite du départ des habitants pour d'autres localités, de peur de répression qui ailleurs s'abattait sur l'ethnie hadjeray. Alors, il décide à son tour de quitter le village Tachay où il vivait d'autant plus qu'il se sentait exposé à cause de son identité ethnique et puis, pour avoir hébergé pour quelques jours, des parents en provenance de N'Djamena fuyant fui la répression et les arrestations qui s'y opéraient. Il quitte ce village pour aller dans un autre village Mbarley, un peu plus loin. Dans ce nouveau village où il s'installa, il se donna une fausse identité ethnique aux fins d'intégration sociale, car disait-il :

> 'Après mon arrivée, j'étais resté 2 mois sans voir quelqu'un de la région avec qui je pourrais échanger et ou s'entraider. Comme je n'ai pas un seul parent qui pourrait me secourir en cas de maladie, de problème, surtout qu'aucun des miens ne connaissait la place où je vivais pour me rendre visite, je me suis fait passer pour un Ratana[13], afin de m'intégrer avec les nombreux Ratana qui peuplaient la zone.'

---

[13] Ratanna est un nom générique désignant certaines populations de l'Est du Tchad, principalement des régions de Ouaddaï et du Biltine.

Pour ne pas s'exposer, il ne mit plus pied même à N'Djamena où il avait l'habitude d'aller lorsqu'il séjourna dans le premier village de son refuge. Cette situation de rupture totale entre lui et les parents ou leurs nouvelles dura jusqu'en 1992. À la faveur du changement de régime intervenu en 1990, il décide de venir à N'Djamena en 1992. À N'Djaména, il rencontre les gens venus de la région qui lui annoncent pour la deuxième fois, la nouvelle de son décès qui serait intervenu cette fois-ci en 1989 au moment où, pour la seconde fois, ses parents étaient sans nouvelles de lui à cause de son retrait dans la zone de Mbarley. Alors il décide de rompre définitivement le silence la même année. Il quitte précipitamment pour le village pour revoir et dissuader ses parents de son existence physique.

La période charnière : 1990-2005

La période qui, va de 1990 à 2005, est celle qui équivaut au règne du régime actuel. Nous avons choisi d'analyser la fourchette qui va de 1990 jusqu' à 2005, parce que l'année 2006 marque une ère nouvelle dans la communication des populations du Guéra avec l'avènement de la téléphonie mobile. Pour ce faire, la période qui va de l'avènement de la téléphonie mobile (2006) jusqu'à nos jours fera l'objet d'autres chapitres. En fait, la période qui va de 1990 à 2005 est une période charnière, en ce qu'elle représente une vraie période de transition de la communication qui va déboucher sur la période faste de la communication actuelle grâce à l'avènement des technologies de l'information et de la communication et plus particulièrement de la téléphonie mobile.

La période qui va de 1990 à 2005 est une période charnière disions-nous, parce que pendant cette période, on assiste à un début de contact, de retrouvailles entre les familles hadjeray séparées durant les passées. Cette période a bénéficié de deux éléments importants : l'arrivée de la route dans la région du Guéra et la liberté relative que les Tchadiens et plus particulièrement les populations de la région du Guéra ont bénéficié après l'arrivée du président Deby au pouvoir le 1er décembre 1990.

En effet, la région du Guéra est reliée à N'Djamena depuis 1989, avant même l'avènement du président Deby au pouvoir. Cependant, cette route n'a pu réellement permettre à la région du Guéra de sortir de son isolement à cause de multiples tracasseries policières dont faisaient l'objet les voyageurs. Ce n'est qu'à partir de 1991, à la faveur du vent de liberté relative qui a soufflé sur le Tchad par l'arrivée du président Deby au pouvoir qu'on a assisté à un réel début de communication bien que timide. La communication pendant cette période va évoluer en dents de scie au gré de nombreuses convulsions politiques et militaires qui vont entacher le règne du président Deby. Par moments, lorsque le climat politique ou militaire se tend, la liberté de communication se rétrécit en raison du durcissement des contrôles d'identité comme l'a vécu Ahmadaye Ousamane[14] en 2008 :

'Depuis que j'ai commencé à voyager en 1995, c'est en 2008 et précisément à l'entrée de N'Djamena que j'ai connu ce qu'on la appelle prison. En raison du raid des rebelles sur N'Djamena, les militaires ont été mis à l'entrée de N'Djamena pour les fouilles de bagages et les contrôles d'identité. Lorsque le bus s'immobilise sur leur instruction, les militaires nous demandent de présenter nos cartes d'identité alors que moi je n'en ai pas. Car depuis toujours, je voyageais avec mon acte de naissance. Cette fois-

---

[14] Homme, apprenti-maçon, 28 ans, interview réalisée en septembre 2009 à N'Djamena.

ci mon acte de naissance n'a pu suffire et j'ai été mis en prison pendant quelques heures avant d'être libéré moyennant une certaine somme.'

Si pendant le régime de Deby, la circulation routière a connu une liberté notable, la mainmise de l'Etat sur d'autres moyens de communication comme la radio demeure comme naguère. Cela fait dégoûter l'écoute de la radio à la population comme le déclare Seydou Abbas[15]

'J'ai même oublié que la radio existe maintenant, parce que non seulement elle n'est pas bien audible comme avant, mais maintenant, on raconte n'importe quoi là. Avant, même si j'étais dehors, je tâche d'être à côté de la radio pour suivre au moins les 'Avis et Communiqués'. Mais maintenant même cette émission m'a dégouté à cause des communiqués des remerciements et félicitations abusifs qui ponctuent cette émission. On peut entendre des communiqués du genre : 'la communauté X remercie le président Idriss Deby pour avoir nommé leur fils au poste de Directeur, de ministre, de gouverneur ou de leur avoir construit une école'. Ou 'la communauté Y félicite le président Deby pour son courage'.'

Avec la politisation de la radio-Tchad, la fascination pour la radio a diminué faisant place à la lassitude. La grande masse des populations découragées, se retrouve ainsi sans moyen d'information de leur attente. C'est dans ce contexte de paradoxe de besoin d'information d'un côté et du dégoût de l'information officielle de l'autre qu'une enquête a été commanditée en 1995 par l'association des formateurs tchadiens de la presse, Media Excel Formation (MEF) sur l'état d'esprit de la population hadjeray pour l'avènement de la radio. Le travail réalisé par le consultant Raoul Lotodingao, dans les quatre villages de chacune de trois anciennes sous-préfectures du Guéra, a conclu à la nécessité de mettre en place une radio au service exclusif du développement de la zone, sans aucune considération politique ou partisane, car « Les personnes interrogées ont estimé que les trois radios communautaires à mettre en place devront permettre à la population de s'informer et d'échanger, d'inculquer une culture et un comportement favorables au développement, suscitant, au-delà des différences, l'adhésion de tous »[16].

Le besoin ardent d'un moyen de communication de la population du Guéra dans la décennie 2000, a fait plaider le Secrétaire Général du gouvernorat du Guéra lors d'une rencontre de concertation avec les ONG œuvrant au Guéra pour la naissance de la radio dans la région en ces termes :

'L'avènement de ces radios sera un soulagement pour les populations de la région du Guéra. Car la précarité des infrastructures routières rend inaccessibles certaines zones une bonne partie de l'année, les populations manquent de contact.' (*Le Progrès* no 2536)

Conclusion

À l'instar d'autres sociétés, la société hadjeray comporte une écologie de la communication qui lui est propre. Son écologie de la communication lui vient principalement de la mobilité qui constitue d'ailleurs une de ses caractéristiques actuelles (Cf. chapitre 4). Cette mobilité qui s'est faite en grande partie sous la pression de violences politiques et des crises écologiques a redessiné la carte géographique de l'implantation des familles. Au terme d'une longue série de mobilités et de migrations, on assiste aujourd'hui à la

---

[15] Homme, enseignant, 41 ans, interview réalisée en août 2009 à Mongo.
[16] *Le Progrès* no 2536.

formation des communautés hadjeray en villages ou en quartiers entiers, disséminées principalement dans les régions et pays voisins. Loin de distendre les rapports familiaux, cette dissémination des différents membres des familles constitue un puissant facteur de resserrement de liens familiaux et par conséquent, de la densification de la communication ; d'autant plus que du côté des populations hadjeray du Guéra, il y a un besoin de contact avec les émigrés parce que d'eux dépend en partie leur survie. Aussi, du côté des communautés hadjeray émigrées, il se manifeste un besoin de contact, de communication, parce que rares sont les Hadjeray émigrés qui envisagent leur avenir ailleurs que dans la région du Guéra. Pour ce faire, il y a lieu de garder le contact avec la base.

Avec la dispersion des familles et le besoin de contacts, de communication de part et d'autre, on est en présence d'éléments fondamentaux d'une écologie de la communication (Hearn *et al.*, 2007 ; Wilkin *et al.*, 2007 ; Shepherd *et al.*, 2007 ; MacArthur, 2005 ; Wagner, 2004).

Si par définition, l'écologie de la communication est tout ce qui rend possible la communication(De Bruijn, 2008) au Guéra, on est tenté de dire que l'écologie de la communication est faite de paradoxe où d'un côté il y a besoin de contact, de communication et de l'autre les contraintes de contact, de communication ; d'autant plus que si ailleurs l'écologie de la communication a pour principal support les infrastructures de communication (Gewald, 2005 ; de Bruijn & Brinkman, 2008; Walters, 2011), force est de constater que dans la région du Guéra, les infrastructures de communications n'ont contribué que très petitement dans l'écologie de la communication de la société hadjeray et ce, depuis la période coloniale où d'ailleurs la construction des routes a été l'un des mobiles même de la mobilité des populations hadjeray vers le Soudan (Duault, 1935 ; Boujol, 1941). Plus tard, pendant la période postcoloniale, les infrastructures de communication comme les routes, rares soient-elles, furent elles-mêmes sources de contraintes de communication ; en témoigne le récit de vie de Hamat (cf. chapitre 1). Ainsi, l'écologie de la communication des populations hadjeray est faite en amont du désir de contact et en aval des contraintes de communication dues aux restrictions qu'imposaient le manque d'infrastructures et de la mainmise de l'Etat et des bandes armées sur celles-ci. Ce drôle d'écologie de la communication propre à la société hadjeray, avait pendant des années disloqué des familles entières et rompu les contacts et communication. Le cas de l'isolement d'Ayoub et les nouvelles de son décès qui avaient circulé dans son village natal en sont une illustration. Aussi, ce même etude de cas d'Ayoub montre que la communication est un élément important pour la construction de l'identité d'autant plus qu'elle a permis de construire une identité hadjeray qui est immortalisée par tout un quartier dans le village Tachay, dans la région du Chari-Baguirmi. À l'opposé, la rupture de contact, de communication entre Ayoub et les autres Hadjeray pendant les périodes de dictature de Habré, lui a fait prendre une autre identité ethnique. Cet exemple met la communication au centre de la dynamique identitaire hadjeray.

À cet égard, il est apparu depuis près d'une décennie, de nouveaux moyens de communication en l'occurrence les technologies de l'information et de la communication, qui sont censées résoudre les problèmes élémentaires de communication. À ce sujet, il importe de voir quelle dynamique, ils ont pu impulser dans la communication et dans le processus de la construction ou de la déconstruction de l'identité des populations hadjeray.

7

L'avènement des TIC et mainmise de l'Etat

Introduction

Au cours de ces vingt dernières années, la réalité des technologies de l'information et de la communication (TIC) et en particulier de la téléphonie mobile, s'est imposée comme expression générique ou spécifique couvrant l'ensemble des communications (Chéneau-Loquay, 2004 : 307 ; Tanugi, 1999 : 14) dont l'effet bénéfique pour l'Afrique a été particulièrement mis en exergue (de Bruijn *et al.*, 2009 ; Chéneau-Loquay, 2005). Vu le retard qu'accuse l'Afrique par rapport au reste du monde en matière d'infrastructures de communication (Gabas, 2004 ; Soupizet *et al.*, 2000), beaucoup d'auteurs se sont penchés sur l'importance des TIC pour l'Afrique (Diallo, 2003). D'autres auteurs ont même parié que les technologies de l'information et de la communication constitueraient un raccourci pour relancer les dynamiques, les potentialités de l'Afrique, en ce qu'elles constituent 'une chance inouïe pour l'Afrique de faire jeu égal avec les autres acteurs' (Bonjawo, 2002).

S'il est vrai que les TIC peuvent ouvrir des perspectives et dynamiques pour la culture l'économie, la sociabilité, la liberté et même pour la sécurité (de Bruijn *et al.*, 2009 ; Tanugi, 1999), il convient de se demander si dans des pays de crises et d'instabilités politiques récurrentes comme le Tchad, les TIC bénéficieraient de toutes les libertés et libéralisations qui doivent aller avec leur avènement et leur usage pour être mises à profit à cet effet. Ne tomberaient-elles pas dans les tares de la mainmise de l'Etat sur les moyens de communication comme le sont la radio et la télévision et d'autres moyens de communication comme ce fut le cas pendant des décennies (cf. chapitre 6).

À travers ce chapitre, nous voudrions aujourd'hui, 15 ans après l'arrivée des TIC en général et 10 ans après l'arrivée de la téléphonie mobile en particulier, jeter un regard analytique sur les conditions d'utilisation de ces outils au Tchad. Ont-elles bénéficié des conditions de libéralisation et de liberté que requièrent leur avènement et leur usage ?

Pour pouvoir aborder ce chapitre, il nous a paru illustratif d'entrée de jeu, de nous accompagner d'une coupure de presse caricaturale qui montre le climat de tension qui régnait entre l'Etat et les usagers des technologies de l'information et de la communication, plus particulièrement la téléphonie mobile dans les années qui suivirent leur implantation.

Document 7.1   Coupure de presse d'un numéro du journal *Le Miroir* no 13

Source : Archive du Campus Numérique Francophone de N'Djamena.

Chapitre 7

Description explicative de la coupure de presse

Il s'agit là d'une coupure d'un article du journal caricatural tchadien *Le Miroir*. Ce numéro du journal qui date de 2004, rend un peu compte de la mainmise, sinon de l'appropriation quasi exclusive des technologies de l'information et de la communication, particulièrement la téléphonie mobile par l'Etat. D'ailleurs, le titre même de l'article 'Gare à toi si tu crées ton réseau' est révélateur de la volonté de l'Etat de garder une haute main sur les technologies de l'information et de la communication.

Dans la première bande qui est en haut, on voit un taxi arrêté par deux militaires armés, en patrouille. Ces derniers découvrent chez le taximan un téléphone portable (mobile) utilisant le réseau camerounais MTN, qui couvrait à l'époque une partie de N'Djamena située à la frontière tchado-camerounaise. Un des militaires accuse le taximan d'être un espion à la solde des Djandjawid[1]. Puis les deux militaires somment le taximan d'écraser son téléphone mobile avec sa voiture.

Dans la deuxième bande, on voit un homme entouré par deux militaires. Celui qui est face à lui tente de lui arracher son téléphone mobile satellitaire 'Soureya'[2] (Thuraya)[3], en le menaçant de lui tirer dessous s'il résiste. Ce dernier fait de la résistance en évoquant la cherté de son téléphone. Ce mot de cherté de prix qu'il a prononcé a fait réjouir le deuxième miliaire qui affirme trouver en ce téléphone mobile Thuraya cher, une occasion en or.

En fait, cette mise en scène dénote du climat de tension qui a commencé à prévaloir très tôt dans les premières années qui ont suivi l'arrivée des technologies de l'information et de la communication au Tchad. Cette tension est créée par la liberté de vouloir communiquer par les téléphones mobiles qu'éprouvent les populations et le contrôle absolu que voudrait avoir l'Etat sur ces moyens de communication.

En somme, ce climat montre la frilosité de l'Etat tchadien aux communications par les technologies de l'information et de la communication, dont il n'a pas dessus la haute main. Ce qui voudrait autrement dire que les technologies de communication qui sont autorisées sont celles qui sont sous le contrôle de l'Etat. Considérées comme faisant partie des infrastructures de la communication qui est un domaine régalien de l'Etat, les technologies de l'information et de la communication sont arrivées au Tchad sur fond de leur appropriation par l'Etat et ce malgré le discours de libéralisation du secteur de la communication qui avait présidé à cela. Cette appropriation des TIC s'est faite dans un premier niveau par la mainmise de l'Etat sur celles-ci à travers les institutions étatiques chargées de les mettre en œuvre, de les gérer administrativement, et de matérialiser leur usage effectif. Ensuite, elle s'est faite à un deuxième niveau dans la pratique de la vie quotidienne par des interventions intempestives de l'Etat auprès des compagnies et des consommateurs finaux de la téléphonie mobile.

---

[1] Djandjawid ou Janjawid est un terme générique pour désigner les milices levées dans les tribus noires arabisées du Tchad et du Darfour(Soudan), connues pour les massacres, les viols et les déportations qu'elles commettent depuis 2003 au Darfour.

[2] Soureya est une appellation tchadienne déformée du nom de téléphone mobile satellitaire Thuraya.

[3] Thuraya, est un système de communication téléphonique mobile satellitaire dont les bases de données sont gérées depuis Abu Dhabi et dont la communication échappe totalement à l'Etat tchadien, contrairement aux compagnies privées implantées au Tchad dont les bases des données sont, soit avec les compagnies elles-mêmes soit avec la Sotel Tchad, donc l'Etat.

Le processus de l'avènement des TIC et la mainmise de l'Etat

Indépendamment des discours optimistes des académiciens et divers théoriciens des technologies de l'information et de la communication pour l'Afrique, le gouvernement tchadien lui-même, avait compris la nécessite de se mettre aux TIC pour pallier certaines insuffisances infrastructurelles du pays, pour une intégration économique profitable. C'est dans cette perspective que, dès 1996 le Tchad, comme d'autres pays africains avaient adopté l'initiative AISI (African Information Society Initiative = Initiative Société Africaine à l'Ere d'Information)[4] qui vise à développer les infrastructures de télécommunications, condition *sine qua non* de l'intégration de l'Afrique dans la Société de l'Information. Cette orientation fut confirmée en 2001 par le lancement du NEPAD (Nouveau Partenariat pour le Développement de l'Afrique)[5] dont les TIC constituent un des axes majeurs. Conscient de son enclavement, de sa dépendance vis-à-vis de ses voisins pour son accès à la mer, de la faiblesse de ses infrastructures de communication et surtout des avantages tant sur le plan de l'emploi que sur le plan de la desserte que pourraient procurer les technologies de l'information et de la communication, le Tchad a adhéré à toutes les initiatives allant dans le sens du développement de celles-ci. En plus de ces Initiatives, le Tchad souhaite également participer en tant qu'acteur au Sommet Mondial de la Société de l'Information (SMSI). Ce qui augmente davantage son désir de se mettre aux TIC.

Pour entrer dans l'ère de la société des technologies de l'information et de la communication, il faillait se mettre aux normes qu'exigent celles-ci c'est-à-dire une privatisation des opérateurs historiques des télécommunications, une déréglementation du marché des télécommunications et l'instauration d'organes de régulation comme dans plusieurs autres pays africains (Gabas, 2004 : 7).

Ne pouvant se déroger à cette norme en vigueur, le gouvernement tchadien a entrepris dès 1998 des réformes du secteur des télécommunications, par la Loi n° 009 du 17

---

[4] Le processus a été lancé en avril 1995 avec l'organisation conjointe, par la Commission Economique pour l'Afrique(CEA), l'Union Internationale des Télécommunications (UIT), l'Organisation des Nations Unies pour l'Education, la Science et la Culture (Unesco), et le Centre de Recherches pour le Développement International (CRDI), du Colloque régional africain sur la télématique au service du développement. Ce colloque a réuni près de 300 experts en technologie de l'information, hauts responsables gouvernementaux et dirigeants du secteur privé, venant de plus de 50 pays. Cette rencontre a permis de jeter les fondements conceptuels d'une infrastructure africaine de l'information. En mai 1995, la vingt et unième réunion de la Conférence des ministres de la CEA, à laquelle ont pris part cinquante trois ministres africains chargés du développement et de la planification économique et sociale, a adopté la résolution 795 (XXX) intitulée "Mise en place de l'autoroute de l'information en Afrique". Suite à cette résolution, la CEA a formé un Groupe de travail de haut niveau sur les technologies de l'information et de la communication en Afrique en vue d'élaborer un plan d'action visant à mettre celles-ci au service de l'accélération du développement socioéconomique de l'Afrique et de ses habitants. Ce Groupe de travail de haut niveau est composé de 11 experts dans le domaine de la technologie de l'information en Afrique. Il s'est réuni au Caire, à Dakar et à Addis-Abeba et a poursuivi ses consultations par courrier électronique. Ses travaux ont été couronnés par l'élaboration du présent document intitulé "Initiative Société africaine à l'ère de l'information: Cadre d'action pour l'édification d'une infrastructure africaine de l'information et de la communication". Ce document a été soumis à la vingt-deuxième réunion de la Conférence des ministres de la CEA, tenue en mai 1996, au cours de laquelle la résolution 812 (XXXI) intitulée "Mise en œuvre de l'Initiative Société africaine à l'ère de l'information", a été adoptée.

[5] http://doc-aea.aide-et-action.org/data/admin/synthese_du_projet_nepad.doc

août 1998[6] qui consacre la privatisation et la création d'un cadre juridique et réglementaire approprié. La même Loi conduit à la fusion et à la redénomination des sociétés chargées, sur le plan technique et réglementaire, de la mise en route technologique du Tchad et aussi procédé à une 'libéralisation' susceptible de permettre au secteur privé de jouer un rôle moteur pour l'entrée du Tchad dans la Société de l'Information par les TIC. En effet, La promulgation de la Loi 009/PR/98 du 17 août 1998 sur les télécommunications, a d'une part créé la Société des Télécommunications du Tchad (SOTEL TCHAD) en son Art.47[7] et d'autre part, créé un organe de régulation des télécommunications en l'occurrence l'Office Tchadien de Régulation des Télécommunications (OTRT), Art.57[8]. Ces deux organes sont chargés de la mise en route du Tchad vers les technologies de l'information et de la communication. À ce propos, il importe de connaitre sommairement ces organes et de quoi doit s'occuper chacun d'eux, afin de mieux comprendre en théorie la mainmise de l'Etat sur le processus de l'avènement des technologies de l'information et de la communication et ce, en dépit du discours de la libéralisation qui va avec l'avènement de ce secteur.

La Sotel Tchad

La Société des Télécommunications du Tchad (SOTEL TCHAD) est en matière de télécommunications, le principal opérateur au Tchad. Sa mission est d'assurer aux Tchadiens les services des téléommunications de base aussi bien sur le plan national qu'international. La Sotel Tchad est une société d'Etat créée par l'Article 47 de la Loi no 009/PR/98 du 17 août 1998 qui stipule :

> 'Il est créé par la présente loi un Opérateur principal sous la forme d'une société d'Etat dénommée SOTEL TCHAD qui reprendra la mission d'exploitation des Réseaux et Services de télécommunications exploités par l'ONPT et la Société TIT.'

Cette disposition de la Loi no 009/PR/98 du 17 août 1998 fait de la Sotel Tchad, une société d'Etat à caractère commercial issue de la fusion des activités des télécommunications de l'Office National des Postes et Télécommunications (ONPT)[9] et de la

---

[6] Qui stipule en son Article 1er que : 'La présente loi a pour objet de :
 - promouvoir le développement des Télécommunications sur l'ensemble du territoire national et notamment dans les zones rurales ;
 - déterminer les modalités d'installation et d'exploitation de l'ensemble des activités des Télécommunications ;assurer une concurrence effective et loyale entre les différents opérateurs des activités de télécommunications dans l'intérêt des utilisateurs ;
 - Veiller à ce que les activités de Télécommunications soient réglementées de manière efficace, transparente et impartiale.'

[7] Loi no 009 du 17 août 1998, Article 47 : Il est créé par la présente loi un Opérateur principal sous la forme d'une société d'Etat dénommée SOTEL TCHAD qui reprendra la mission d'exploitation des Réseaux et Services de télécommunications exploités par l'ONPT et la Société TIT.

[8] Loi no 009 du 17 août 1998, Article 57 : Il est créé par la présente loi, un organe chargé de la régulation du secteur des Télécommunications dénommé Office Tchadien de Régulation des Télécommunications, en abrégé O.T.R.T.

[9] L'Office National des Postes et Télécommunications du Tchad (ONPT) était l'opérateur national de télécoms. Il était une structure qui, jusqu'en 1998, gérait la téléphonie filaire et la télégraphie à l'intérieur du Tchad.

société des Télécommunications Internationales du Tchad (TIT)[10]. Elle est placée sous la tutelle du Ministère des Postes et des Nouvelles Technologies de l'Information et de la Communication. Elle est principalement chargée de l'exploitation du réseau de télécommunications de base (service fixe), de l'Internet et aussi de la téléphonie cellulaire. Elle applique le respect des conventions et accords de l'U.I.T. et d'autres unions régionales dont la République du Tchad est membre. C'est par les activités de la Sotel Tchad que le Tchad était entré dès 1997 dans l'ère de l'Internet. Ainsi, l'Internet constitue, la première étape de l'entrée du Tchad à l'ère des technologies de l'information et de la communication.

Photo 7.1   Logo et installation technique de la Sotel Tchad à N'Djamena (2009)

Internet au Tchad: Historique et état des lieux

Au Tchad, l'Internet a vu le jour le 19 novembre 1997.[11] Dénommé 'tchadnet', son réseau est de classe C. Il est raccordé au Backbone Internet de France télécom à Bagnolet et Passtourel en région parisienne. C'est l'opérateur national des télécoms TIT, ancêtre de la Sotel Tchad qui introduit l'Internet au Tchad via une connexion X25 avec Paris et ce, en coopération avec France Câble et Radio (FCR). Avec au départ une passerelle de 64 kilobits/s à sa création en 1997, l'Internet tchadien ne permettait aux 43 abonnés que tout au plus d'envoyer et de recevoir des courriers. Avec la demande de connexion de plus en plus croissante (voir le tableau ci-dessous), la Sotel Tchad a négocié le passage successivement à 128 kilobits/s, 512 kilobits/s puis 3,5 mégabits[12] en 2005 pour desservir les 3200 abonnés.[13]

L'accès au haut débit n'est pas encore généralisé au Tchad du fait que des technologies comme l'ADSL ne sont pas encore déployées. L'accès à l'Internet se fait essen-

---

[10] TIT : Télécommunications Internationales du Tchad. Organe responsable du réseau de télécommunications internationales au Tchad.
[11] Annuaire Sotel Tchad 1998, 2003.
[12] *N'Djamena Hebdo* n° 852 du 21 au 24 avril 2005, p. 5.
[13] Annuaire Sotel Tchad 1998, Annuaire Sotel Tchad 1999, Annuaire Sotel Tchad 2000, etc. *N'Djamena Hebdo* n° 852 du 21 au 24 avril 2005, p. 5.

tiellement par connexion aux satellites via les stations terriennes. En fin 2004, il y avait 3000 abonnés Internet qui se partageaient une bande passante de 3,5 MB/s.

Tableau 7.1   Parc de densité d'Internet (1998-2003)

	1998	1999	2000	2001	2002	2003
Abonnés Internet	317	635	999	1517	1802	2317
Population (x 1000)	7104	7 282	7464	7672	7873	
Densité (Ab./1000)	0,044	0,087	0,133	0,198	0,228	
Trafic (x 1000)	213,8	1576,5	3158,0	5075,5	8246,7	16790

Source : Annuaire de la Sotel Tchad 2005.

À cette époque, l'essentiel des investissements en matière des technologies de l'information et de la communication permettant l'accès à l'Internet est concentré dans la capitale alors que près de 70% de la population vit en milieu rural (RGPH, 1993). Jusqu'en 2007, à part N'Djamena, les seules villes et provinces connectées à l'Internet étaient Abéché, Sarh, Moundou et Komé (la zone pétrolière).

Généralement la connexion à l'Internet au Tchad est très lente. À entendre le chef de service commercial de la Sotel Tchad[14], cette lenteur de la connexion à l'Internet au Tchad est due au fait que la plupart d'internautes tchadiens ont ouvert des comptes (adresses) Internet gratuits logés sur les serveurs extérieurs (Yahoo, Caramail, Hotmail, gmail etc.). Pour se rentabiliser, ces sites introduisent des pages publicitaires contenant beaucoup d'images qui passent avant que l'internaute n'accède à son courrier ou à sa page web. Cette situation fait que lorsqu'une personne se met sur le système, elle bloque le passage aux autres. Or, si quelqu'un ouvre un compte local sur le système *Tchadnet*, il ne perdra pas du temps parce que le serveur est logé ici au Tchad. Ces raisons ne peuvent expliquer à elles seules la difficulté de connexion au réseau Internet tchadien. L'autre raison, et la vraie, est la cherté du coût de connexion. Cette faiblesse du réseau Internet tchadien fait que, se connecter à l'internet au Tchad vaut un prix et nécessite une patience qui n'est pas à la portée de tous les citoyens tchadiens.

Le coût d'accès à l'Internet

Les coûts d'accès à l'Internet au Tchad restent l'un des plus élevés de la sous-région. Cette situation s'explique en partie par la faible capacité de l'opérateur historique à offrir, en nombre suffisant des lignes téléphoniques aux fournisseurs d'accès Internet. À la mise en marche du service Internet au Tchad en 1997, les prix des connexions inspirés de ceux pratiqués dans l'ensemble de la sous-région ont été fixés au départ à 60 FCFA/minute. En 2002, cette tarification a été ramenée à 40 FCFA/minute. Mais dans les cybercafés, ces prix étaient à 100 FCFA la minute. Suite au moult plaintes d'internautes et de détenteurs des cybercafés, relatives à la cherté des prix, en avril 2005, à

---

[14] *Tchad et Culture* n° 203, janvier 2002, p. 15.

l'occasion de FEST'AFRICA[15], les coûts de connexion ont été réduits à 750 FCFA/heure[16] avec un débit amélioré. En raison de la cherté et de la difficulté d'accès aux infrastructures de télécommunications de base comme les lignes téléphoniques et aux infrastructures connexes telle l'électricité, rares sont les Tchadiens qui peuvent avoir la capacité financière et le courage d'installer l'Internet dans leurs foyers au Tchad, en témoigne le suivant extrait d'un article de presse qu'a réalisé le Journal *Tchad et Culture*[17] sur les conditions d'installation de l'internet chez soi à N'Djamena :

> 'Les Tchadiens qui utilisent l'Internet font partie des privilégiés. Surtout à cause du coût que cela implique. Pour avoir une ligne téléphonique, il faut débourser 45.000 FCFA. C'est déjà assez élevé pour un Tchadien moyen. Mais comme nous le disait cette dame, responsable d'une organisation féminine, elle a dû courir derrière durant deux bonnes années pour pouvoir se faire dégager deux lignes téléphoniques. Maintenant, il reste l'installation. Mais il faut faire des courbettes devant les techniciens chargés de l'installation. Ceux-ci vous diront qu'il manque, soit des câbles, soit un poteau. Mais si vous donnez quelque chose, ils vous dénicheront cette pièce rare. L'autre élément c'est le modem, il vous faut en acheter un. Il coûte autour de 75.000 FCFA. L'ordinateur, vous pouvez acheter un PC multimédia à 600.000 FCFA ou vous en procurer un de seconde main à 400.000 ou 500.000 FCFA. Mais ce n'est pas tout. Il faut des logiciels de connexion et un abonnement à l'Internet dont il faut payer les frais.
>
> Autre condition de taille : l'électricité. Si vous n'en avez pas déjà, il vous faut comme pour le téléphone faire le pied de grue durant des mois, soudoyer de gauche à droite pour vous le faire installer. Si vous n'avez pas la malchance de voir votre électricité coupée, tout le temps aux heures de bureau, vous pouvez alors vous connecter. Dans le cas contraire, il vous faudra acquérir un groupe électrogène, pour suppléer cette carence de la société Tchadienne d'Eau et d'électricité (STEE). Mais aussi, il y a le coût de connexion. Au Tchad, il vous reviendra à 40 FCFA la minute. Pour une heure de connexion par jour, vous pouvez vous retrouver avec 18% de TVA, avec une facturation mensuelle de 84.960 FCFA. Un pactole !
>
> Conséquence, au Tchad, certains internautes ne se connectent que tard le soir, pour envoyer uniquement leurs E-mails. S'il vous arrive à avoir la connexion ! Faisons-nous partie du cybermonde ?!'

En somme, installer l'Internet au Tchad vaut des gymnastiques pénibles et un prix d'or. C'est ce que beaucoup de Tchadiens ne peuvent faire, compte tenu de leurs faibles revenus. Cependant, certains nécessiteux de l'internet, désireux de communiquer avec les parents ou les amis installés à l'étranger, se trouvent quelquefois dans l'obligation d'y recourir. Faute de l'avoir chez soi, le recours est fait aux quelques rares cybercafés de la capitale où se connecter et réussir à envoyer un message est un véritable parcours du combattant (*Le Régulateur*, n° 36)[18]. Cette difficulté d'accès à l'Internet même à N'Djamena la capitale en fait dans les autres régions du Tchad et plus particulièrement dans les régions du Guéra, un mythe, un loup blanc.

L'Internet au Guéra, un loup blanc

La concentration des infrastructures de communication et d'autres services à N'Djamena la capitale et la cherté de leurs coûts font que l'accès à l'Internet est demeuré la

---

[15] Fest'Africa : Festival de littérature et des arts africains, créé en 1994 par le Tchadien Nocky Djedanoum, est une foire d'exposition aux dimensions pluridisciplinaires : peinture, théâtre, écriture, photographie, musique, technologie, etc., qui se tient chaque année à N'Djamena.
[16] *Tchad et Culture* n° 203, janvier 2002, p. 15.
[17] *Tchad et Culture* n° 203, janvier 2002, p. 16.
[18] Sainzoumi, Nestor Deli, 'Internet, une denrée rare au Tchad', en *Le Régulateur*, n° 36, 2009, pp. 14-15.

chasse gardée d'une élite d'intellectuels de N'Djaména, de Moundou et dans une moindre mesure d'Abéché qui sont les principales villes du Tchad.

La région du Guéra est à l'image des autres zones rurales africaines caractérisées par des conditions financières, technologiques et humaines défavorables à la diffusion de l'Internet : fort taux d'analphabétisme, notamment en français ; pauvreté économique, infrastructures de télécommunications inadéquates (Lehthonen, 2003 : 12-13). Justement, à propos des infrastructures de télécommunications dans la région du Guéra, seule la ville de Mongo, le chef-lieu de la région dispose d'infrastructures téléphoniques depuis 1997 et avec une capacité d'équipement de 160 lignes dont seules 94 lignes sont en service. De ce fait, l'Internet demeure pour la majeure partie des populations de la région du Guéra "un mythe, un loup blanc, dont on parle beaucoup mais que l'on ne voit jamais (Longevin, 1997 : 13). Il a fallu attendre l'année 2008 pour que certaines personnes entendent parler concrètement de l'Internet au Guéra, lors de son installation à l'Institut Universitaire Polytechnique de Mongo ; d'ailleurs pour l'usage exclusif de l'administration de l'Institut. Cette connexion de l'Institut de Mongo à l'Internet dans un pays et dans une région où l'Internet demeure un mythe, a fait l'objet d'une couverture médiatique et d'un commentaire du journal *Le Progrès* n° 2413 en ces termes :

> 'Sous d'autres cieux, être sur le site web n'est pas un événement. Mais au Tchad où l'Internet n'est pas entré dans nos mœurs, même chez les intellectuels, sa découverte ou la connexion s'avère un réel moment de gaieté. La capitale du Guéra goûte aussi à cet événement ce mercredi, 23 avril 2008, à l'occasion du conseil d'administration de l'Institut Universitaire Polytechnique de Mongo.'[19]

L'inaccessibilité à l'Internet pour le découvrir et connaitre ses réalités, crée un imaginaire de la part de la population autour de cet 'instrument miracle' qui est considéré à tort ou raison comme un outil magique susceptible d'apporter la solution à tous les problèmes, ou comme un instrument qui est dans le 'secret de Dieu' pour connaitre et transmettre toutes sortes d'informations les plus fiables. De la même manière qu'hier on accordait le crédit à toute information qui passait sur les ondes de Radio France Internationale (RFI), aujourd'hui, certaines personnes accordent une foi aveugle en n'importe quelles informations qu'on dit provenir de l'internet.

Faute de canaux d'informations officiels fiables et en raison du mythe qui entoure l'Internet, il se développe toutes sortes d'informations et de rumeurs dont les géniteurs et propagateurs, désireux de les faire consommer aux crédules gens, soutiennent souvent qu'elles émanent de l'Internet. Il suffit de s'approcher d'un cercle de discussion ou d'information des jeunes en train de s'informer des nouvelles de N'djamena, du front, ou du monde, pour se rendre aussitôt compte, que ceux qui fondent leurs argumentaires sur des informations réelles ou supposées, recueillies sur Internet, sont plus écoutés ou simplement crus sur parole. Ainsi, se faire passer pour quelqu'un qui surfe régulièrement, c'est se faire considérer comme sources d'informations crédibles.

L'un des exemples de ceux-là est Monsieur Moussa Seid, jeune homme d'une trentaine d'années, peintre à Mongo. Par sa passion pour les manipulations des téléphones mobiles, il découvrit l'accès à l'Internet à partir du téléphone mobile, dont il garda jalousement le secret. Il ne faisait voir à ses amis que les pages web qu'il avait réussi à ouvrir sans leur montrer le processus de navigation. Reconnu par tous ses amis comme

---

[19] A Deyé, 'Mongo s'ouvre une fenêtre sur le monde', en *Le Progrès* no 2413 avril 2008.

étant une des seules rares personnes pouvant avoir accès à l'Internet, il est considéré comme une source d'informations fiables de ce qui se passe à N'Djamena et dans le monde et ce, au détriment de certaines personnes qui ont même été des témoins oculaires de certains événements qu'il rapporte. L'un des exemples typiques est l'opération de fouille et ramassage des armes qui s'est déroulée à N'djamena en avril-mai 2009 qui est racontée à Mongo comme une opération de coup d'Etat avorté. En effet, dans le cadre de l'opération de ramassage des armes qui se faisait de temps en temps sur toute l'étendue du territoire national pour rechercher les armes de guerre détenues illégalement par les civils, il a été organisé en mai 2009, une opération de fouille des armes dans certains quartiers de N'Djamena. Cette information est arrivée à l'état déformé à Mongo. Elle a été interprétée comme une tentative de coup d'Etat et de défection avortée, dont on recherche les auteurs. Les explications apportées par Issakha Soumaine[20] ayant vécu l'opération à N'Djamena et la restituant comme une simple opération de fouille de routine, sont rejetées en bloc par Abdoulaye Seid[21], qui soutient mordicus qu'il s'agissait d'une opération de recherche des auteurs de la tentative de coup de force, car soutient-il naïvement : « l'information est sortie sur Internet et les jeunes d'ici l'ont vue ». Pour contredire son interlocuteur qui fut le témoin oculaire des événements, Issakha Soumaine s'emporte et soutient sa thèse qui est fondée sur la rumeur de l'Internet :

> 'Aujourd'hui ce n'est pas comme hier où l'on peut cacher les choses aux gens. De nos jours, dès que tu fais quelque chose, l'Internet est au courant, il sort l'information. Et les jeunes ici y accèdent. L'époque où seuls les gens en provenance de N'Djamena véhiculaient les informations est révolue.'

L'arrivée de l'Internet en 1997 dont la révolution au Tchad et dans la région du Guéra en particulier n'a pas eu lieu, fut suivie aussitôt par celle de la téléphonie mobile en 2000.

Cette dernière, bien qu'elle soit un moyen de communication au même titre que l'Internet, présente l'avantage d'être un moyen de communication qui a le mérite de s'adresser même aux analphabètes, et sans exiger au préalable des équipements technologiques de haute gamme tel l'ordinateur, la ligne téléphonique et autres accessoires hors de la portée. Ce qui va faire que celle-ci va connaître une audience populaire, même dans les régions comme le Guéra et ce, dès les premières heures de son avènement. Cependant, comme pour l'Internet, le processus de l'implantation de la téléphonie mobile va aussi être entaché de la mainmise de l'Etat.

---

[20] Jeune homme, environ 30 ans, tailleur, vivant à N'Djamena, rencontré à Mongo dans le cercle de causerie en mai 2009.
[21] Jeune homme, environ 32 ans, vivant à Mongo, rencontré à Mongo dans le cercle de causerie en mai 2009.

Photo 7.2 Usager de l'Internet sur téléphonie mobile à Mongo (2010)

Le processus sous contrôle de l'avènement de la téléphonie mobile au Tchad

Le Tchad avait pressenti dès le début des années 90, l'importance que peuvent jouer les télécommunications dans le développement économique d'un pays. Le Gouvernement avait pris conscience qu'un précieux outil de communication comme les technologies de l'information et de la communication, en particulier la téléphonie mobile pourraient atténuer les effets néfastes de l'enclavement dont souffre le pays. C'est ainsi qu'en 1997, il a adopté la Déclaration de la politique sectorielle qui définit les différents axes d'une réforme et a décidé de participer à toutes les initiatives allant dans ce sens. Cette Déclaration avait pour objectifs de libéraliser le secteur des télécommunications et de promouvoir la concurrence, afin d'accélérer la couverture nationale en moyens de télécommunications mobiles. Cependant, force est de constater que le beau discours de la libéralisation prônée par l'Etat contraste avec l'appropriation par l'Etat des institutions chargées de la mise en place effective de la téléphonie mobile.

En effet, les télécommunications sont déclarées au Tchad, un domaine relevant de la mission régalienne de l'Etat.[22] Pour ce faire, elles ne peuvent faire l'objet de libéralisation totale. Ne pouvant directement en assurer la gestion, l'Etat les a confiés aux établissements publics, quant à leur aspect production et régulation et au secteur privé pour la distribution des produits aux consommateurs finaux, tout en se réservant là encore le droit de contrôle et de suivi.

La volonté politique de doter le Tchad de la téléphonie mobile à travers les investissements privés d'une part et le souci de garder un œil sur le produit de la communication d'autre part, a conduit le Tchad à mettre en place, la Loi n° 009/98 du 17 août

---

[22] *Le Régulateur* no 35, 2009.

1998 portant sur la création et les attributions des organes chargés de la mise en route du Tchad dans le domaine des télécommunications en général et de la téléphonie mobile en particulier. Cette loi fit d'une pierre plusieurs coups. Elle consacre la libéralisation (réservée) du secteur des télécommunications, et en même temps, elle crée un organe chargé de s'occuper de la régulation et de la réglementation des télécommunications, en l'occurrence l'OTRT (Office Tchadien de Régulation des Télécommunications). L'OTRT est 'l'organe gendarme' dans le domaine de la commercialisation et de la concurrence en matière de marché des télécommunications, tandis que la Sotel Tchad est un organe chargé de fournir aux compagnies privées les services de communication.

L'OTRT, un organe gendarme

La Loi 09/PR/98 du 17 août 1998 dispose en son article 57 que « Il est créé par la présente loi, un organe chargé de la régulation du secteur des Télécommunications dénommé Office Tchadien de Régulation des Télécommunications, en abrégé O.T.R.T. ». La nature de cet organe est définie à l'Article 58 qui dispose que : « L'O.T.R.T. est un établissement public placé sous la tutelle du Ministre des Postes et des Nouvelles Technologies. Il dispose d'une autonomie financière et de gestion. Un décret établira les règles régissant son organisation et son fonctionnement dans un délai de trois (3) mois à compter de la promulgation de la présente loi ».

Comme annoncé, le décret n° 452 du 26 octobre 1998 relatif à l'interconnexion des réseaux de télécommunications, dessine un cadre approprié à l'OTRT pour lancer ses activités. L'OTRT ainsi créé, s'est vue assigner des objectifs généraux à orientation économique et sociale à travers les télécommunications, consistant à : lutter contre la pauvreté par la création d'emplois directs ou indirects; à mettre à la disposition des agriculteurs et des opérateurs économiques, des outils d'informations et de transferts de fonds nécessaires pour leurs activités et enfin à créer des centres d'affaires pour les opérateurs économiques.

Pour atteindre ses objectifs, l'OTRT s'est vu octroyer la mission de créer un cadre juridique et réglementaire garantissant le jeu de la concurrence dans le secteur des activités des télécommunications. Ce cadre juridique a permis la libéralisation du secteur et a introduit la concurrence entre les opérateurs privés de téléphonie mobile sur l'ensemble du territoire national avec pour objectifs de réduire le fossé numérique et de faire bénéficier aux citoyens tchadiens, des avantages liés aux nouvelles technologies de l'informations et de la communication, ceci conformément à ses priorités qui sont : favoriser l'accès des populations au téléphone mobile, notamment en milieu rural, et promouvoir le développement des télécommunications par l'accroissement des investissements privés en organisant les appels à la concurrence pour la sélection des exploitants de réseaux de télécoms ouverts au public ; en élaborant les cahiers des charges qui s'imposent aux titulaires de licences et autorisations d'exploitation des réseaux de télécommunications ; en déterminant les règles d'attribution et d'octroi de numérotation ; en fixant les taux de redevances payées par les titulaires de licences et autorisations ; en contrôlant la qualité des produits de télécommunication.

Chapitre 7

La Sotel Tchad, fournisseur des services de communication

Outre l'organe régulateur, il a été créé un organe fournisseur des services de télécommunications en l'occurrence la Sotel Tchad. Placée aussi sous la tutelle du ministère des Postes et des Nouvelles Technologies de Communication, la Sotel Tchad est principalement chargée de l'exploitation de réseau de télécommunications de base (service fixe), l'Internet et aussi le cellulaire. C'est une société d'Etat à 100%. Avec la libéralisation partielle accordant des licences d'exploitation aux compagnies privées, elle devient le fournisseur du service de la communication, reléguant de ce fait les compagnies privées de télécoms au rang des simples distributeurs du service des télécommunications national et international.

Ainsi, la libéralisation 'partielle' du secteur des télécommunications permit en 1999 l'octroi de deux licences d'exploitation de la téléphonie mobile à deux opérateurs privés de téléphonie mobile qui sont : CELTEL-TCHAD et TCHAD MOBIL (Libertis), puis Tigo.

Les compagnies privées, des simples distributeurs

Le marché des télécommunications mobiles au Tchad était à sa mise en place en 2000, dominé par deux opérateurs: Celtel (devenu successivement Zain et Airtel) et Tigo.

La compagnie Airtel est arrivée au Tchad par l'intermédiaire de ses ancêtres qui étaient successivement CELTEL et ZAIN. CELTEL était une société privée de téléphonie mobile et était installée au Tchad depuis l'an 2000 à la faveur de l'avènement de l'ère de la privatisation du secteur des télécommunications qui était jadis un domaine exclusif de l'Etat. La société CELTEL a fait son petit bonhomme de chemin de 2000 jusqu'en août 2008 avant d'être rachetée par la compagnie koweitienne ZAIN[23]. Depuis le 22 novembre 2010, Zain est à son tour rachetée par une société de téléphonie mobile indienne Barthi Airtel.[24]

Photo 7.3 Logos d'une compagnie de téléphonie mobile au Tchad

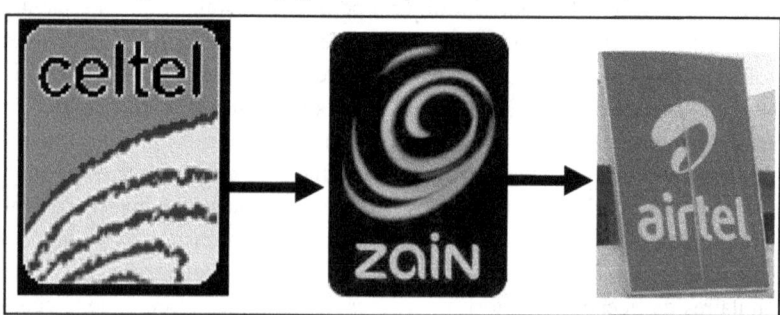

Source : La compagnie Bharti Airtel.

---

[23] Publi-reportage : 'celtel devient zain pour le bien du monde', en *Le Progrès* no 2480, p. 4.
[24] Publi-reportage : 'Zain devient Airtel', en *N'Djamena Hebdo* no 1331 du lundi 13 au mercredi 15 décembre 2010, p. 12.

Tigo est un produit de Millicom-Tchad qui est également une société privée de téléphonie mobile qui a ouvert son réseau à la mi-octobre 2005, sur les cendres de la défunte compagnie égyptienne Libertis du groupe Orascom. Faudrait-il rappeler, l'Etat tchadien a procédé à la fermeture de la société de téléphonie cellulaire Libertis Tchad. Principale raison avancée : le non-paiement des arriérés cumulés des taxes dues à l'Etat par celle-ci. Trois mois après son lancement, l'appel d'offres international relatif à la licence d'exploitation du réseau de téléphonie mobile pour remplacer la compagnie Libertis Tchad défaillante et défunte, a été remporté le 8 novembre 2004 par Tigo, une compagnie suédoise de droit luxembourgeois. Ainsi, Tigo obtint une licence d'exploitation pour une période de dix ans renouvelable.

Photo 7.4 Siège de Tigo, une compagnie de téléphonie mobile au Tchad (2010)

Les compagnies privées de téléphonie mobile exerçant au Tchad ne produisent pas elles-mêmes les services de télécommunications. Ces services leur sont fournis par la société tchadienne d'Etat, la Sotel Tchad. Par l'OTRT qui exerce le rôle de régulateur vis-à-vis des compagnies et par la Sotel Tchad qui joue le rôle de fournisseur de services. Les compagnies privées de téléphonie mobile au Tchad se retrouvent être des simples canaux de distribution de la communication produite par l'Etat et contrôlée par l'Etat. Cette situation les place sous la botte de l'Etat qui abuse quelquefois de sa position dominante en créant des désagréments ou en suscitant la peur auprès des consommateurs de la téléphonie mobile, sans se soucier du tort qu'il pourrait causer aux compagnies privées, considérées à tort ou à raison par la population comme responsables du service des télécommunications.

Mainmise de l'Etat sur les communications dans les pratiques

En plus de la mainmise légale que l'Etat exerce sur les technologies de l'information et de la communication à travers la Sotel Tchad et l'OTRT, on note dans la pratique de tous les jours, des actes qui dénotent la frilosité et la volonté de ce dernier d'exercer un contrôle total sur ces moyens de télécommunications à l'intérieur du territoire national. Au nombre de ces actes on peut noter :

L'interdiction de la téléphonie mobile cellulaire Thuraya

En effet, au moment où la téléphonie mobile s'implantait au Tchad en 2000, il y était apparu la téléphonie mobile satellitaire 'Thuraya'. Thuraya, c'est une entreprise établie à Abou Dhabi et Dubaï aux Émirats Arabes Unis et qui produit un téléphone mobile dénommé Thuraya qui est un système de téléphonie satellitaire couvrant principalement le Moyen-Orient, l'Afrique, l'Europe de l'Ouest, l'Asie et l'Australie. Le système permet des télécommunications en voix, données et SMS. Les services fournissent également du GmPRS pour l'accès direct à l'Internet. Plusieurs modèles sont disponibles, ils permettent la connexion par satellite ainsi que par les réseaux GSM. Les appareils acceptent les cartes GSM des réseaux d'autres pays, le propriétaire de la carte GSM étant dans ce cas facturé par son opérateur. Ces genres de téléphones mobiles permettaient à leurs usagers tchadiens de communiquer en passant outre les réseaux de téléphonie mobile Tigo et Celtel sous le contrôle de l'OTRT et de la Sotel Tchad. À cet effet, l'usage de cette téléphonie cellulaire Thuraya fut dès 2003 interdit sur l'ensemble du territoire national.

La chasse aux usagers des réseaux camerounais de téléphonie mobile MTN ou Orange

Du fait de la proximité de la ville de N'Djamena la capitale tchadienne à la ville camerounaise de Kousseri (les deux villes sont séparées par un fleuve d'à peine deux kilomètres de largeur à vol d'oiseau), il y a une interpénétration réciproque des réseaux de télécommunications mobiles tchadiens dans la ville camerounaise de Kousseri et du réseau camerounais dans la ville tchadienne de N'Djamena.

Pour des raisons de coût de communication à l'internationale moins onéreux des réseaux camerounais à l'époque, certains Tchadiens voulant appeler à l'extérieur ou voulant appeler leurs correspondants au Cameroun, n'hésitent pas de se connecter à partir de N'Djamena sur le réseau camerounais disponible dans une partie de la capitale pour communiquer. Pour ce faire, non seulement une traque était engagée contre ces 'communicateurs pirates', mais aussi, l'Office Tchadien de Régulation des Télécommunications, a saisi à cet effet dès 2002 sa consœur camerounaise l'Agence de Régulation des Télécommunications (ART) aux fins de trouver une solution à ces problèmes d'interpénétration de réseaux.

Ainsi, 'au terme de six années de discussions, les deux parties sont parvenues à élaborer un projet d'accord de coordination de fréquence aux frontières Tchad-Cameroun'[25] signé le 3 septembre 2009 à Maroua, et dont les résolutions fixent les 'pénétrations des signaux de part et d'autre de la frontière arrêtées respectivement à 500 m pour la zone N'Djamena-Kousseri et 2000 m pour les zones comme Bongor-Yagoua, Figuil-Léré'.[26]

La publication des communications subversives

Aussi, la mainmise de l'Etat sur la communication mobile s'accompagne souvent des abus de celui-ci consistant à la coupure des réseaux dans des zones jugées potentiellement dangereuses ou sous contrôle de la rébellion et à l'interception de la communication subversive comme ce fut le cas le jeudi le 3 mars 2008, jour où les Tchadiens étaient conviés à suivre à la télévision et à la Radiodiffusion Nationale Tchadienne la communication interceptée entre un chef rebelle tchadien en l'occurrence Mahamat Nourri et le Directeur (Salah Gosh) des services des renseignements du Soudan qui est le parrain de la rébellion tchadienne. Cela est un signal fort pour faire comprendre à la population que tout ce qui est communication est sous le contrôle de l'Etat et qu'il ne fallait pas s'y hasarder au risque de s'exposer.

Récupération politique de la téléphonie mobile au Guéra

La mainmise de l'Etat sur la téléphonie mobile va se prolonger dans la région du Guéra par une récupération politique qui fait de l'implantation de la téléphonie mobile un cadeau, une faveur du gouvernement, mieux, le fruit d'une lutte politique en faveur de la région du Guéra dont les populations en désiraient ardemment l'implantation au moment où celle-ci piétait encore à N'djamena, la capitale porte d'entrée et lieu d'expérimentation de toute nouveauté. Cette situation du désir de l'arrivée de la téléphonie par les populations du Guéra d'une part et la récupération politique de la téléphonie mobile d'autre part sont reflétées dans la suivante correspondance administrative d'une autorité de la localité de Baro.

Cette correspondance est intéressante tant du point de vue de sa forme que du point de vue de son contenu. Elle est l'expression de l'ambiance et de l'état d'esprit de la population qui bouillonnaient à l'époque à propos de la téléphonie mobile. Aussi, cette correspondance traduit les différents mécanismes qui ont présidé à l'implantation de la téléphonie mobile dans les différentes régions du Tchad en général et celle du Guéra en particulier.

Du point de vue de sa forme, cette correspondance (rapport) met en exergue la récupération politique dont la téléphonie mobile a fait l'objet par l'administration, dans l'intention de redéfinir les rapports entre l'administration et les administrés. Aussi, elle

---

[25] A.N.T, Réglementation des fréquences des téléphones sans fil : 'N'Djamena et Kousseri s'interpénètrent au mobile', in *Le Progrès*, no 2738 du jeudi 10 septembre 2009, p. 3.

[26] Dipombé Payebé,' Tchad-Cameroun, un accord régit les questions de fréquences aux frontières', en *OTRT-Bulletin d'informations* no35, octobre 2009, p. 6.

Chapitre 7

Document 7.2   Une correspondance administrative de la sous-préfecture de Baro au sujet de l'implantation de la téléphonie mobile

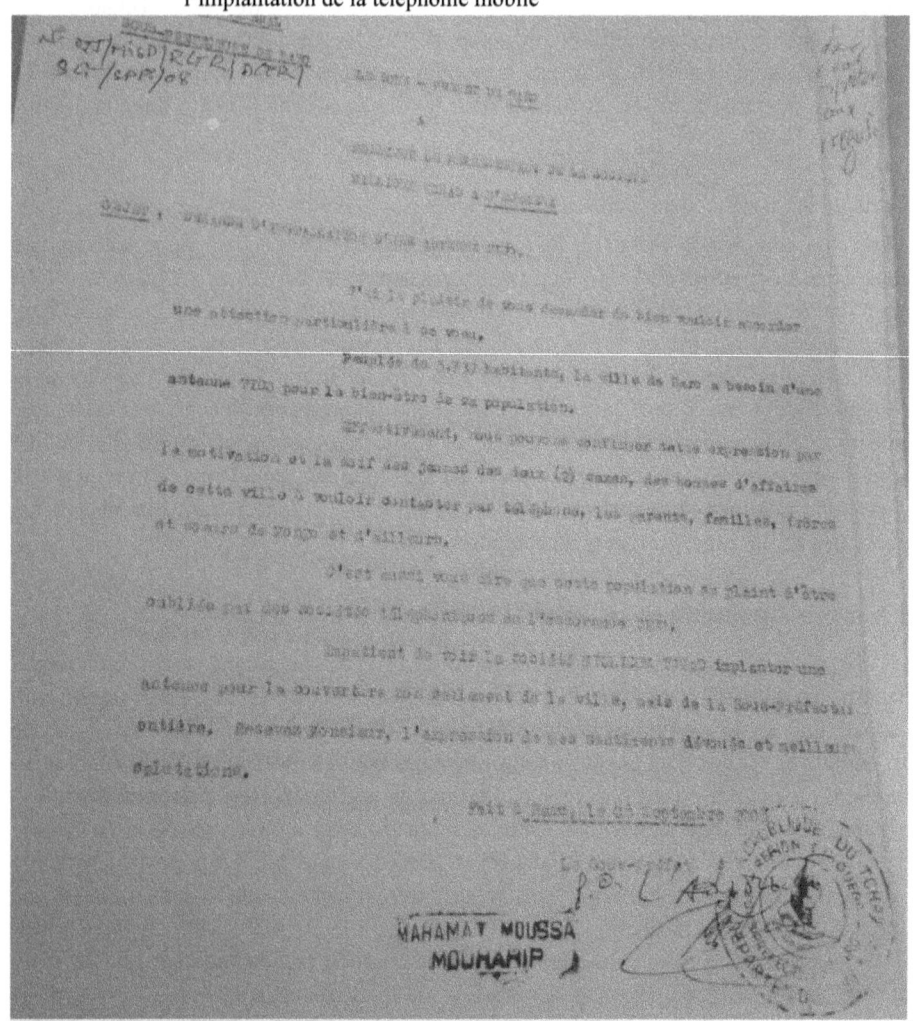

Source : Archive sous-préfectorale de la ville de Baro 2009.

souligne les rapports entre l'Etat et la population hadjeray. Enfin, elle permet de comprendre un tant soit peu, les motifs de la demande et les usages qui allaient être faits de la téléphonie mobile dans cette région du Guéra.

Pour raisons de lisibilité de cette archive dactylographié, nous proposons le texte saisi ci-dessous.

> Le Sous préfet de Baro
> À
> Monsieur le Représentant de la société Millicom Tchad à N'Djamena
>
> OBJET : demande d'installation d'une antenne Tigo.
>
> J'ai le plaisir de vous demander de bien vouloir accorder une attention particulière à ce vœu.
> Peuplée de 5.739 habitants, la ville de Baro a besoin d'une antenne TIGO pour le bien-être de sa population.
> Effectivement nous pouvons confirmer cette expression par la motivation et la soif des jeunes de deux (2) sexes, des hommes d'affaires de cette ville à vouloir contacter par téléphone, les parents, familles, frères et sœurs de Mongo et d'ailleurs.
> C'est aussi vous dire que cette population se plaint d'être oubliée par les sociétés téléphoniques, en l'occurrence Tigo.
> Impatient de voir la société Millicom Tchad implanter une antenne pour la couverture non seulement de la ville, mais de la sous-préfecture entière. Recevez monsieur l'expression de mes sentiments dévoués et meilleures salutations.
>
> Fait à Baro, le 8 septembre 2008
> Le Sous-préfet

En fait, en théorie, la téléphonie mobile en Afrique ou dans les zones marginalisées en général, a fait l'objet de plusieurs intéressantes recherches novatrices (Horst & Miller, 2006 ; de Bruijn, 2008 ; Dibakana, 2002 ; Smith, 2006 ; etc.). Cependant, force est de constater que ces travaux mettent l'accent soit sur les interactions entre la téléphonie mobile et les populations, soit sur les activités économiques et la hiérarchie sociale instaurées et cultivées par la téléphonie mobile, soit sur les différents usages auxquels peut servir la téléphonie mobile. Seuls quelques rares auteurs abordent de manière sommaire ou effleurent à peine l'appropriation politique de la téléphonie (Nyamnjoh, 2008) ou Smith (2006) à travers la plainte des citoyens contre la corruption générée par l'avènement de la téléphonie mobile au Nigeria. Mais rares sont les travaux qui abordent la présence de la téléphonie mobile présentée comme bilan, ou réalisation d'une action politique au fin d'améliorer l'image de l'administration ou des hommes politiques tant ternie, auprès des administrés. Cet aspect de la question de la téléphonie mobile que nous n'avons pu rencontrer dans un travail dénote son inexistence ailleurs, ou de peu d'importance que les chercheurs lui ont accordée.

Au Tchad, de manière générale, et dans la région du Guéra en particulier, la récupération politique de la téléphonie mobile est si visible qu'il invite à y consacrer une étude, une réflexion. A ce propos, la précédente correspondance administrative qui est déjà une illustration n'est que la partie visible de l'iceberg de la récupération politique dont l'installation de la téléphonie mobile a fait l'objet dans la ville de Mongo en 2005.

Au Tchad, l'implantation des compagnies de téléphonie mobile à N'Djamena tout comme leur extension dans les provinces, obéissent à des règles contenues dans le Cahier des Charges signé entre lesdites compagnies de téléphonie mobile et l'Etat représenté par l'Office Tchadien de Régulation des télécommunications. Au titre de ces règles, il était prévu un planning progressif d'extension de la téléphonie mobile au Tchad, en des 'phases' successives, qui obéit à une logique technique, mécanique et systématique (*Le Progrès* n°s 1038 et 1186). Cependant, très tôt, la politique s'invite dans le dossier des installations de la téléphonie mobile, à l'exemple de cette correspondance du sous-préfet qui a préféré intervenir en faveur de sa population. Par les interventions intempestives politiques dans la gestion de la téléphonie mobile, l'extension du réseau de la téléphonie mobile sur l'ensemble du territoire national, qui devait obéir au planning tel que contenu dans le Cahier des Charges, servant de feuille de route aux compagnies fut court-circuitée. Comme ce fut le cas pour la ville de Dourbali[27], on entend çà et là, des doléances des différentes régions formulées à l'endroit des plus hautes autorités politiques du pays, demandant chacune l'installation des reseaux de la téléphones mobiles dans son espace géographique.

La région du Guéra, du reste comme les autres régions du Tchad, commença à formuler la demande dès 2004. La demande des populations du Guéra de disposer de la téléphonie mobile fut très vite exploitée par l'administration, les politiques, pour rapprocher ces populations qui, pendant longtemps, avaient gardé une certaine distance vis-à-vis de l'Etat, qu'elles accusaient non seulement de n'avoir rien fait, mais aussi, d'être responsable de plusieurs exactions et de la vacuité de la région en matière d'infrastructures de communication. Le premier acte de la récupération politique de la téléphonie mobile dans la région du Guéra commence avec l'installation du réseau dans la ville de Mongo. Pour montrer à la population que c'est grâce aux politiques que la téléphonie mobile est arrivée, les autorités politico-administratives avaient fait leur calcul pour que l'ouverture du réseau à Mongo coïncide avec le jour de la fête du 1er décembre, une fête toujours quelque peu boudée par les populations hadjeray, mecontentes du peu de réalisations dont elles bénéficient comme s'en plaint Moustapha Ramadan[28] : « C'est parce que le MPS[29] n'a rien fait pour le Guéra que les partis politiques de l'opposition ont gagné du terrain dans cette région, plus particulièrement le Parti VIVA RNDP[30] qui a battu le MPS à Mongo lors de l'élection législative passée ».

En effet, le 1er décembre est la date anniversaire de l'arrivée du président Idriss Deby au pouvoir en chassant son prédécesseur, le président Hissein Habré en 1990. Chaque anniversaire de cette date appelée 'Journée de la liberté et de la démocratie' est fêté dans tout le Tchad. Depuis quelques années, une autre formule de cette fête a été adoptée. Tous les cadres politiques et administratifs de chaque région du Tchad sont tenus d'aller célébrer cette fête du 1er décembre dans leurs régions respectives pour donner de la consistance à la politique du parti au pouvoir, le MPS. Généralement, cette fête est l'occasion de vanter les réalisations du régime et de faire miroiter d'autres promesses à la population, afin de les convaincre d'adhérer à la cause du parti au pouvoir. Pour ce

---

[27] Dourbali est une ville située à environ 100 km au Sud-est de N'Djamena, localité où nous avions servi à l'époque comme enseignant au lycée. Cette ville, lors de la visite du président de la République en 2004, avait formulé comme doléance au chef de l'Etat, l'implantation de la téléphonie mobile.
[28] Homme, environ 50 ans, tailleur, vivant à Mongo, entretien réalisé en mai 2009.
[29] MPS : Mouvement Patriotique du Salut, le parti au pouvoir.
[30] (VIVA/RNDP) : Rassemblement National pour la Démocratie et le Progrès, parti politique de l'opposition, qui a réussi une percée spectaculaire dans la région du Guéra au détriment du parti au pouvoir archi dominant auparavant.

faire, faute de réalisations sérieuses à mettre à l'actif du régime dans la région du Guéra, les cadres politiques de la région du Guéra ont trouvé mieux de récupérer à leur compte politique, l'installation de la téléphonie mobile à Mongo.

Comme au Tchad, les considérations politiques priment sur les autres logiques, il fut demandé à Celtel (première société privée de telephonie mobile à mettre pieds au Guéra) de tout mettre en œuvre dans ses travaux d'installation des équipements, pour que l'ouverture de la téléphonie mobile se fasse le 1er décembre 2005. Prévue à l'origine pour être testée en novembre 2005, puis officiellement ouverte en 2006, l'installation de la téléphonie mobile à Mongo a fait l'objet d'interférences politiques qui ont remis en cause ses dates et décidé autrement. Pour ce faire, les autorités administratives et politiques avaient tantôt fait accélérer les travaux, tantôt fait retarder la mise en marche du réseau afin que l'inauguration de la téléphonie mobile à Mongo se fasse le jour de la fête du 1er décembre 2005, qui a vu la participation de la plupart des cadres politico-administratifs de la région vivant à N'Djamena. Le but étant de mettre à profit la téléphonie mobile pour donner un cachet politique à la fête de 1er décembre et surtout montrer que la région fait désormais l'objet d'attention particulière de la part des politiques, en mettant l'effectivité de la téléphonie mobile dans le bilan des réalisations du régime.

Ainsi, malgré que le réseau de communication fût disponible un mois plus tôt, c'est-à-dire dès novembre, il fut interdit la vente des crédits de communication sur le marché de Mongo avant le 1er décembre 2005. Pendant ce temps, seuls les quelques voyageurs ayant ramené les crédits de communication de N'Djamena peuvent avoir le privilège de communiquer, mais en cachette. Ce n'est que le 1er décembre 2005, à 12 heures comme l'ont voulu les politiques, que le réseau de communication fut inauguré par le ministre de la Santé publique, originaire de la région, chef de la délégation, ayant entretemps (le matin) fait l'objet de bilan des réalisations du parti au pouvoir, lors du meeting public organisé à la place de l'indépendance de Mongo et animé par ledit ministre qui déclare que : « l'installation de la téléphonie mobile à Mongo est un outil important que le président de la république et le gouvernement mettent à la disposition de la région du Guéra » (*Le Progrès* N° 1865).

Conclusion

Comme l'a si bien reconnu l'Etat lui-même lors des démarches procédurales pour leur acquisition, les technologies de l'information et de la communication sont une réelle opportunité pour desservir un pays vaste et manquant d'infrastructures de communication, comme le Tchad. Mais jugées outil sensible, les TIC vont à l'instar d'autres précédents moyens de communication, devenir très vite la chasse gardée de l'Etat qui a su négocier une mainmise sur elles. À travers l'OTRT et la Sotel Tchad, organes chargés de matérialiser les TIC au Tchad, tous appartenant à l'Etat, l'usage des technologies de l'information et de la communication fut alors très encadré. Les quelques usagers qui ont tenté de passer outre les réseaux tchadiens se sont exposés. De même, les quelques faisceaux de réseaux voisins qui ratissaient large parmi les usagers tchadiens des TIC furent rappelés à l'ordre et remis à leur place. Aussi, la mainmise de l'Etat sur les TIC, plus particulièrement sur la téléphonie mobile s'est faite quelquefois de manière intimidante en publiant les communications subversives et en opérant des arrestations sur la base des communications interceptées, comme pour marquer les esprits et démontrer l'omniscience de l'Etat des communications mobiles.

Cependant, bien que les technologies de l'information et de la communication, plus particulièrement la téléphonie mobile, soient une réelle opportunité pour les populations marginalisées comme celles du Guéra, leur mise sous tutelle d'un 'Etat de la terreur' est-elle de nature à inspirer la confiance et partant à rétablir la communication entre les populations qui pourtant attendent beaucoup de ces moyens de communication ? Peuvent-elles représenter une opportunité économique et surtout sociale pour les populations hadjeray pour redynamiser leur identité ?

8

Les populations du Guéra à l'épreuve de la téléphonie mobile

Introduction

Comme on l'a vu dans le chapitre précédent, la libéralisation qui devait sous-tendre l'implantation des technologies de l'information et de la communication afin d'en faire un objet de liberté de communication de masse était réduite à sa portion congrue par la mainmise de l'Etat, cantonnant de ce fait les compagnies privées de téléphonie mobile au rôle des simples distributeurs des services de communication. La question qui s'y rapporte est de savoir si ce rendez-vous manqué de la libéralisation qui aurait pu entrainer la concurrence donc, la 'massification' de cet outil (Aker & Mbiti, 2010), n'a pas fait de la téléphonie mobile un objet de communication de luxe aux mains de quelques-uns pour marginaliser davantage les populations déjà marginalisées?

Par ailleurs, l'introduction de la téléphonie mobile dans les régions pauvres et marginalisées comme le montrent les travaux de Horst & Miller (2006), peut faire l'objet d'une appropriation sociale et culturelle selon les conditions sociales des populations. À cet effet, il convient de s'interroger sur la place et l'importance de la téléphonie mobile dans une région géographiquement, socialement et politiquement marginalisée comme celle du Guéra. Va-t-elle permettre à la population hadjeray de s'éclore, de tirer le meilleur profit social, économique et culturel de ce moyen de communication ou au contraire, va-t-elle renforcer les contraintes sociales, politiques et économiques qui pesaient déjà sur elle ?

À travers ce chapitre, nous chercherons à comprendre les enjeux sociopolitiques de la téléphonie mobile au Tchad en général et dans la région du Guéra en particulier et aussi, de voir les interactions possibles entre la téléphonie mobile et la population hadjeray.

Gaby où le téléphone mobile comme identité sociale

Gaby, un jeune garçon de 14 ans, fut notre guide au village Abtouyour lorsque nous y commencions nos recherches anthropologiques de terrain en 2009. Après avoir fait notre connaissance, il nous demanda si nous avions un téléphone avec un peu de crédit pouvant lui permettre d'appeler son grand frère Issa qui était notre assistant. Nous lui avons tendu notre téléphone qui est un vieux téléphone de marque *Techno*, de fabrication chinoise, connu de presque tout le monde. Il le prit, feignit d'appeler et nous le remit sans avoir en vérité appelé, prétextant qu'il n'a pu joindre son grand frère Issa parce que son téléphone était éteint.

Pensant que Gaby n'a pu appeler parce qu'il avait des problèmes de manipulation de notre téléphone, nous composions nous-mêmes le numéro de téléphone de son grand frère que nous trouvions ouvert. Nous disions alors à Issa que nous avions juste essayé son numéro parce que son petit frère avait tenté de l'appeler, mais qu'il avait trouvé son téléphone fermé. Issa nia que son téléphone ait été fermé.

Ce jeu flou de notre guide Gaby nous faisait poser intérieurement quelques questions sans connaître exactement le sens de sa portée. Nous profitions du sujet du téléphone mobile qui est à l'ordre du jour pour demander les raisons pour lesquelles, notre guide Gaby ne possède pas lui-même un téléphone. Il nous répondit qu'il fut l'un des premiers jeunes à posséder le téléphone au village. Mais depuis 4 mois, il a vendu son téléphone de marque Nokia. Mais il a gardé la carte SIM qu'il avait achetée à 5000 FCFA à ami qui l'avait ramené de N'Djamena. Puis il s'empressa de me donner son numéro. Voulant comprendre pourquoi il a vendu son téléphone, et pourquoi il a acheté une carte SIM a 5000 FCFA, alors que la carte SIM coûtait 1000 FCFA sur le marché, il nous répondit que son téléphone il l'a vendu « Parce qu'il est devenu trop vulgaire. Même les vieilles personnes en possédaient. Or, moi, je voulais un appareil qui procure de l'honneur, du respect, de l'attirance pour les autres », se justifia-t-il. Quant à sa carte SIM jalousement gardée parce que chèrement achetée, il le justifie encore en ces termes :

> 'La carte SIM, je l'ai achetée cher parce que, ça fait partie des premières séries de numéros, preuve que je ne suis pas arriviste dans la téléphonie mobile.'

Ce tour d'horizon de nos questions et de leurs réponses que nous fournit Gaby, finit par nous faire comprendre l'acte qu'il avait posé en nous demandant notre téléphone pour appeler son grand frère, sans avoir réellement appelé. Nous comprenions que notre guide Gaby nous a demandé notre téléphone non pas pour appeler, comme il le prétexta, mais pour voir la qualité de téléphone que nous possédions, nous qui venions de N'Djamena et des Pays-Bas.

Les enjeux sociaux de la téléphonie mobile

En fait, l'attitude et la mentalité de ce jeune garçon ne sont pas un fait fortuit. Cette attitude s'inscrit dans une logique de hiérarchie sociale générale qui a commencé avec l'arrivée de la téléphonie en 2001 à N'Djamena. L'attitude de ce garçon montre que le téléphone mobile, à son arrivée, était au-delà de sa fonction de communication, un instrument de prestige comme l'ont déjà révélé les études précédentes sur la téléphonie mobile dans d'autres pays (Nkwi, 2009). Car à travers le téléphone portable, on trouve un moyen moderne et subtile pour se distinguer (Chéneau-Loquay, 2009 : 108 ; Smith, 2006).

Comme ailleurs, en Jamaïque (Horst & Miller, 2006), la possession du téléphone mobile fut à son début sélectif compte tenu de son coût d'accès onéreux. Par conséquent, elle créa une distinction sociale.

Au Tchad, lorsqu'elle fut introduite à N'Djamena en 2001, la téléphonie mobile se caractérisa par un très faible taux de pénétration. Cela eut pour premier effet, l'instauration de la marginalisation sociale, au lieu de la combattre. Lorsqu'elle fut introduite en 2001 au Tchad, elle piétina pendant quatre ans à N'Djamena la capitale, avant de s'étendre progressivement dans les autres régions du Tchad. L'une des principales raisons qui nécessitent d'être retenues, est le coût élevé d'accès à cette époque. Car pour posséder un téléphone portable à cette époque, il fallait débourser 25.000 FCFA, rien que pour l'acquisition de la simple carte SIM, qui aujourd'hui coûte à peine 1000 FCFA, quelquefois gratuit pendant les périodes de vente promotionnelle. Cela sans compter l'appareil téléphonique qui coûtait à l'époque plus de 50.000 FCFA. Quant à la carte de recharge de crédit, la plus petite valeur s'élevait 5000 FCFA contre 200 FCFA aujourd'hui. La communication de l'époque était quant à elle, deux fois plus cher que celle d'aujourd'hui.

Cette cherté des coûts d'accès à la téléphonie mobile avait exclu une majorité des populations quant à sa possession. De ce fait, elle avait d'ailleurs contribué à l'émergence du Syndicat National pour la Défense des Droits des Consommateurs du Téléphone Cellulaire du Tchad (SYNADECT) qui avait 'jugé unanimement que le téléphone portable au Tchad est bel et bien un luxe et non une nécessité'[1] (*Le Progrès* n° 1086). Comme le montre l'attitude de Gaby, notre guide, le coût d'accès onéreux au téléphone mobile à son début en a fait un luxe et un objet de différenciation sociale comme le reconnait Amin Marouf[2], un des premiers détenteurs :

> 'La plupart des gens qui s'étaient donné les moyens de se procurer le téléphone portable à cette époque, le faisaient dans l'intention de se faire voir, se faire distinguer des autres, plutôt que pour réellement appeler.'

À l'époque, ne peut posséder un téléphone que qui veut, mais non qui peut. Quelques photos des années 2002, 2003, 2004, trouvées dans l'album photo de Rakhié Moussa[3], où les jeunes préfèrent poser fièrement avec un téléphone mobile vissé à l'oreille ou tenu en main, attestent du caractère d'objet de luxe qu'était le téléphone mobile.

La massification et l'évolution du statut du téléphone mobile

Trois ans après l'arrivée de la téléphonie mobile, son premier statut qui était d'objet de luxe, de 'classe', va connaître un tournant décisif grâce à l'entrée en scène des opérateurs économiques et d'activisme des Associations pour la Défense des Consommateurs.

En effet, lorsque la téléphonie mobile est arrivée au Tchad en 2001, elle était l'affaire exclusive des sociétés Libertis et Celtel, tant du point de vue de la fourniture des services (réseau de communication, carte SIM), que du point de vue de la vente des appareils (téléphones) et accessoires. D'ailleurs, aux premières heures de l'arrivée de la téléphonie mobile, il n'était pas permis l'achat d'une carte SIM sans téléphone. Les

---

[1] Mahamat Hassan Adoum, 'Celtel et Libertis aux abonnés absents', in *Le Progrès* no 1086 du lundi 30 septembre 2002), pp. 1 et 6.
[2] Jeune homme, âgée d'environ 32 ans, entretien réalisé en octobre 2009 à N'Djamena.
[3] Jeune femme, 27 ans, divorcée, vivant actuellement à Baltram.

deux devaient être achetés ensemble au niveau de la boutique des sociétés de téléphonie mobile qui fixaient les prix qui leur convenaient. Sous la pression des associations de la société civile (*Le Progrès* n°s 1068, 1081, 1086), les compagnies avaient consenti à faire baisser progressivement les prix de communications, les valeurs des cartes, et à augmenter la durée de la validité de la carte de recharge prépayée et aussi à faire entrer les opérateurs économiques (commerçants) locaux dans le circuit de commercialisation des appareils téléphoniques.

L'introduction de la concurrence avait pour effet de faire chuter les prix d'accès aux téléphones mobiles d'une part et aux services de communication d'autre part. Ainsi, pour se rentabiliser, les compagnies privées de la téléphonie mobile ont non seulement daigné baisser les prix de la communication, mais parfois, elles offraient gratuitement les cartes SIM comme annoncé dans les panneaux publicitaires ci-dessous.

Photo 8.1 Banderoles publicitaires de la gratuité de carte SIM et de communication à certaines heures (2009)

Comme le mentionne l'Union Internationale des Télécommunications, le facteur clé pour augmenter le taux de pénétration est la concurrence. Car 'plus il y a d'opérateurs, plus le marché se développe' (Chéneau-Loquay, 2000). Cette théorie fit ses preuves dans le secteur de la téléphonie mobile au Tchad dans les années 2004-2005 avec l'entrée en scène des opérateurs économiques tchadiens dans le circuit de la distribution des appareils téléphoniques. La concurrence qu'ont créée les opérateurs économiques tchadiens contre le monopole des sociétés de téléphonie mobile dans la vente des appareils téléphoniques a eu pour effet, une réaction positive de ces dernières. Car comme le notait Chéneau-Loquay (2000 : 107), les compagnies ont fini par comprendre tout le profit qu'elles peuvent tirer en réalisant une faible marge sur un grand nombre de clients pauvres plutôt que de développer un produit de luxe pour une clientèle aisée. Cette politique a provoqué une explosion du nombre d'abonnés dont l'ampleur a surpris tout le monde. La concurrence entre les compagnies a consisté à mettre à la disposition des consommateurs des appareils téléphoniques moins chers, selon les bourses de chaque consommateur comme le montre la publicité d'une des compagnies de téléphonie mobile tchadienne ci-dessous pour la vente promotionnelle des appareils téléphoniques.

Photo 8.2 Banderole publicitaire de la vente promotionnelle d'appareils téléphoniques (2009)

Avec les ventes promotionnelles des appareils téléphoniques par les compagnies, commence la massification de la téléphonie mobile au sein des populations. L'époque où il faut une centaine ou une cinquantaine de mille francs CFA pour accéder à la téléphonie mobile fut révolue dès les années 2005. Désormais, le consommateur tchadien peut selon ses moyens accéder à la téléphonie mobile.

Au fil des années, par imitation et profitant des baisses progressives des coûts d'acquisition de plus en plus bas, une bonne frange de la population va se procurer les téléphones mobiles, faisant passer les statistiques à 47 téléphones pour 1000 habitants en 2006[4] contre 9 pour 1000 en 2003.

Alors, à ce moment, la téléphonie mobile change de fonction. De l'objet de luxe qu'il était au début, il devient un simple moyen de communication pour la masse, donc une nécessité au point où des villes, des régions non encore desservies par les réseaux font des doléances auprès des hautes autorités politiques pour leur installation dans leurs espaces géographiques. L'un des exemples fut le cas de la localité de Dourbali, cette localité située à environ 90 kilomètres de N'Djamena. En 2004, elle reçut le président de la République en visite et en guise de doléance, elle demanda en priorité l'installation de la téléphonie mobile, et ce, au détriment de l'eau et de l'électricité qui sont pourtant des véritables nécessités et dont la localité n'en disposait.

Fin de fonction de luxe, mais début de la différenciation sociale

À partir de 2004, La massification de la téléphonie mobile réussit à supprimer son caractère d'objet de luxe, puisque désormais, elle devient un objet de communication pour la masse. Cependant, la massification ne parvient pas à lui faire perdre son caractère d'objet de différenciation sociale. Car l'accent ne va pas être mis sur sa possession, mais elle va être mise sur la qualité de l'appareil téléphonique et l'ancienneté de numéros d'appel.

Pour pouvoir se distinguer des autres usagers des téléphones mobiles, les personnes qui tiennent à marquer leurs différences sociales par rapport aux autres par le téléphone mobile, s'ingénient davantage à maintenir la distance en misant sur la qualité des appareils. À partir de 2004, on voit la ruée des usagers nantis ou qui se donnent les moyens de l'être sans l'être, vers les téléphones avec caméra, des téléphones comportant les doubles cartes SIM, puis les téléphones à écran tactile, et aujourd'hui vers des téléphones à connexion Internet : les Smartphones. Comme le disait notre guide Gaby ci-haut, il s'agit de posséder un téléphone qui :

> 'Procure un honneur, qui attire le regard des autres, qui fait envier la situation sociale de son détenteur par les autres, des téléphones qui marquent la différence entre son détenteur et les autres.'

Ainsi, l'on a assisté à la dévalorisation de la qualité de certains appareils parce que vendus en promotion, moins cher ou parce que c'est trop répandu. On finit par les appeler avec dédain et mépris : 'Source Tangui', 'Am-Aboua', 'Abba Gardi', 'Savon coton-Tchad'.

'Source Tangui', il s'agit d'un téléphone qui fut l'un des tout premiers modèles introduits dès 2001 avec l'arrivée de la téléphonie mobile au Tchad, de marque Ericsson connue pour sa grande taille. Lorsqu'il fut supplanté par les autres appareils téléphoniques nouvellement arrivés, on le rétrograde au nom injurieux, péjoratif de 'Source Tangui' une bouteille d'eau minérale camerounaise. Ceci pour signifier que la tendance est au petit appareil.

'Am-Aboua' est le nom de beaucoup de jeunes filles de N'Djamena. Ce nom est donné à une qualité de téléphone de marque Samsung, qui au départ, émerveillait et

---

[4] Annuaire Sotel Tchad 2007.

faisait rage chez les jeunes filles à N'Djamena à cause de son écran couleur qui est d'une certaine grandeur pouvant contenir des images et des fleurs très prisées par ces dernières. Cette qualité de téléphone connut une grande audience auprès des jeunes filles. Puis elle fut par la suite victime de son propre succès. Sa trop grande possession en fit un téléphone vulgaire par rapport aux autres qui venaient de sortir.

'Abba Gardi' signifie en arabe tchadien, un gardien, une sentinelle. Avant l'avènement des sociétés de sécurité qui recrutent de nos jours des jeunes gens, le travail de sentinelle, de gardiennage d'une maison ou des institutions étatiques, était l'affaire des personnes âgées qui, ne pouvant faire un autre travail physique, s'occupaient de garder un endroit en ouvrant et en refermant la porte aux entrants et aux sortants. Ce travail est vu avec mépris parce qu'exercé par les personnes fatiguées, connues pour leur désir de la lampe torche, pour identifier la nuit tombée les personnes qui entrent et qui sortent. Ce nom est donné à une qualité de téléphone de marque Nokia qui avait pourtant une année plus tôt supplanté l'appareil téléphonique 'Am-Aboua', à cause de la résistance de sa batterie et de la puissance de la lampe torche qu'il comportait. La lampe torche que possédait cet appareil en fit un appareil très prisé par les personnes âgées. Sa réputation auprès des personnes âgées, plus particulièrement des sentinelles, porta subitement atteinte à sa renommée auprès des usagers jeunes, au point de lui donner ce nom péjoratif de 'Abba gardi'.

Cette course effrénée pour la différenciation sociale par le téléphone mobile, amène les concurrents à changer de stratégie. La différenciation basée précédemment sur les qualités ou la nouveauté des appareils montra très vite ses limites. Au début, lorsqu'un appareil téléphonique nouveau apparaît sur le marché, il sort en petite quantité, et plus cher puisque provenant de l'Europe. Ce sont donc des téléphones qui proviennent des vraies maisons de fabrication, clarifiait Harine Hamit[5], commerçant de téléphones au marché à mil de N'Djamena. Quelques rares personnes nanties, ou certains jeunes prétentieux, désireux 'd'entrer dans le cercle', se donnent les moyens de les avoir. Cette époque fut brutalement stoppée grâce à l'entrée en scène des commerçants tchadiens dans la chaîne de commercialisation des appareils téléphoniques. Ceux-ci ouvrent une route d'approvisionnement vers les Emirats Arabes Unis, le Bahreïn et inondent le marché tchadien d'appareils téléphoniques haut de gamme mais moins chers, ce qui cassa le mythe de la différenciation sociale par la qualité de téléphone comme le déclare Akouane Amane[6] :

> 'Avant, quand le téléphone sort et arrive ici, c'est à peine en une vingtaine d'exemplaires. Mais aujourd'hui, quand une qualité de téléphone sort, elle sort en des milliers d'exemplaires et en vrac, sans notice, ni emballage. J'en veux pour preuve, lorsque le téléphone avec caméra est sorti, je me suis précipité pour l'acheter pensant être une des rares personnes à en détenir. Mais, en moins d'un mois, je vois la qualité de mon téléphone sous forme de jouets pour les enfants. Depuis ce jour, j'ai jugé inutile de mettre l'accent sur la nouveauté en matière de téléphone mobile. Le téléphone vous l'achetez aujourd'hui cher parce que nouveau, mais une semaine après, vous allez voir que même les adolescents en possèdent.'

---

[5] ` Homme, environ 37 ans, commerçant au marché de Dembé à N'Djamena, entretien réalisé en décembre 2010.
[6] Homme, environ 34 ans, vendeur des produits pharmaceutiques génériques au marché de Dembé à N'Djamena.

Le découragement de Akouane fut celui de la plupart des personnes qui autrefois faisaient étalage de leur rang social par la possession du téléphone haut de gamme. À la différence de Akouane qui par sagesse choisit d'arrêter cette manière de se faire voir par la qualité de son téléphone mobile, d'autres personnes désireuses de vendre cher leurs images préfèrent maintenir la lutte, en changeant de stratégie. À ce propos, c'est à dessein qu'il faut comprendre notre guide Gaby, lorsqu'en vendant son téléphone qu'il trouve démodé, il a préféré néanmoins garder sa carte SIM. Sa carte SIM, il la garde, à cause de l'ancienneté du numéro.

Les géniteurs de la différenciation sociale par les téléphones firent preuve d'imagination et d'invention encore plus originales pour maintenir la distance sociale vis-à-vis des autres, en positivant le négatif. Cette invention a consisté à renverser simplement la valeur des choses. Dans la précédente phase, ce qui fait la différence, c'est ce qui est 'nouveau'. Mais dans la suivante phase, ce n'est pas le 'nouveau' qui fait la différence. Mais plutôt ce qui fait la différence c'est ce qui est 'ancien'. Ainsi, désormais est à la mode, non pas celui qui a un nouvel appareil téléphonique, mais plutôt celui qui a un ancien numéro d'appel. Car comme le soutient Djamal Issa[7], un chasseur-revendeur des anciens numéros d'appel :

> 'Maintenant les gens préfèrent montrer non pas leurs téléphones mobiles haut de gamme qui sont possédés par presque tout le monde. Pour faire la différence par rapport aux arrivistes, les gens préfèrent prouver qu'ils étaient des tout premiers à avoir le téléphone portable. Et la seule preuve de la possession du téléphone depuis de longue date, est la série du numéro d'appel dite de la première génération.'

Cette nouvelle stratégie relança une folle course à la recherche des anciens numéros. Ainsi, les premières séries de numéros, surtout de Celtel commençant par 29, 28, 27, 26, 25, 24, 23, 22, 21, 20, furent l'objet de folles convoitises. Pendant que les nouveaux numéros sont vendus à 1000 FCFA l'unité, les anciens numéros qui font l'objet d'ardentes envies sont revendus à plus de 25.000 FCFA l'unité selon l'ordre d'ancienneté.

Aussi, pour mettre un peu plus de pression et garder toujours la distance, il était encore inventé ce qu'il était convenu d'appeler les 'numéros spéciaux'. Le système consiste pour une personne à avoir des numéros d'appel identiques issus de deux ou de trois différentes sociétés de téléphonie mobile tchadienne. Ainsi, on a par exemple ce monsieur qui a trois numéros de téléphone identiques de 3 différentes compagnies : (Celtel) : 66 27 81 64 ; (Tigo) : 99 27 81 64 ; (Salam) : 77 27 81 64.

L'acquisition de ces numéros se fait par réservation de l'équivalent de son premier numéro, auprès des autres compagnies dont on voudrait avoir le numéro de son choix s'il ne figure pas encore dans la série des numéros attribués. Cette acquisition se fait en payant un tarif spécial très élevé. Au cas où le numéro demandé est déjà attribué, il convient de retrouver la personne qui possède le numéro désiré et négocier avec lui, en lui proposant une forte somme d'argent. C'est dans cette perspective de ne pas être considéré demain comme arriviste que notre guide Gaby choisit de conserver sa carte SIM au moment de la revente de son téléphone qu'il juge trop vieux, trop vulgaire. Ainsi, au Tchad, lorsque quelqu'un vous demande votre numéro de téléphone, ce n'est

---

[7] Jeune homme, environ 24 ans, commerçant au marché de Dembé à N'Djamena, interview réalisée en janvier 2010.

pas forcément dans l'intention de vous appeler un jour. L'intention est ainsi quelquefois de savoir à quelle série de numéro vous appartenez, pour savoir si vous êtes arriviste ou anciens dans l'usage de la téléphonie mobile. Ainsi, 'l'honneur', 'le respect', que va vous procurer votre téléphone mobile comme l'a si bien dit Gaby, va dépendre de l'ancienneté de votre numéro d'appel ou de la possession de plusieurs numéros identiques issus de différentes sociétés.

C'est dans ce double contexte de massification d'une part et de la différenciation sociale d'autre part, que la téléphonie mobile va faire son extension en province et plus particulièrement dans la région du Guéra en 2005.

La téléphonie mobile au Guéra : Un succès inattendu

Bien que le processus de son implantation soit entaché de la mainmise de l'Etat et de la récupération politique, l'arrivée de la téléphonie au Guéra a été saluée par la population qui s'était d'ailleurs empressée de formuler des doléances pour son implantation, à l'exemple de Zakaria Issa[8] qui remercie le Gouvernement en ces termes :

> 'Vraiment l'Etat a fait un effort, il a sincèrement travaillé en nous amenant la téléphonie mobile. C'est pour la première fois qu'on voit une réalisation de l'Etat avec des retombées aussi directes pour les populations. Maintenant, il n'y a plus de différence entre nous et les autres.'

Autant, l'arrivée du réseau de la téléphonie mobile au Guéra a été accueillie avec beaucoup de ferveur, autant sa généralisation a été désirée, accueillie et saluée avec satisfaction. Les impressions des uns et des autres sur le bienfait de son arrivée sont élogieuses à l'exemple de la déclaration de Rami Natta[9], chef de Margay, la religion ancestrale, d'ordinaire réticent à la modernité, mais qui déclarait avec humour :

> 'Si la Margay devait refuser le téléphone mobile, je préfère en faire usage et mourir que de m'abstenir. C'est maintenant que les bonnes choses arrivent, alors que nous autres, sommes au crépuscule de nos vies. Dommage pour nous !'

Cet engouement des populations hadjeray pour la téléphonie mobile est d'une part comme l'écrit Kibora (2009, 112) : 'peut être compris comme une coïncidence avec la nécessité, celle de communiquer oralement en rendant présent l'interlocuteur dans son environnement immédiat. Ce qui constitue un facteur de vitalité important pour les relations sociales', et d'autre part parce que comme le relève Chéneau-Loquay (2004), 'cet outil est particulièrement adapté à des sociétés de l'oralité, très mobiles'. C'est justement à l'aune du caractère oral et mobile de la téléphonie mobile, qu'il faut mesurer le désir de la population hadjeray mobile et majoritairement analphabète à s'y intéresser fortement comme le déclare Touri Lamy[10]:

> 'Il semble que avec ce truc (téléphone mobile), on peut être seul dans son champ, et parler avec son parent qui est ailleurs, à des milliers de kilomètres et même en Kenga!'

Au-delà de ces déclarations élogieuses, le désir d'appropriation de la téléphonie mobile par la population du Guéra s'est traduite par les efforts et ingéniosités dont a fait montre celle-ci. Au nombre de ceux-ci, il y a lieu de mentionner la possession des

---

[8] Homme, environ 40 ans, paysan, résident au village Mataya. Interview réalisée en avril 2009.
[9] Homme, paysan, environ 70 ans, résident au village Abtouyour, entretien réalisé en avril 2009.
[10] Homme, environ 60 ans, paysan, résident au village Bideté. Interview réalisée en avril 2009.

appareils téléphoniques avant même l'arrivée des réseaux, la charge des batteries des téléphones mobiles à la pile de torche dans une région sans électricité, les bricolages de tout genre pour attirer le réseau et les activités économiques qui fleurissaient autour de la téléphonie mobile.

La téléphonie mobile au Guéra : La charrue avant les bœufs

Pendant que la téléphonie mobile piétinait à N'Djamena la capitale, beaucoup de populations du Guéra, ayant séjourné à N'Djamena pendant ce temps, s'étaient familiarisées avec cet outil. Beaucoup d'entre elles ont même constitué un répertoire des numéros de téléphones des correspondants de N'Djamena à l'exemple de Khamis, enseignant, qui a eu à séjourner pendant les vacances de 2004, pendant 4 mois à N'Djamena. Son séjour lui a permis de préparer l'arrivée de la téléphonie mobile dans la région du Guéra presque deux ans avant que celle-ci n'y arrive:

'Pendant les vacances de 2003, quand j'étais à N'Djamena, il était nécessaire pour moi de posséder un téléphone et je m'en suis procuré un. De fil à aiguille, j'ai pu constituer une petite liste des parents et amis qui vivaient à N'Djamena et possédaient le téléphone. Car je savais qu'un jour le réseau de téléphone mobile allait arriver au Guéra. Et cela allait me faciliter la tâche. J'étais à N'djamena pour suivre mon dossier d'avancement. Or, s'il y avait le téléphone mobile déjà au Guéra, je n'aurais pas dû effectuer ce voyage. J'aurais confié le dossier à un 'démarcheur' et serais resté en contact avec lui pour le suivre. Alors, au moment de revenir au Guéra, je me suis fais l'idée de ne pas aussi vendre mon téléphone et ne pas perdre la liste de mes correspondants de N'Djamena que j'ai ramenée ici à Bitkine'.

Beaucoup d'autres personnes, surtout les jeunes qui ont eu à séjourner à N'Djamena comme Issakha[11] de village Gourbiti, ont amené le téléphone au village pour étancher la curiosité des villageois:

'Je sais que le téléphone mobile ne fonctionne pas au village, mais je l'ai tout de même amené. Car avant que je ne parte moi-même à N'Djamena, tous les gens qui sont rentrés de N'Djamena ne parlent que de cela au village. J'avais une envie folle de voir ce que c'est cet appareil appelé cellulaire à l'époque. C'est ainsi que, quand j'étais à N'Djamena, et je devais rentrer au village, je me suis dit qu'il faut que je ramène un cellulaire au village afin que les gens voient de quoi il s'agit. J'ai fait comme avaient fait à l'époque nos parents anciens combattants de l'armée française, qui avaient amené les radios tout en sachant que ça ne marche pas ici. Mais cela a servi aux gens de voir ce qu'était la radio. Ils utilisaient la cassette pour enregistrer des chansons. C'était merveilleux. Moi aussi, je me suis dit qu'il faut que je fasse comme eux en ramenant quelque chose de nouveau, même si c'est inutile. Mais en vérité c'était utile, car je me servais de sa calculatrice, de son calendrier et en même temps, j'ai permis aux villageois de voir pour la première fois ce qui était appelé à l'époque le téléphone cellulaire'.

D'autres personnes plus enclines à tout faire voir la magie de la téléphonie mobile à ceux qui sont restés au village, ont même ramené des cartes de recharge à l'exemple d'Abderahim Oumar[12] détenteur de la cabine téléphonique du village du Sissi, qui dit avoir ramené la carte de recharge pour faire voir aux villageois, la magie avec laquelle on charge les 'Unités':

---

[11] Jeune homme, environ 25 ans, résident au village Gourbiti, entretien réalisé en juin 2009.
[12] Jeune homme, environ 27 ans, détenteur d'une cabine téléphonique au village Sissi, entretien réalisé en juin 2009.

Photo 8.3 Attroupement des jeunes curieux autour de la téléphonie mobile à Baro (2009)

'J'avais aussi ramené la carte de recharge déjà utilisée pour montrer aux autres ce que c'est les 'Unités' (ancienne appellation de crédit de recharge téléphonique) et surtout comment les charger dans le téléphone. Les gens étaient ébahis de la démonstration que je leur faisais.'

Comme le relève le passage du rapport du sous-préfet de Baro, il y avait une « soif des jeunes de deux sexes, des hommes d'affaires, à vouloir contacter par téléphone, les parents, familles, frères et sœurs de Mongo et d'ailleurs ». La nécessité de faire découvrir aux villageois la nouveauté, mêlée au désir réel de vouloir communiquer par téléphone mobile, et ce dès le premier jour où elle sera implantée au Guéra, avait prédisposé la population à l'arrivée de cet outil de communication. Ainsi, bien avant que les réseaux de la téléphonie mobile ne soient implantés dans la région du Guéra, les jeunes et les commerçants qui voyageaient souvent sur N'Djamena, avaient déjà une idée de ce qu'était le téléphone cellulaire et beaucoup d'entre eux étaient déjà apprêtés à l'accueillir et en faire usage, comme le relève le journal Le Progrès (n° 1865) ayant couvert la cérémonie de l'ouverture du réseau de téléphone mobile à Mongo le 1er décembre 2005 :

'Le 30 novembre 2005, à 15h, un groupe de jeunes, assis sous un arbre, avec des téléphones achetés de N'Djamena, attendent impatiemment l'ouverture technique du réseau.'

L'arrivée de la téléphonie mobile à Mongo en décembre 2005 fut un moment d'engouement non seulement le jour de son ouverture, mais même dans les jours et mois qui suivirent. Cet engouement ne concerna pas seulement les habitants de la ville de Mongo, mais aussi ceux des localités environnantes comme Bitkine, ville située à 60 kilomètres plus loin de Mongo. Certains par nécessité, d'autres par curiosité, quittaient leurs lointaines localités de trente, quarante, voire soixante kilomètres pour venir à Mongo mettre à profit le réseau de téléphone mobile pour appeler. Tel fut le cas de Ali Khoussa[13] de Bitkine:

> 'Lorsque le réseau de téléphone mobile était arrivé à Mongo, j'avais déjà mon téléphone mobile sur moi. De temps en temps, je prenais ma motocyclette pour aller à Mongo à 60 kilomètres d'ici téléphoner aux parents et aux amis de N'Djamena dont j'ai pris le soin de garder les numéros.'

Si pour Ali le prix à payer pour avoir le réseau était d'effectuer un voyage de 60 km à Mongo sur sa motocyclette, les autres, moins nantis et ne pouvant s'offrir des motocyclettes ou effectuer tout le temps des voyages vers les zones de réseaux qui ne couvrent pas jusqu'aujourd'hui l'ensemble de la région du Guéra, ont dû se débrouiller à leur manière pour avoir le 'contact avec les parents et amis de Mongo et d'ailleurs'. D'où les manifestations de dynamique de créativité et de bricolage, soit pour charger la batterie de téléphone dans une région dépourvue d'électricité, soit pour attirer les réseaux dont la couverture d'efficacité ne dépasse pas les rayons de 30 km.

Dynamique de créativité pour 'garder le contact'
La ferveur et la passion pour la téléphonie mobile chez la population hadjeray peuvent être mesurées par les efforts de créativité, de bricolage que cette dernière déploie pour être à l'ère de celle-ci. Faute de source des revenus pécuniaires, le besoin de disposer d'un téléphone mobile amène souvent les populations à vendre une partie de leurs produits vivriers, ou leur bétail pour se procurer un téléphone mobile ou le crédit de communication, dans une région où les céréales sont pourtant précieuses eu égard aux récurrentes famines. Le réseau capricieux, souvent limité dans un rayon ne dépassant pas trente kilomètres des endroits où sont implantés les pylônes, oblige les personnes vivant hors de la zone de couverture de réseau, à chercher ce dernier chaque jour au hasard, à monter sur les montagnes afin d'attirer les réseaux.

Aussi, en l'absence de l'électricité et de générateur pouvant recharger les batteries de téléphone, les populations se débrouillent comme elles peuvent, avec les piles de torches, en procédant à des bricolages de toutes sortes pour charger les batteries de leurs téléphones en vue de 'garder le contact' comme ont coutume de dire les jeunes, reprenant le slogan d'une compagnie de téléphonie mobile de la place.

En somme, dans beaucoup de localités du Guéra, les conditions ne semblent pas du tout encore réunies pour l'utilisation de la téléphonie mobile. Mais le désir de saisir cette opportunité, amène les populations à se débrouiller et se démener pour entrer dans le cercle des usagers.

---

[13] Homme, environ 38 ans, enseignant au lycée de Bitkine, interview réalisée en avril 2009.

Les polulations du Guéra à l'épreuve de la téléphonie mobile

Photo 8.4   Recharge d'une batterie de téléphone mobile avec des piles électriques à partir des électrodes de la radio (2009)

Chercher à entrer à tout le coût et par tous le moyens dans le cercle des usagers de la téléphonie mobile, pose la question de la finalité de cet acharnement. En réponse, beaucoup affirment à l'exemple de Doudé Tari[14] que :

'Cet acharnement à vouloir se mettre à la téléphonie mobile est à raison parce que cet outil consiste à construire un pont entre les parents séparés, et en même temps, permettre à d'autres personnes d'avoir quelque chose pour leur thé.'

Cette réponse de Doudé Tari amène à s'interroger et à examiner la place de la téléphonie mobile dans la construction des réseaux de familles et aussi d'amis et du rôle qu'elle peut jouer dans le circuit économique.

Téléphonie mobile : Une retrouvaille sans mouvement

Au gré de la séparation des parents et eu égard à l'écologie de la communication difficile au Tchad en général et dans la région du Guéra en particulier, les relations entre les familles ou amis dispersés par les jets de mobilité finissent souvent par s'effriter, faute des moyens de communication. Il n'est pas rare que les frères se perdent de contact pour des années, voire des décennies entières. Ce qui nourrit parfois des ru-

---

[14] Homme, environ 45 ans, enseignant volontaire, résident au village Sidjé dans la région du lac-Tchad, entretien réalisé en novembre 2009.

Chapitre 8

meurs de décès des émigrés surtout pour ceux qui vivent dans les pays limitrophes du Tchad dans des régions difficiles d'accès (Cf. chapitre 6). Aujourd'hui, par la téléphonie mobile, les contacts sont renoués et entretenus entre les parents, les amis disparus et qu'on a même perdus de mémoire. Le cas le plus illustratif est celui de Boya[15], une sexagénaire qui, lorsqu'interrogée sur la dynamique relationnelle créée par la téléphonie mobile, s'extasie en ces termes :

> 'Le téléphone mobile c'est le monde ! Ma sœur qui est allée au Soudan depuis plus de 40 ans et qu'on croyait morte est parvenue à avoir le numéro de quelqu'un d'ici. Elle a appelé pour se révéler et établir le contact avec nous. Elle m'a même par la suite, envoyée deux voiles que je conserve précieusement dans le grenier pour être enterrée avec, quand je vais mourir.'

Photo 8.5 Une Assemblée d'hommes à Sidjé (Lac-Tchad) attendant un appel téléphonique (2010)

En effet, Boya avait une sœur qui était allée au Soudan dans les années 60. Au début, grâce aux allers et retours des villageois dont la direction d'émigration était le Soudan, elle parvenait à avoir de ses nouvelles. Mais à partir des années 70, le développement de la rébellion du Frolinat née au Soudan et opérant à la frontière tchado-soudanaise rend impossible la communication entre les émigrés hadjeray du Soudan et leurs parents du

---

[15] Femme, environ 65 ans, paysanne, résident au village Somo, interview réalisée en mars 2009.

Tchad. Alors, depuis les années 70, Boya n'eut plus des nouvelles de sa sœur qu'elle finit par considérer morte. Puis, en 2008, certains jeunes de son village ont rejoint la rébellion tchadienne au Soudan. Ces jeunes firent la connaissance de sa sœur qui est au Soudan et lui donnèrent le numéro de téléphone du neveu de Boya au village. Par cette adresse, elle réussit à joindre sa sœur Boya pour lui dire qu'elle est toujours vivante. Une année plus tard, en 2009, elle parvient à lui envoyer deux voiles.

Cette histoire de rupture et de retrouvailles de ces deux sœurs met en exergue la dynamique relationnelle suscitée par l'arrivée de la téléphonie mobile. Pour voir à quel point, la téléphonie mobile peut aider à nouer ou à renouer les contacts entre les parents et amis, nous avons été amené à faire une étude comparée entre les anciennes lettres dont disposait encore Khamis Matar[16], qui témoignaient selon lui de ses relations avec les membres de sa famille élargie avec lesquels il entretenait des relations avant l'arrivée de la téléphonie mobile et les noms des membres de sa famille qui figurent aujourd'hui dans son répertoire de téléphone mobile, et avec lesquels, il entretient des rapports construits grâce à la téléphonie mobile. Le nombre de parents et amis avec lesquels Khamis Matar entretenait les relations par les lettres était 17 personnes. 12 de ces correspondants se trouvent à N'Djamena. Seuls 5 sont ailleurs, mais dans des régions joignables par la route. Mais aucun de ces correspondants ne se trouvent à l'étranger. Tous ces correspondants sont des personnes qu'il connaissait personnellement avant leur séparation.

Quant au nombre de parents et amis qui vivent en dehors de la région du Guéra et avec qui, il entretient des contacts téléphoniques, ils sont 78. Contrairement à ses correspondants épistolaires qui sont concentrés à N'Djamena, et qu'il connaissait avant leur séparation, ses correspondants téléphoniques sont dans toutes les régions du Tchad, même les plus reculées et aussi à l'étranger plus précisément au Nigeria, au Niger, en Algérie, et en Ethiopie. Certains de ses correspondants sont des parents qu'il n'a jamais vus physiquement. Leur contact ne s'est établi que grâce à la téléphonie mobile, car déclarait-il :

> 'J'ai certains de mes correspondants que je ne connais pas physiquement. Certains sont mes oncles qui sont partis de la région depuis des années, quand je n'étais pas encore né ou quand j'étais encore enfant et je ne me souviens plus d'eux aujourd'hui. D'autres sont les enfants de mes tantes, de mes oncles et qui sont nés ailleurs et que je n'ai jamais vus. C'est seulement au téléphone que j'ai fait leur connaissance et comme ce sont des cousins et neveux, on a gardé le contact dans l'éventualité de se voir physiquement un jour.'

En établissant un pont entre les parents séparés, la téléphonie mobile a contribué à resserrer les liens comme l'affirme le chef de quartier hadjeray du village Sidjé :

> 'Aujourd'hui, que Dieu bénisse les Blancs pour avoir fabriqué le téléphone mobile. C'est un outil merveilleux. Il est venu tout simplifier. Maintenant, presque chaque matin, j'ai des nouvelles des parents du village, d'Abéché de N'Djamena, de Sarh, de partout. Lorsqu'il survient un cas de décès d'un parent, on est informé avant même que le corps soit lavé. Le téléphone nous a épargnés de certaines courses et voyages inutiles. Les condoléances, on les rend au téléphone. Les nouvelles on se les donne au téléphone. Mais pas seulement. Avec lui, on se sent très proche de nos parents du village. On les aide beaucoup. Dès que les gens ont besoin de quelque chose, on leur fait des transferts d'argent au niveau des cabines téléphoniques. À la minute où l'argent est envoyé, il est aussitôt reçu.'

---

[16] Homme, 43 ans, enseignant à l'école du centre de Mongo, entretien réalisé en septembre 2009.

À la lumière du resserrement des liens créé par la téléphonie mobile, force est de constater que cette dernière est à l'origine de la régression de la mobilité physique qui a toujours caractérisé la société hadjeray. Car avec elle, l'espace se rétrécit, le temps est aboli, le proche et le lointain se confondent, les distances se diluent, l'instantané triomphe (Kodjo, 2000). On assiste ainsi à une résorption de la mobilité physique du fait de la mobilité par les ondes. L'exemple de la démonstration de la régression de la mobilité grâce à la téléphonie mobile est fait par Sadia Soubiane[17], immigrée tchadienne, vivant à Maroua (Cameroun) :

> 'Dans mon cas, s'il n'y avait pas la téléphonie mobile, je serais rentrée au Tchad depuis que j'étais divorcée, parce qu'il faut que je vive à côté de mes parents et aussi parce que de 2006 à aujourd'hui, il y a eu beaucoup de cas sociaux qui nécessitent ma présence. Mais j'ai utilisé le téléphone pour les résoudre, même si ce n'est pas exactement la même chose que ma présence. Depuis que la téléphonie mobile est apparue, où que je me trouve, je me sens à côté de mes parents. Le fait que je parle avec les parents du Tchad au téléphone, de vive voix, me réconforte et me convainc de rester ici. Car avec la téléphonie mobile, je me sens comme vivant au Tchad. Imagine les dépenses que je vais faire pour voyager de Maroua à N'Djamena aller et retour.'

En somme, en renouant les contacts et en resserrant les liens entre les familles, loin de participer à la construction de l'identité générale commune hadjeray, la téléphonie mobile l'affaiblit en renforçant à son détriment des réseaux familiaux.

Dynamique économique de la téléphonie mobile au Guéra

Outre le pont qu'elle a établi entre les parents séparés, elle est aussi comme l'a si bien souligné Doudé Tari, un moyen de vivre pour certaines personnes. En effet, comme l'ont montré d'autres études, la téléphonie mobile constitue une source d'apport économique très importante pour les Etats (Aker & Mbiti, 2010 ; Nkwi, 2009 ; Smith, 2006) et aussi une opportunité économique pour la masse (Chéneau-Loquay, 2009 : 108) qui, avec la téléphonie, assiste à l'avènement de nouveaux métiers informels comme celui de spécialiste en décodage ou autres réparateurs d'appareils téléphoniques. Ce ne sont toujours pas des gens ayant fait des études dans le domaine de l'ingénierie en télécommunications, mais souvent des vendeurs reconvertis qui s'appuient sur leur expérience acquise dans le domaine de la vente et de la manipulation des téléphones. En plus de son apport économique pour la masse, comme nous le montrent en Jamaïque, les travaux de Horst & Miller (2006), la téléphonie mobile est un outil qui, dans les zones marginalisées, peut être adoptée et adaptée de différentes manières selon la culture et selon le mode de vie des populations, et ce jusqu'aux couches les plus défavorisées de la société (de Bruijn, 2009).

Cependant, si ailleurs par exemple au Cameroun comme le montrent les travaux de Walters G. Nkwi (2009), les plus grands bénéficiaires sont des institutions et services étatiques au détriment de la grande masse des revendeurs divers des produits de la téléphonie mobile, dans la région du Guéra, on se retrouve avec le schéma contraire où les services étatiques, comme la Poste subissent des conséquences néfastes de l'effet de

---

[17] Femme, environ 42 ans, commerçante, résidant à Garoua au Cameroun, entretien réalisé en mars 2010.

la téléphonie mobile et ce, au plus grand bonheur des pratiquants des métiers informels nés de celle-ci.

À la différence des autres études menées ailleurs, l'appropriation économique de la téléphonie mobile au Guéra s'est faite pour beaucoup au terme des problèmes sociaux que cette dernière avait créés et qui ont suscité par la suite une réaction appropriative de la population qui l'a ainsi apprivoisée, positivée. Pour comprendre concrètement cette interaction entre la téléphonie mobile et la population hadjeray dans le domaine économique, il importe de voir quatre cas de figure d'appropriation économique de la téléphonie mobile, qui montrent que les populations (du commerçant de la ville au plus petit artisan du village, du secteur formel ou informel) peuvent vivre de manière directe ou indirecte d'elle. La démonstration nous est faite par Moussa Tchéré Daninki, Directeur général de SPG[18], les doigts posés sur les montants de salaire de ses employés et sur le nombre de leurs enfants dans le registre de salaire de son entreprise, et qui explique combien la téléphonie mobile, de manière formelle, mais indirecte à travers son entreprise de gardiennage, fait vivre des centaines des personnes.

Cas 1 : *Abdel Hakim : ex-réparateur des montres et radios*
Abdelhakim Ahmat, âgé d'environ 50 ans fut avant l'arrivée de la téléphonie mobile, un réparateur de montres et de radios sur les marchés hebdomadaires des villages. Son métier consiste à sillonner cinq marchés hebdomadaires des villages situés autour du sien, pour réparer montres et radios. Avec cette activité, dit-il « je me débrouillais à joindre les deux bouts ». Lorsque la téléphonie mobile pointa son nez à N'Djamena, sans véritablement connaître sa portée, il était l'un de ceux qui avaient souhaité son arrivée au Guéra, et ce, sans avoir du coup vu venir le danger que celle-ci représentait pour son job, car disait-il :

> 'Comme le téléphone mobile c'est quelque chose de nouveau, tout le monde louait sa vertu, j'ai fait comme les autres en souhaitant son arrivée. Je ne savais pas du tout qu'elle allait aussitôt dans un premier temps m'ôter mon gagne-pain de réparateur de montres et de radios.'

Du rêve à la réalité, la téléphonie mobile fit son apparition au Guéra en fin 2005. Grâce aux recettes générées par ses activités de réparation de montres et de radios, il fut l'un des premiers à se la procurer, car croyant pouvoir en profiter dans ses activités :

> 'Comme j'étais le seul réparateur de montres et de radios de plusieurs villages, je reçois les gens de plusieurs villages qui, quelquefois me ratent. Alors, lorsque la téléphonie mobile était arrivée, je me suis dit que avec la téléphonie mobile, je ne raterai pas mes clients, car ceux qui viendraient à l'improviste et me rateraient, pourraient toujours me joindre sur mon mobile.'

Au fil des mois, il constata une baisse progressive de sa clientèle. Il s'est interrogé et a fini par comprendre que c'est la téléphonie mobile qui est en train de le mettre en chômage technique. Car dit-il, outre sa fonction d'instrument de communication, la téléphonie mobile joue aussi le rôle de montre, de la radio, de la calculatrice. Avec elle, les gens n'ont plus besoin de montres. Car la montre s'y trouve déjà. Avec elle, les gens ont des nouvelles de leurs parents, des informations de tous les événements et avec

---

[18] SPG : Société privée de gardiennage, qui fournit des gardiens à la compagnie de téléphonie mobile Zain. Elle emploie une centaine de personnes.

Photo 8.6 Abdelhakim, dépanneur, 'rechargeur' des batteries de téléphonie mobile (2010)

précision. Ils n'ont plus besoin d'écouter les radios comme ils les faisaient naguère où certaines personnes partaient même au champ avec la radio. Ainsi, la téléphonie mobile est venue remplacer certains instruments qui le faisaient vivre. Pendant une année, Abdelhakim Ahmat connut galère et misère tout en tentant et réfléchissant à une reconversion dans d'autres activités. Il essaya coup sur coup, les activités saisonnières de commerce des tomates, puis de convoyeur de bœufs sur les marchés hebdomadaires de différentes villes du Tchad. Mais cela ne lui réussit point. Il finit par s'en prendre à la téléphonie mobile :

> 'Je me suis mis à maudire de tous les maux, la téléphonie mobile et partant tout ce qui est nouveauté parce que celle-ci m'a mis au chômage.'

Et cela, sans voir venir le bonheur qu'allait lui procurer celle-ci. Puis un jour, il se souvint d'un proverbe qui dit : « si l'ennemi devient plus fort que toi, négocie ton droit de vivre avec lui ». Ce proverbe lui fournit des idées ; il lui fallait négocier son gagne-pain avec la téléphonie mobile. Tout d'un coup, il s'est mis à se poser des questions en ces termes :

> 'Je me suis dit que j'étais réparateur de montres et de radios et la téléphonie mobile m'a mis en chômage, pourquoi ne pas négocier mon gain avec la téléphonie mobile même ? Pourquoi ne pas devenir réparateur de téléphones mobiles? D'autant plus que j'ai déjà des connaissances basiques des réparateurs des appareils électroniques.'

Ces idées le lancèrent alors dans le bricolage des réparations, des recharges électriques de batteries avec les piles. Progressivement, il s'impose dans cette activité de réparateur de téléphone mobile d'abord au village, puis, il reprend son circuit de marchés hebdomadaires avec des recettes de plus en plus croissantes comme il le déclare :

> 'Je me suis acheté un générateur et une motocyclette pour aller facilement réparer et recharger les batteries de téléphones d'un marché à un autre. Et Dieu merci, aujourd'hui je ne peux pas dire combien je gagne mais, regarde les clients qui sont autour de moi et qui attendent chacun un service de ma part, soit de recharge électrique de batterie, soit de réparation ou de réglage d'une fonction d'un téléphone mobile, moyennant une rétribution.'

Cas 2 : *Mota, ex-écrivain public des lettres*

Contrairement aux habitants du village qui s'adonnent entièrement aux activités musculaires des travaux champêtres, Motta est l'un de ceux dont l'état d'infirmité ne prédispose pas à ces activités. Pour avoir fait l'école jusqu'au niveau du cours moyen, il choisit de s'inscrire dans un centre linguistique de transcription de langue kenga (langue locale) basé dans le village de Tchelmé et animé par les « Peace Corps» et linguistes américains. Au terme de deux années de formation, il sort 'professeur' en transcription de langue kenga. Cette formation lui vaut d'être avant l'arrivée de la téléphonie mobile, un écrivain des lettres du village où il en profita pour vendre en même temps les enveloppes. Son village Somo était l'un de ceux qui avaient connu un fort taux de migration de populations et où les immigrés, nombreux, issus de ce village, ont même créé un autre village aux alentours de N'Djamena baptisé du nom de Somo (cf. chapitre 4). La fréquence élevée des contacts par lettres entre la population du village et les immigrés, donna des idées à Motta de devenir un écrivain public des lettres, qui lui procurait sa pitance.

> 'Avec mon métier de 'professeur de langue', j'écrivais des lettres aux gens de villages qui veulent joindre leurs parents immigrés. Et aussi à l'inverse, je lisais et traduisais les contenus des lettres aux destinataires. Il n'y avait pas un prix fixe pour mes services d'écriture ou de traduction des lettres. Chacun me récompense comme il peut, connaissant ma situation. Et avec les recettes que je réalise sur la vente des enveloppes, je trouvais quelque chose pour ne pas trop dépendre des autres', disait-il.

Puis, vint l'ère de la téléphonie mobile dans le village. L'installation en 2006 d'un pylône dans le village voisin de Boullong, couvrit son village de réseau de communication somme toute capricieuse, mais permettant tout de même la communication téléphonique. Ce réseau appela la téléphonie mobile dans son village. Beaucoup de gens qui avaient des parents ailleurs, s'équipèrent de téléphones mobiles aux fins de communiquer. Ceux qui n'en avaient pas et qui désiraient communiquer avec leurs parents immigrés préféraient faire des déplacements dans d'autres villages voisins où il y avait la cabine téléphonique payante pour communiquer. Ainsi, les gens se détournèrent des anciennes méthodes de contact par les lettres. Motta, écrivain public et vendeur d'enveloppes se retrouve ainsi mis en chômage par l'arrivée de la téléphonie mobile. Et comme il le dit si bien : « quand l'homme est dans une situation difficile, il va toujours trouver des solutions à ses problèmes ». Motta, mis en difficulté par les TIC, plus particulièrement la téléphonie mobile, parvient à positiver le défi que lui lance celle-ci en le mettant en chômage. Il s'improvise 'rechargeur' de batterie de téléphone dans un village où il n'y a pas d'électricité ni de générateur. Il bricole avec les piles alignées dans le creux d'une tige de céréale, et réussit à charger les batteries de téléphones. Il garda jalousement le secret pour ne pas compromettre son gagne-pain. Avec l'argent économisé de cette activité, il s'achète un vieil appareil téléphonique de vente promotionnelle qu'il utilise pour sa cabine téléphonique ambulante. Les gens de son village qui naguère attendaient le jour du marché hebdomadaire pour aller charger leur téléphone, ou téléphoner, trouvent ce service déjà chez lui. Car disait-il :

> 'Petit à petit, je suis parvenu à m'imposer dans le village. Maintenant, il ne se passe pas un jour sans que je fasse des recettes. Or, avant l'arrivée de la téléphonie mobile, il pouvait arriver que par semaine, je ne puisse pas recevoir quelque chose. Car ce ne sont pas tous ceux à qui j'écrivais des lettres qui me glissent quelque chose. Maintenant avec la téléphonie mobile, il n'y a pas un service de recharge de batterie, ou d'appel gratuit. Il faut nécessairement que mes clients paient et cash.'

Photo 8.7 Al-Hadj Ouaddi détenteur d'une cabine téléphonique à Bitkine (2010)

Ces recettes lui font nourrir d'autres modestes projets comme garder le monopole de ce travail de service de communication. Car il a pris conscience, qu'un jour, d'autres personnes finiront par connaitre son secret de recharge des batteries et ce sera fini pour lui. Et surtout déjà, certaines personnes commencent par se plaindre que les recharges des batteries avec les piles gâtent vite les batteries, cela annonce les problèmes dans les mois à venir. Pour ce faire, dit-il : « j'envisage d'anticiper sur le problème en achetant un générateur pour les recharges électriques des batteries et cela me mettra à l'abri, parce que je sais que, dans notre village, ce n'est pas n'importe qui, qui peut s'acheter un générateur pour venir me concurrencer».

Cas 3 : Moussa T. D. de la Société Privée Gardiennage

La Société privée de gardiennage (SPG) est une société créée avant l'arrivée de la téléphonie mobile, suite à un incendie qui a ravagé une partie du marché de la ville de Mongo et dont les victimes estiment, être un incendie d'origine criminelle. Pour prévenir de tels incendies, Moussa Tchéré, professeur au lycée de Mongo, l'actuel Directeur de ladite société, eut l'idée de proposer aux commerçants de les pourvoir en gardiens afin d'éviter que les pyromanes ne reviennent commettre les mêmes actes à l'avenir. Ainsi est née la Société privée de gardiennage (SPG) qui n'avait, jusqu'à l'arrivée de la téléphonie mobile à Mongo, que les boutiquiers du marché de Mongo pour clients. Pour desservir ses clients, Moussa employait en permanence une dizaine de personnes. Pour avoir séjourné à N'Djamena chaque vacance au moment où la téléphonie mobile était exclusivement une affaire des N'Djamenois, il a pu se rendre compte de l'évidence de l'opportunité que représente la téléphonie mobile pour les affaires. Il fut l'un des tout premiers à souhaiter ardemment l'arrivée de la téléphonie mobile au Guéra. En tant qu'un des influents responsables du parti au pouvoir de la région du Guéra, il œuvra activement pour l'implantation rapide de la téléphonie mobile à Mongo. Lorsque celle-ci arriva en décembre 2005 à Mongo, il fut encore l'un des premiers à s'en réjouir (*Le Progrès* n° 1865), car il savait qu'il allait trouver son compte.

Photo 8.8   Siège de la société privée de gardiennage à Mongo (2010)

Mais déjà, pendant que l'opérateur Celtel effectuait les travaux d'installation de ses pylônes, Moussa mettait aussi à jour les papiers de son entreprise pour être crédible vis-à-vis de la société Celtel, au moment opportun. Aussi, ses gardiens, naguère sans formation, qu'il utilisait au marché, furent formés pour répondre aux exigences d'une société multinationale du genre Celtel. Lorsque les travaux d'installation technique de Celtel furent achevés et le réseau de téléphonie lancé, il fut le seul à avoir une société de gardiennage dans la région à avoir les papiers en règle et des agents disponibles pour postuler auprès de la société pour la fourniture du service de gardiennage des pylônes. Son dossier reçut l'avis positif de la société de téléphonie mobile Celtel. Il fournit d'abord à titre expérimental le service pour Mongo, puis Bitkine, puis pour toute la région du Guéra. La qualité de son service lui vaut de gagner la confiance de la Société Zain, repreneur de Celtel, et qui décide de lui attribuer le marché du tiers de la moitié 'Nord' du Tchad. Il se dit heureux et fier d'employer aujourd'hui une centaine de personnes en montrant de doigt le numéro d'ordre du dernier employé du registre, avec chacun un salaire minimum de 60.000 FCFA :

> 'Regardez la chance que la téléphonie mobile est venue accorder à la région. Avant l'arrivée de la téléphonie, je n'employais qu'une dizaine de personnes avec un bas salaire que j'avais même des difficultés à payer chaque mois. D'autant plus que les commerçants à qui je fournissais le service ne me payaient pas à terme échu. Aujourd'hui, grâce à la téléphonie mobile, j'emploie plus d'une centaine de jeunes, qui en plus de leurs salaires nets que je leur paie, font encore énormément de recettes extra, grâce aux recharges électriques des batteries de téléphones qu'ils font avec les groupes électrogènes qui alimentent les pylônes qu'ils gardent. À la fin du mois, il y a certains de mes employés, ceux qui ont la chance d'exercer dans les grands centres, qui se retrouvent avec l'équivalent de leur salaire trouvé extra. En vérité, la téléphonie mobile n'est pas seulement bénéfique pour les sociétés. Nous les consommateurs finaux aussi, nous trouvons nos comptes chacun selon ses initiatives, ses idées.'

Le cas 4 : Al Hadj Ouadi, ex-convoyeur de marchandises

Avant l'arrivée de la téléphonie mobile, Al-Hadj Ouaddi avait exercé plusieurs métiers, y compris celui de convoyeur de marchandises. L'activité de convoyage de marchandises consistait pour Al hadj Ouadi d'aller à N'Djamena faire le shopping à la place des commerçants de Bitkine qui voulaient avoir des marchandises, mais qui ne pouvaient aller eux-mêmes à N'Djamena pour se les acheter. Pour ce faire, ces derniers confient la tâche à un commissionnaire appelé localement 'convoyeur', métier qu'a exercé Al-Hadj Ouaddi. Ce travail consiste pour Al-Hadj Ouadi à se rendre toutes les deux semaines à N'Djamena pour faire le marché à la place des commerçants moyennant une commission. Comme bien d'autres métiers, son métier de convoyeur fut menacé par l'arrivée de la téléphonie mobile comme il le démontre :

> 'Avec l'arrivée de la téléphonie mobile, j'ai perdu mon boulot de convoyeur parce que les commerçants préféraient appeler directement leurs fournisseurs à N'Djamena pour leur dire ce qu'ils voulaient en leur transférant l'argent par téléphone. Et les marchandises sollicitées étaient confiées directement aux transporteurs qui venaient avec les bordereaux pour permettre à chaque commerçant de retirer ses marchandises. Et finalement je n'avais plus ma place dans ces transactions. Donc, mon job de convoyeur de marchandises fut ainsi supprimé par la téléphonie mobile.'

Les polulations du Guéra à l'épreuve de la téléphonie mobile

Photo 8.9   Motta, détenteur d'une cabine téléphonique ambulante au village Somo (2010)

Fort heureusement pour lui, la prudence lui a conseillé d'avoir appris à gagner sa vie avec la téléphonie mobile comme il le déclarait :

'Mais déjà, au moment où la téléphonie mobile était à N'Djamena, j'ai eu à observer le fonctionnement de la cabine téléphonique lors de mes nombreux voyages de convoyage. J'ai trouvé que cette activité pourrait m'intéresser. C'est ainsi que, lorsque la téléphonie mobile est arrivée ici, et j'ai commencé par avoir des difficultés, je fus l'une des premières personnes à ouvrir une cabine téléphonique.'

Aujourd'hui, il remercie infiniment le Gouvernement qui a amené la téléphonie mobile, tant il réalise des bénéfices sans aucun risque, comme il en prenait naguère dans ses activités de convoyeur de marchandises où il fallait toujours composer avec les accidents de circulation et les 'coupeurs de routes'. Pour comprendre de quelle manière et avoir une idée sur les recettes que génèrent les activités liées à la téléphonie mobile au Guéra, El-Hadj Ouaddi a accepté de nous faire la démonstration en ces termes :

'Aujourd'hui, grâce à Dieu, je gagne entre 3000 FCFA à 5000 FCFA par jour. Certaines journées bénies comme le samedi, le jour du marché hebdomadaire, je gagne même 15.000 FCFA ou 20.000 FCFA. Les recettes, je les fais de différentes manières. Il y a des recettes sur les ventes de crédit de communication, des recettes sur les recharges des batteries des téléphones, des recettes sur les transferts d'argent et les recettes sur les ventes d'accessoires des téléphones.

Pour les ventes de crédit de communication, je peux estimer vendre par semaine des crédits de communication d'une valeur entre 100.000 et 200.000 FCFA. Sur 50.000 FCFA de crédits vendus, on gagne 5000 FCFA. Là où on gagne facilement beaucoup c'est sur les transferts d'argent. Il y a les gens de N'djamena ou d'ailleurs qui veulent envoyer de l'argent à leurs parents ici. Tu sais bien que là où il y a l'argent il y a risque, il y a insécurité. Pour éviter le risque d'extorsion par les coupeurs de routes, ou le risque d'abus de confiance ou encore le retard dans l'envoi de l'argent avec le système traditionnel qui consistait à confier l'argent à quelqu'un, aujourd'hui les gens préfèrent le système de transfert de l'argent par le téléphone mobile sous forme de crédit de communication dans une cabine téléphonique. C'est le cas des filles qui m'attendent maintenant. Elles me demandent est-ce que je peux accepter que leurs parents puissent envoyer de l'argent sous forme de crédit de communication sur mon téléphone ? Le seul problème pour ce système, c'est qu'il faut que celui qui gère la cabine téléphonique puisse disposer suffisamment de liquidités. Car dès que j'accepte d'assurer la transaction, ces filles vont envoyer mon numéro de téléphone à leurs parents qui vont aussitôt transférer des crédits de communication sur mon téléphone pour un montant qu'il peut : 50.000 FCFA, 100.000 FCFA, 200.000 FCFA, etc. Dès réception des crédits de communication dans mon téléphone, je remets en espèces la valeur du crédit de communication qui m'a été transféré au destinataire. En guise de commission, je reçois les 10% de l'argent transféré. Par exemple sur 50.000 FCFA, je prends 5000 FCFA. En plus des 10% reçus de mes clients, je gagne encore de la société de téléphonie mobile, un bonus de 6% de la somme transférée. Par exemple pour 100.000 FCFA transférés, je gagne 16.000 FCFA. C'est comme ça que tu nous vois nous accrocher à cette activité. Au début, je ne vendais que des crédits de communication. Mais maintenant, je vends aussi des accessoires, des batteries de téléphones et aussi des appareils. Ces accessoires, je les achète en gros à 600 FCFA l'unité et je les revends à 1500 FCFA l'unité. L'autre grande recette provient des recharges de batteries. Je recharge les batteries de téléphones à 250 FCFA l'unité. Et par jour, je reçois entre 10 et 20 batteries. Toute ces recettes cumulées font que je me sente maintenant mieux que dans mes activités antérieures'.

À travers ces études de cas, on convient avec Bonjawo (2003 : 141) que dans cette nouvelle économie, les Africains peuvent développer des nouveaux avantages comparatifs, sur la base de leur propre histoire et des conditions matérielles qui sont les leurs. Comme l'a constaté Chéneau-Loquay (2004) : « Les petits artisans et commerçants du secteur de « l'économie populaire » l'ont adopté parce qu'ils ont compris l'intérêt du système ». Ainsi, même dans le cas de la société hadjeray, où la population n'a pas une tradition de commerce, la téléphonie mobile est comme l'affirme Moussa Tchéré[19] « économiquement bénéfique à tout un chacun selon ses idées, selon ses initiatives ».

Ce succès créé par la téléphonie mobile parmi les personnes exerçant les petits métiers informels s'est fait au détriment des institutions étatiques comme la Poste. Selon le gérant de la poste de Bitkine, la téléphonie mobile est venue ruiner la Poste. Outre les services de la communication dont la Poste avait jadis le monopole et que la téléphonie

---

[19] Homme, 37 ans, enseignant au lycée de Mongo, l'actuel directeur général de la Société privée de gardiennage.

mobile est venue lui arracher, le gérant cite aussi le domaine de transfert de l'argent dont Al hadj Ouaddi fait longuement la démonstration ci-dessus. Il démontre que le service de transfert de l'argent était par le passé du domaine exclusif de la Poste, mais qu'aujourd'hui, la téléphonie mobile l'a encore arraché. À ce propos, il déclare avoir même porté plainte plus de trois fois auprès des plus hautes autorités de la région contre les gens qui exercent les petits métiers du secteur informel de la téléphonie mobile, qui font de la concurrence déloyale aux services étatiques, sans payer le moindre impôt.

Bien que la téléphonie mobile soit bénéfique sur le plan économique et social pour les populations souffrant de manque de moyens de communication, il n'en demeure pas moins que sur le plan de la construction identitaire hadjeray et de l'état psychologique, elle n'a pas apporté des solutions miracles.

Téléphonie mobile où la résurrection de crise de confiance et de la peur

L'arrivée de la téléphonie mobile dans la région du Guéra s'est caractérisée par une nette prédominance dans sa possession par la jeunesse. Déjà, avant même l'arrivée du réseau dans la région du Guéra, la téléphonie mobile en tant qu'appareil a fait son apparition dans cette région par le biais des jeunes rentrés de N'Djamena, dans le souci exclusif de nourrir la curiosité des parents restés au village. Plus tard, lorsque le réseau de la téléphonie mobile fut introduit en fin 2005 dans la région, ce furent encore les jeunes qui étaient les plus pressés à en faire un usage expérimental (*Le Progrès* n° 1865). Ces faits finissent ainsi par sa plus grande appropriation par les jeunes. Cette possession majoritaire de la téléphonie mobile par les jeunes se caractérise par un intéressant paradoxe. D'un côté elle rapproche les jeunes des parents, de l'autre elle crée un conflit de générations (jeunes-parents) que nous avons relevé à maintes reprises lors de nos recherches entre 2009 et 2011.

La liberté de communiquer des jeunes versus le besoin de contrôle des parents

Lors de notre séjour de recherche dans un des villages de la région du Guéra, nous eûmes l'occasion d'assister un soir à un incident opposant un adulte et un jeune, comme il est courant d'en rencontrer dans la société hadjeray. Chose intéressante dans cet incident, c'est qu'il a pour origine la téléphonie mobile.

En effet, il était 19 heures, l'heure où adultes et jeunes de chaque clan se rassemblent sur une place publique habituelle du clan ou de la famille pour attendre le repas du soir que les membres du clan ou de la famille partagent ensemble. Comme l'exige la coutume, les jeunes sont tenus d'arriver sur le lieu de la rencontre avant les adultes, les pères de famille. Ce jour-là, Abdoulaye[20], neveu de Mustapha[21], brisa les règles protocolaires. Il arriva tardivement sur le lieu de rassemblement après les adultes. C'est ce qui est un scandale en matière de règle de la politesse vis-à-vis des plus âgés.

Mécontent de l'arrivée tardive de son neveu Abdoulaye qui frise la décence protocolaire et les règles élémentaires de politesse, car Monsieur Mustapha voit dans ce retard un acte audacieux dont il se résout à interpeller son neveu qui a l'obligation de

---

[20] Abdoulaye est un jeune d'une vingtaine d'années.
[21] Mustapha est un adulte d'environ 60 ans, paysan.

rendre compte de sa forfaiture. Abdoulaye que les pratiques sociales en vigueur contraignent à l'explication, donna les raisons de son retard en ces termes : « j'ai reçu la visite d'un ami depuis 16 heures et on était dans ma case. Je viens de me séparer de lui ». Cette raison rendit davantage furieux monsieur Mustapha qui gronda rageusement. Cette fois-ci, il ne s'offusquait pas du retard de son neveu sur le lieu du rassemblement, mais de la raison qui a maintenu son neveu avec son ami entre 16 heures et 19 heures. Car Monsieur Mustapha ne porte pas l'ami de son neveu dans son cœur à cause du téléphone mobile que ce dernier possédait. Dans ses sermons à l'endroit de son neveu, il lança :

> 'Vous vous êtes enfermés avec votre truc (téléphone portable) pour fomenter encore un trouble n'est-ce pas ?'

Plus tard, le repas pris, la tension apaisée, nous bondissons sur l'occasion de cet incident pour provoquer un débat sur la téléphonie mobile, afin de comprendre le trouble auquel Mustapha faisait allusion. Lors de ce focus groupe que nous avons improvisé, contrairement aux autres participants qui magnifiaient les qualités d'instantanéité et d'ubiquité de la communication par la téléphonie mobile, Mustapha fut le seul à avoir une idée nuancée, presque anti-téléphonie mobile. Sa récrimination contre la téléphonie mobile venait d'une expérience fâcheuse découlant de la présence de celle-ci et dont il assume encore les conséquences, en prenant en charge sa belle-fille et ses petits-fils, en raison de l'absence de son fils Mahdi croupissant en prison à cause de cet outil de communication.

En effet, son fils Mahdi fut l'un des premiers jeunes du village à posséder le téléphone mobile dès 2007. Son téléphone lui permettait d'entretenir des communications non autorisées. Les enquêtes avaient permis de mettre la main sur lui à partir de son téléphone mobile et cela lui coûta la prison. Aujourd'hui, Mustapha, le père de Mahdi, est amer contre le temps nouveau à cause de la téléphonie mobile qu'il regarde avec suspicion et méfiance et qu'il n'hésite pas à vilipender en ces termes :

> 'Avec ce temps nouveau et ses interminables nouveautés, on ne peut plus avoir la main sur les jeunes. Tout est prétexte pour nous contourner et se justifier. Votre truc-là (téléphonie mobile), j'en ai horreur, parce qu'il est l'œil et l'oreille de l'Etat.'

En fait, l'aversion que nourrit le vieux Mustapha contre la téléphonie mobile tient au monopole de la détention de la téléphonie mobile par les jeunes, et ensuite de la liberté de parole et de mouvement dont jouissent ces derniers à travers celle-ci et de la facilité qu'elle peut permettre de retrouver quelqu'un en actionnant les pistes de renseignements de la communication.

Pour comprendre le niveau de la zizanie que sème la téléphonie mobile entre les jeunes et les adultes, nous avons organisé plus tard un autre focus groupe des jeunes sur l'usage de la téléphonie mobile en général, et sur l'usage du SMS en particulier.[22] Lors de cette rencontre, à travers les propos des jeunes, il nous a été donné de constater que la téléphonie mobile, tout en rapprochant opportunément les jeunes et leurs parents, les

---

[22] Eu égard à l'attitude de Mustapha, nous avons organisé un focus groupe de 9 jeunes garçons dont l'âge varie entre 23 et 30 ans, tous élèves au lycée, 'contemporains' de Abdoulaye le neveu de Mustapha. Nous avons voulu au cours de ce focus groupe comprendre en quoi la téléphonie mobile peut être à l'origine du conflit permanent entre les jeunes et les adultes. Focus groupe réalisé en mai 2010.

oppose farouchement à cause de la liberté de communication et d'action que se permettent les jeunes par ce moyen de communication comme le relève à juste titre Ousta Daoud[23], un des participants qui déclare avoir adopté l'usage du SMS pour communiquer avec les amis afin de contourner les plaintes de son papa. Car son papa n'aimait pas trop l'entendre parler au téléphone :

> 'Comme mon papa ne comprend pas bien le mécanisme du fonctionnement de la téléphonie mobile, dès qu'il me voit ou m'entend parler au téléphone, il pense tout de suite que c'est moi qui ai appelé pour dépenser de l'argent. Il me reproche tantôt de dépenser trop d'argent pour le téléphone mobile, tantôt d'entretenir des relations fumeuses avec des correspondants 'flous'. Pour ne pas l'agacer chaque fois par mes conversations téléphoniques, j'ai fini par avoir une préférence pour la communication sourde par les SMS'.

La déclaration de Ousta Daoud, mise en rapport avec l'incident ayant opposé Monsieur Mustapha à son neveu Abdoulaye, nous met en présence d'un conflit de générations que vient s'approprier aujourd'hui la téléphonie mobile. D'un côté, il y a la jeunesse détentrice d'un puissant moyen de communication qu'est la téléphonie mobile dont elle veut en faire usage en toute liberté, et de l'autre les anciens, les parents manquant de confiance à cet outil, et qui veulent avoir le contrôle sur la communication de la jeunesse. Il s'ensuit donc un jeu du chat et de la souris entre les anciens qui veulent

Photo 8.10 Focus groupe des jeunes à Bitkine sur les usages de la téléphonie mobile (2009)

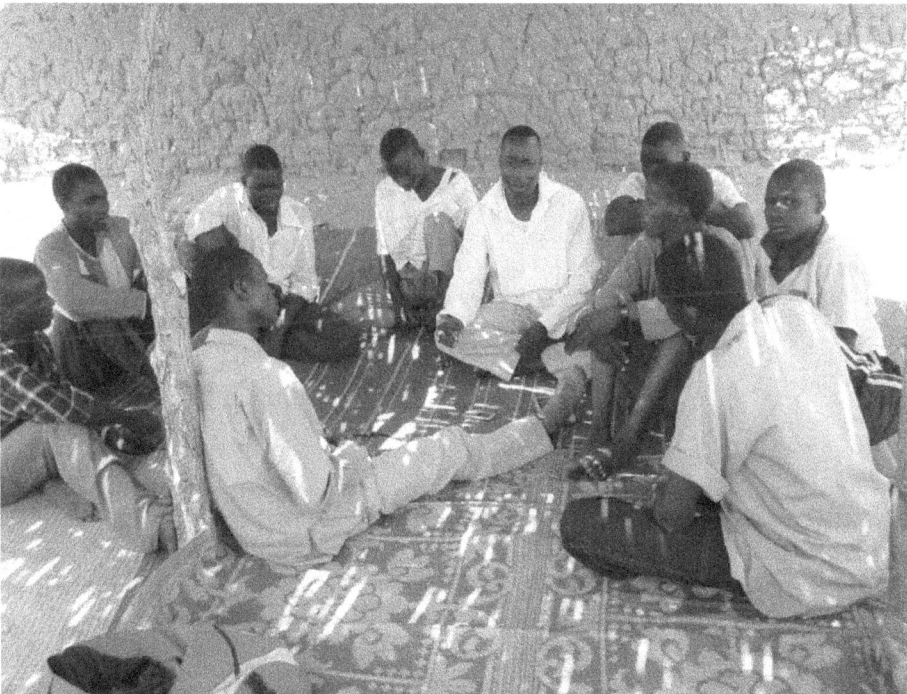

---

[23] Jeune garçon, 19 ans, élève en classe de 5ᵉ au collège de Bitkine, focus groupe réalisé en mai 2010.

Chapitre 8

avoir la haute main sur les jeunes avec leurs moyens de communication et les jeunes qui veulent contourner les anciens à travers les multiples astuces et dispositifs que leur offre la téléphonie mobile comme le démontre Abdeldjelil Gamar[24], participant au focus groupe :

> 'Les parents s'irritent de nous voir faire usage de nos appareils[25]. Mais cela est un coup d'épée dans l'eau. Ils ne pourront pas. Dans mon cas, pour ne pas éveiller le soupçon des parents, je mets mon appareil sur le mode silencieux ou sur le mode vibration. Dès que je reçois un message ou un appel, je fais semblant d'aller aux toilettes et je pars communiquer avec qui je veux en toute liberté.'

En somme, l'usage abusif de la téléphonie mobile par la jeunesse n'est pas du goût des adultes. Ces derniers voient en elle, dans la main de la jeunesse, un objet à double tranchant sur lequel ils veulent avoir un œil attentif. C'est qui explique la réaction épidermique de Monsieur Mustapha contre son neveu Abdoulaye, et aussi le choix de Ousta de la méthode de communication muette par SMS, plutôt que par appel vocal qui éveille l'attention de son père.

Cette réticence et cette méfiance des anciens vis-à-vis de la téléphonie mobile dénotent le réflexe de la crise de confiance découlant de la politique de terreur que l'Etat a développée depuis des années, et plus particulièrement dans l'appropriation des moyens de communication, singulièrement de la téléphonie mobile (cf. chapitres 6 et 7). En effet, la peur distillée par l'Etat depuis des décennies à travers la confiscation des moyens de communication comme les routes, les lettres ne s'est pas arrêtée à ces infrastructures. En mettant sous tutelle les technologies de l'information et de la communication, depuis le processus de son avènement, il en a fait une machine de l'espionnage. Dans ce sens, il faut comprendre le paradoxe des populations qui d'un côté magnifient avec des termes angéliques la magie du téléphone mobile, et de l'autre côté voient en elle un outil qui symbolise la présence de l'Etat. Dans ce sens, il faut comprendre la déclaration de Malley Maitara[26] pour qui :

> Avec la téléphonie mobile, Le 'Hakouma' (l'Etat) est trop proche des citoyens. Tu pètes, l'Etat est au courant. Tu éternues, l'Etat est au courant. Tu tapes ton enfant, avant même que ses larmes sèchent, la brigade débarque et c'est l'amende. Tu coupes une brindille pour cure-dent, avant même de l'élaguer, les agents des eaux et forêts vous surprennent sur le lieu et c'est la prison. Et on ne sait pas qui a tout de suite filé l'information. Personne n'a confiance en personne. En somme, la téléphonie mobile crée une crise de confiance dans la société.'

Ces propos embarrassés sont pourtant ceux d'un apologiste convaincu des premières heures de l'arrivée de la téléphonie mobile. L'auteur de ces propos a pourtant tant espéré de l'arrivée de la téléphonie mobile qu'il croyait venir l'aider à gérer les violences de l'Etat par les informations. Mais comble de déception, après quelques années d'expérience de son usage, il semble se dégager un sentiment de déception.

En fait, il se développait dans l'imaginaire des populations que la téléphonie mobile est un moyen de communication libre de tout contrôle. Mais les événements et les pra-

---

[24] Jeune homme, 26 ans, élève en classe de terminale au lycée de Bitkine, focus groupe réalisé en avril 2009.
[25] Dans la foulée de l'arrivée de la téléphonie mobile, beaucoup de mots et expressions sont nés ou ont pris d'autres sens. Ainsi au Tchad de manière générale et dans la région du Guéra en particulier, on emploie le terme 'appareil' pour désigner le téléphone mobile.
[26] Homme, environ 70 ans, paysan, interview réalisée en avril 2009.

tiques quotidiennes au Tchad ont enseigné que cet outil ne garantit pas la confidentialité des messages.

Dans un pays de crises politiques et de rébellions comme le Tchad, la téléphonie mobile, bien qu'indispensable, semble par moments poser problème au gouvernement. Elle est un moyen de communication qui permet aux rebelles de disposer d'informations importantes sur le régime et sur les positions des forces gouvernementales. C'est ainsi que selon l'évolution de la situation militaire, sur ordre du gouvernement, la communication mobile est de temps à autre coupée pendant un certain temps sur une zone jugée suspecte, si ce ne sont pas les téléphones mobiles qui sont raflés. Beaucoup de conversations téléphoniques jugées subversives pour le Gouvernement ont été portées à la connaissance du public comme pour prendre l'opinion publique tchadienne à témoin. Ainsi, par exemple, le 7 mai 2009, il fut diffusé à la radio et télévision nationale tchadienne deux conversations téléphoniques (du 19 et 20 mars 2008) entre Mahamat Nouri, chef d'une rébellion tchadienne de UFDD (Union des Forces pour La Démocratie et le Développement) et Salah Gosh, directeur des renseignements soudanais.[27] Aussi, à la Justice, les accusations découlant d'écoute des conversations téléphoniques foisonnent. On peut lire dans les journaux comme charges retenues :

> 'Le premier substitut du procureur de la république ... requiert 5 ans de prison ferme contre l'ancien ministre et ex-conseiller chargé des missions à la Médiation nationale M. Abdoulaye.'[28]

> 'Il serait reproché à l'ancien ministre, ex-conseiller chargé des missions à la Médiation nationale, d'avoir eu des contacts téléphoniques au sein des groupes armés basés au Soudan.'[29]

> '... et de nombreux appels téléphoniques entre lui (L. Mahamat, Ministre Secrétaire Général du Gouvernement ndlr) et l'attributaire du marché n° 205 l'accableraient aussi.'[30]

> 'S'agissant du Secrétaire d'Etat aux finances chargé du budget, Oumar G, outre les déclarations du commerçant de lui avoir remis de l'argent à plusieurs reprises, il aurait été constaté plusieurs appels téléphoniques nocturnes entre eux.'[31]

Cet usage de la téléphonie mobile par l'Etat pour espionner, piéger même les plus hautes personnalités de la République, finissent par faire comprendre aux populations qu'en vérité, la téléphonie mobile n'est pas libre de toute traîtrise comme on le croyait. Cet usage malsain de la téléphonie mobile fait renaître la crise de confiance qui avait existé dans la société. Cette confiance naïve accordée à la téléphonie mobile à son arrivée a fini par prendre du plomb dans l'aile, à cause d'une part, de la fausse idée de liberté et de confidentialité absolue dans la communication téléphonique que les gens avaient et d'autre part, à cause de la délation et de l'espionnage dont elle sert de médium. Au vu de ces multiples scandales, l'image positive que les populations s'étaient faites d'elle, finit par prendre un coup. D'objet angélique de communication qu'elle était considérée, elle est aujourd'hui désignée dans une des langues du Guéra sous le vocable péjoratif de 'Nakhn tarkòbò' qui signifie 'outils de mensonge, de traîtrise'.

---

[27] Pour la transcription, voir site Web de la présidence de la république du Tchad : www presidence tchad.org ou le journal *Le Progrès* N°2397 du 07 avril 2008.
[28] *Journal Le Progrès* n° 2775 du novembre 2009.
[29] Journal *Le Progrès* n° 2771 du novembre 2009.
[30] Journal *Le Progrès* n° 2827 du 29 janvier 2010.
[31] Journal *Le Progrès* n° 2827 du 29 janvier 2010.

L'expérience de la crise de confiance semée par la téléphonie mobile au sein de la société hadjeray est celle que nous avons vécue lors de l'entretien avec N. Moussa[32]. En fait, dans nos habitudes, pour ne pas perdre les détails des interviews, nous prenions toujours le soin de les enregistrer sur notre enregistreur qui ressemble à s'y méprendre au téléphone mobile. Pendant notre conversation, lorsque nous introduisions des sujets politiques, malgré la bonne volonté de notre interviewé de nous raconter, nous ressentons une certaine réticence dans son attitude. Sa réticence était doublée d'un regard méfiant vis-à-vis de notre enregistreur qu'il prenait à tort pour un téléphone mobile. Puis, pendant l'évolution de nos conversation, il ne s'est empêché de le désigner comme ces objets 'qui peuvent tuer quelqu'un' car soutient-il :

> 'En matière de traitrise, pour être cru, il faut apporter la preuve. Autrefois, il est difficile d'apporter la preuve, mais aujourd'hui avec ces objets (téléphone mobile) qui se dissimulent dans les poches, il est facile d'apporter des preuves. Les traitres ou délateurs peuvent enregistrer ta voix, prendre ton image et informer rapidement l'Etat. Maintenant avec ce phénomène de la téléphonie mobile, il faut faire attention.'

C'est cet usage prudent de la téléphonie mobile qui manque aux jeunes que les anciens redoutent, mais que les jeunes ignorent. Ainsi, elle crée dans la société deux visions dualistes ; d'un côté le comportement prudemment paternaliste des parents inspiré par le reflexe de la peur de la violence d'Etat et qui veulent avoir une emprise sur les jeunes et même sur leur moyen de communication, et de l'autre une jeunesse audacieuse qui veut mettre à profit la téléphonie mobile pour s'émanciper socialement et politiquement de la tutelle des parents, sans se soucier de l'envers du décor.

Conclusion

À son arrivée en 2000-2001, la téléphonie mobile fut l'objet de commercialisation exclusive des compagnies qui profitèrent du peu de concurrence qui existait, pour en durcir les conditions d'acquisition et d'entretien. Ces conditions onéreuses avaient fait d'elle un gadget de luxe. Ce statut va conférer à ses quelques rares détenteurs, un motif de hiérarchie, de différenciation sociale vis-à-vis de ceux qui n'en possédaient pas encore et qui regardaient avec envie ceux qui en détenaient.

Plus tard, avec l'entrée en scène des commerçants tchadiens tournés vers les sources chinoises d'approvisionnement moins cher, la téléphonie mobile connut une audience populaire et perdit sa fonction d'objet de luxe. Cependant, son caractère d'objet de différenciation sociale fut toujours gardé, mais à travers d'autres aspects de son usage.

Pendant qu'elle trainait ses pieds à N'Djamena la capitale, les populations du Guéra surtout les jeunes qui y séjournaient souvent pour raison de mobilité saisonnière, ont pu s'imprégner de ses réalités. Certains se sont d'ailleurs donné la peine d'en ramener au village à des fins de curiosité ou dans la perspective d'une éventuelle arrivée du réseau. Ce fait, mettait la pression sur les pouvoirs politiques qui s'interférèrent dans le dossier de demande d'implantation du réseau mobile dans la région du Guéra. Ce recours aux politiques donna à ces derniers une occasion somme toute indiquée d'une récupération politique. Malgré la mainmise de l'Etat et des politiques, la téléphonie mobile eut une

---

[32] Homme, environ 60 ans, paysan vivant à Baro, interview réalisée en juin 2009.

audience considérable auprès des populations hadjeray qu'elle sortit de l'isolement et permit à beaucoup d'en faire un gagne-pain, bien qu'elle nourrisse une crise de confiance.

Par ailleurs, force est de constater que les différentes appropriations (économique et sociale) de la téléphonie mobile par la population, expriment en elles-mêmes l'identité hadjeray ; une identité marquée par une écologie de la communication empreinte d'un côté du désir et de l'autre des contraintes de la communication qui se traduit ici par la dualité jeunes/parents, de la précarité économique que traduisent les activités informelles qu'ont pu créer nos informateurs et surtout de la peur et de la crise de confiance dans la société qui découlent des décennies de violences politiques que la région a connues et que la téléphonie mobile a extériorisées.

Aussi, force est de constater que cet outil de communication est demeuré majoritairement dans les mains des jeunes qui se donnent les moyens de l'acquérir et possèdent les capacités de sa manipulation. C'est ce qui le place au centre d'un conflit de générations qui oppose les anciens qui s'en méfient et les jeunes qui s'y confient. Loin d'être frontale, la résistance de la jeunesse pour l'usage de téléphone mobile consiste à contourner poliment les obstacles parents par des procédures techniques d'utilisation. A ce sujet, il serait intéressant de comprendre sur quoi va déboucher une telle stratégie.

9

Réseaux sociaux sur mobile, jeunesse et identité hadjeray

Introduction

Comme on l'a vu au précédent chapitre, la téléphonie mobile est au centre d'une crise de générations. Au-delà de la crise sociale qu'elle crée au niveau des familles, la résistance des jeunes pour l'usage de la téléphonie mobile par la recherche effrénée des astuces et méthodes de communication susceptibles de contourner la vigilance de parents aura le mérite d'accélérer l'appropriation des usages de celle-ci. À cet effet, il importe de savoir la place qu'elle pourrait donner à la jeunesse dans le paysage sociopolitique.

En effet, les technologies de l'information et de la communication en général et la téléphonie mobile en particulier ont donné lieu à beaucoup d'intéressants travaux (Horst & Miller, 2005, 2006 ; Goggin, 2006 ; Katz, 2006 ; Castells *et al.*, 2007 ; de Bruijn *et al.*, 2008, 2009 ; Chéneau-Loquay, 2006, 2007), etc. Mais, force est de constater que les travaux sur les TIC évoluent au gré de la fulgurante dynamique que connaissent celles-ci. Dans les années précédentes, des nombreux travaux sur les TIC mettaient l'accent sur le genre (Wilding, 2006 ; Archambault, 2009 ; de Bruijn, 2008), la hiérarchie sociale (Dibakana, 2002, 2006 ; Smith, 2006), les infrastructures de communication (Gabas, 2004 ; Soupizet *et al.*, 2000 ; Chéneau-Loquay, 2006, 2008 ; de Bruijn *et al.*, 2008), l'appropriation (Horst & Miller, 2006 ; Hahn, 2008 ; de Bruijn, 2008), etc. De ce fait, ils ne pouvaient parvenir à saisir la complexité et l'ambivalence des TIC (Wilding, 2006) dans le domaine de connectivité, de réseautage.

De nos jours, à la faveur du rôle de plus en plus croissant des TIC dans les mouvements de protestation politique (Reingold, 2002 ; Pertierra *et al.*, 2002), plus particulièrement lors de Printemps Arabe[1] (This, 2011 ; Jones, 2011 ; Wassef, 2012 ; Ghan-

---

[1] Le 'Printemps Arabe' désigne les mouvements de protestation populaire intervenus dans les pays arabes depuis décembre 2010 et ayant entraîné la chute des dirigeants de la Tunisie, de l'Egypte et de la Libye et dont les analystes (This, 2011 ; Tufekci, 2012 ; El-Nawawy *et al.*, 2012 ; Jones, 2011 ; Hunter, 2011 ; Wassef, 2012 ; Ghannam, 2011 ; Chraibi, 2001 ; Kuebler, 2011 ; Afshar, 2010) estiment que les TIC y ont joué un rôle prépondérant dans la mobilisation des populations de ces pays à cet effet.

nam, 2011 ; Kuebler, 2011 ; Afshar, 2010), l'on assiste de plus en plus à des travaux sur les TIC orientés vers le rôle de la jeunesse dans leur l'appropriation à travers les réseaux sociaux sur Internet. Cependant, la plupart de ces travaux et plus particulièrement sur les réseaux sociaux sur Internet est beaucoup plus orientée vers le taux de pénétration (Castells, 2006 : 138), le caractère ludique et esthétique de la téléphonie mobile (Lowman, 2005), la maîtrise de son usage par celle-ci (Horst & Miller, 2006 : 59 ; Bucholtz, 2002 ; Hahn & Kibora, 2008) ou la téléphonie mobile comme facteur de 'marchandage des relations' des jeunes filles avec les prétendants (Archambault, 2009).

Tout de même, il existe des travaux d'analyses qui ont abordé la téléphonie mobile et la jeunesse, mettant un accent particulier sur la politisation de cette dernière (Pertierra *et al.*, 2002), ou sur la naissance d'une nouvelle culture, notamment le langage du SMS (Ling, 2005). Aussi, il existe certes quelques travaux sur la formation identitaire et politique ethnique dans le milieu de la jeunesse (Bernal, 2006 ; Benitez, 2006 ; Lange, 2007), mais force est de constater que ces travaux abondent presque exclusivement dans le sens de la socialisation des membres d'une communauté dispersée (Boyd, 2006, 2007 ; Horst & Miller, 2006 ; Lange, 2007 ; Nardi, 2005).

Comme partout ailleurs en matière d'appropriation des TIC (Castells, 2009), l'arrivée de la téléphonie mobile dans la région du Guéra s'est caractérisée par son appropriation majoritaire par la jeunesse. À cet effet, il convient de s'interroger sur la place que peut prendre la jeunesse dans une société traditionnellement caractérisée par la gérontocratie et par le conflit de générations comme on l'a vu au chapitre précédent. La détention d'un outil d'accès aux réseaux sociaux comme la téléphonie mobile par la jeunesse ne va-t-elle pas lui donner la liberté de penser et un moyen d'initier des espaces qui pourraient faire des jeunes, des acteurs nouveaux dans le processus de la construction de l'identité ethnique et politique. Par ailleurs, en permettant la connexion des jeunes, cet outil ne va-t-il pas mettre à mal l'identité hadjeray par l'invasion des cultures, des valeurs supranationales qu'il véhicule ? Ne peut-il pas sonner la fin de l'identité hadjeray déjà fragilisée ?

À ce propos, le présent chapitre se propose d'examiner le rôle des TIC en général et de la téléphonie mobile en particulier dans la 'connectivité' des jeunes et la place qu'occupe cette connectivité dans la dynamique de leur identité.

De la téléphonie mobile aux réseaux sociaux sur internet : Rattrapage du retard technologique du Guéra

L'entrée de la région du Guéra, du moins de sa jeunesse dans le monde des 'connectés' ou des 'globalisés', s'est faite par la voie d'accès à l'Internet mobile par le réseau de la téléphonie mobile d'une part et par l'arrivée rapide des produits liés à la connexion Internet par la téléphonie mobile d'autre part. En effet, à l'origine, la téléphonie mobile était implantée au Tchad de manière générale et dans la région du Guéra en particulier, pour une communication orale, et dans une moindre mesure, pour l'échange des messages textes (SMS). Mais au fil des années, des nouveaux appareils téléphoniques plus performants avec des fonctionnalités multimédias apparaissent. Outre les appels vocaux et les messages textes, les menus des nouveaux appareils téléphoniques permettent d'envoyer des images, prendre des photos, etc. L'augmentation du menu des nouveaux appareils a incité les opérateurs privés de téléphonie mobile au Tchad, à proportionnellement diversifier leurs gammes de services de communication et de distraction par téléphone mobile. À cet égard, dans les années 2008-2009 au Tchad par exemple, en composant les codes affectés à cet effet par les compagnies, on peut sur son téléphone mobile jouer à la tombola, écouter les musiques tchadiennes proposées par les compagnies, écouter les versets du coran pendant le mois de ramadan, se faire proposer une sonnerie, une musique spéciale pour les appelants, recevoir des proverbes et expressions. Aussi, au nombre des nouveautés des services de communication par le téléphone mobile qu'apportent les opérateurs de télécommunications mobiles au Tchad, on peut noter le service 'CLIC-CLAC ENVOYEZ'.

En fait, 'CLIC-CLAC ENVOYEZ' est un service proposé en 2009 par la compagnie Zain-Tchad, consistant à partager avec la famille et les amis, des photos, des vidéos, des sons. Ce service qui est le stade évolué des SMS (puisque les SMS n'envoient que les textes, alors que celui-ci est multimédia) préfigure l'avènement de l'Internet et plus particulièrement l'accès aux réseaux sociaux sur Internet facebook à partir du mobile.

Photo 9.1 Panneau d'une société de la téléphonie mobile à N'Djamena faisant la publicité de l'avènement d'un nouveau service de communication : 'Clic-Clac, envoyez' (2009)

L'un des changements les plus notables dans le perfectionnement des services de la communication et de la distraction par téléphone mobile au Tchad, est le lancement de ce qu'il est convenu d'appeler 'l'Internet Mobile' ou 'Internet Nomade'. En effet, les compagnies de téléphonie mobile, en particulier Zain, ont très vite compris la nécessité de rentabiliser la faiblesse infrastructurelle de communication dont souffre le Tchad. Pour ce faire, elles ont diversifié leurs services de communication notamment en permettant l'accès à l'Internet à partir du téléphone mobile. Dès le mois de juillet 2009, l'opérateur Zain a procédé au lancement de ce qu'il était convenu d'aller 'Internet mobile' grâce à la technologie GPRS et EDGE. GPRS est un acronyme qui signifie *General Packet Radio Service.* C'est une norme pour la téléphonie sans fil à large bande de 150 kilobytes par seconde, tandis que EDGE *Enhanced Data for GSM Evolution* est une norme faisant partie de la capacité de GSM. Cette norme permet d'augmenter la vitesse de la transmission des données à 384 kilobytes par seconde. Ces nouveaux services permettent d'accéder à une connexion Internet à partir d'un téléphone mobile ou d'un ordinateur par le biais d'une clé USB de connexion fournie par ledit opérateur. Pour bénéficier de ce nouveau service, le client détenteur de téléphone mobile doté de la technologie GPRS, est appelé à écrire dans le menu message de son téléphone mobile, les sigles : IM (Internet Mobile), et à l'envoyer au numéro 141. Puis, quelques instants après l'envoi de ce message, il peut recevoir sur son téléphone un message de la compagnie lui confirmant la configuration de son téléphone à l'Internet.

Photo 9.2 Panneau d'une société de téléphonie mobile, faisant la publicité de la connexion Internet et plus particulièrement sur Facebook sur téléphone mobile (2009)

Mais comme tout service à son début, 'l'Internet Mobile' au Tchad, avait une fonctionnalité limitée aux envois, à la consultation des boîtes électroniques, et à l'accès à quelques petites pages webs, et à la seule population de la capitale N'Djamena. L'année 2010 marque un tournant décisif dans l'évolution de la connexion à l'Internet à partir du téléphone mobile. Outre ouvrir sa boîte électronique et consulter les pages webs, les compagnies offrent le service de connexion aux réseaux sociaux sur Internet, plus particulièrement à Facebook à partir du téléphone mobile, du moins pour ceux qui disposent d'appareils téléphoniques adaptés pour la circonstance.

Avec la généralisation de l'Internet par les compagnies de téléphonie mobile et surtout l'accès au réseau social Facebook, on assiste à un rattrapage du retard technologique de la région du Guéra, à la naissance d'un cadre de retrouvaille des jeunes et à l'émergence d'une catégorie d'acteurs virtuels dans la société hadjeray.

Grâce à la téléphonie mobile et surtout sa connexion sur Facebook, on assiste à la connexion de la région du Guéra sur Internet. Car ce n'est pas sans raison à cet effet que, lorsqu'en 2009 l'Institut Universitaire Polytechnique de Mongo était connecté à l'Internet, les journaux qui ont couvert l'événement, à l'exemple du journal *Le Progrès* n° 1865, n'a pas hésité à titrer à sa une : 'Mongo ouvre une fenêtre sur le monde'. Ce titre témoigne de l'inexistence de l'Internet dans cette région jusqu'en 2009. Jusqu'à cette date, l'Internet et tout ce qui concourt à la connexion à l'Internet, c'est-à-dire l'ordinateur, l'énergie électrique, etc. étaient des loups blancs pour les populations qui n'avaient jamais quitté la région et qui n'étaient jamais allées dans les bureaux des quelques rares ONG comme le FIDA, pour avoir la chance d'en voir. Beaucoup de jeunes que nous avions rencontrés à Bitkine et à Mongo, les plus grandes villes de la région du Guéra, à l'exemple de Moussa Seïd[2], pourtant élève en formation à l'école d'instituteur de Mongo, déclare ne voir l'ordinateur pour la première fois qu'avec nous en 2009. Pour la petite histoire, n'ayant jamais vu et ne connaissant pas le nom avec lequel il lui fallait designer notre laptop, il inventa le nom de 'ordinateur en main' pour le désigner, nom qui nous amusa nous aussi.

Pour ces jeunes pour qui jusqu'en 2009, l'ordinateur était un objet de curiosité, la connexion à l'Internet à partir de la région du Guéra relevait du fantasme qu'ils n'imaginaient réalisable avant plus de deux décennies comme le disait avec humour Moussa Seïd:

> 'Quand quelque chose sort en Europe, il faut 20 ans pour qu'elle puisse arriver à N'Djamena et de N'Djamena il faut encore 20 ans pour qu'elle puisse arriver ici (Guéra). J'en veux pour preuve, la téléphonie fixe, le fax. Ce sont des choses qui existent à N'Djamena avant l'indépendance en 1960, mais, il a fallu 1997, pour qu'on ait cela au Guéra et uniquement dans la ville de Mongo. Alors, l'arrivée de l'Internet ici, ce sera pour le temps de nos enfants.'

Cette vision pessimiste de Moussa Seïd était *a priori* fondée d'autant plus que la connexion à l'Internet telle que connue jusqu'en 2009, passait par un ordinateur, par une ligne téléphonique, par l'électricité, et enfin par un savoir-manipuler l'ordinateur. Or, aucune de ces choses n'existe à Bitkine et Moussa Seïd ne s'imagine les réaliser dans sa vie avec les maigres moyens qu'il dispose.

---

[2] Jeune homme, 32 ans, élève à l'école d'instituteur de Mongo, entretien réalisé en mai 2009 à Mongo.

Cette attitude pessimiste de Moussa Seïd était certes fondée, mais c'était sans compter avec l'allure fulgurante avec laquelle vont les technologies de l'information et de la communication et plus particulièrement la téléphonie mobile. En l'espace de deux ans, les pronostics pessimistes de Moussa Seïd qui entrevoyait l'Internet à Bitkine à l'horizon de ses enfants, furent déjoués par la téléphonie mobile qui procéda de sorte que la connexion à l'Internet ne passe pas forcément par l'ordinateur, une ligne de téléphone fixe, une source d'énergie électrique et une connaissance de l'informatique. Car, un raccourci va être trouvé par les opérateurs de la téléphonie mobile qui n'ont pas perdu de vue le désir de plus en plus croissant de la connexion à l'Internet dans les zones marginalisées, dépourvues d'infrastructures à cet effet. De cette manière, la connexion à l'Internet ne va pas nécessairement passer par les conditions traditionnelles, mais juste un téléphone mobile avec un écran et un menu adapté à la navigation virtuelle suffit. Ainsi, l'Internet est arrivé dans la région du Guéra contre toute attente, par surprise, par la téléphonie mobile au moment où on l'attendait le moins comme en témoignent les premières connexions des jeunes hadjeray à l'Internet et surtout directement au réseau social Facebook, qui ont donné lieu à un émerveillement, comme le montrent leurs conversations ci-dessous :

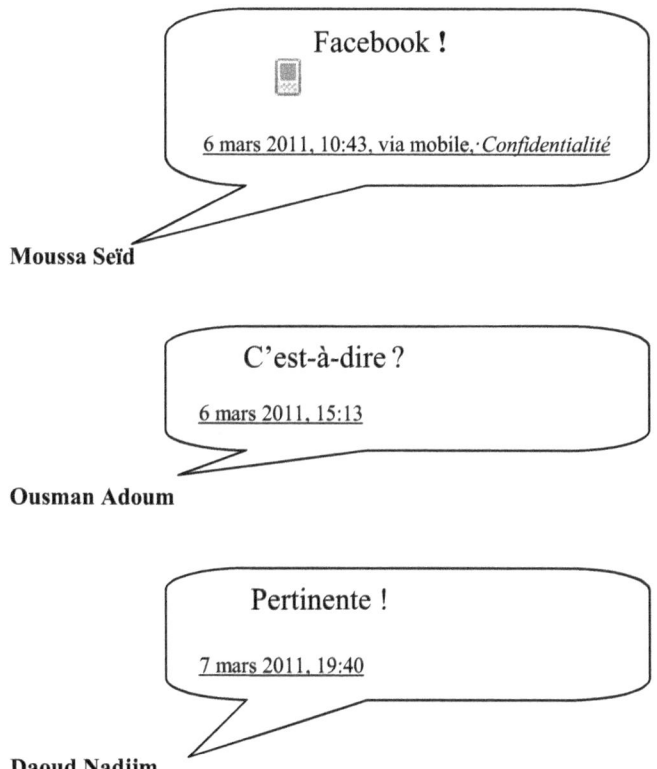

Chapitre 9

Commentaires et analyses des conversations

Au sujet des conversations ci-dessus, du point de vue de leurs formes, on peut constater que le premier message et les deux derniers sont émis par deux supports différents. Le premier message est émis depuis un téléphone mobile d'où l'inscription 'via mobile' qui suit le message. Tandis que les deux suivants sont émis depuis des ordinateurs. Il s'agit là d'échanges entre les membres du groupe de discussion sur le réseau social Facebook qui regroupe les jeunes hadjeray de l'Europe, de l'Afrique, du Tchad, et plus particulièrement de la région du Guéra, comme c'est le cas de Moussa Seïd, l'auteur du premier message. C'est lui qui, lors de notre passage dans la région du Guéra en 2009 pour nos recherches anthropologiques, nous affirma que c'est pour la première fois qu'il voyait un ordinateur avec nous. Il avait même parié que l'arrivée de l'Internet au Guéra, c'est pour le temps de ses enfants.

Curieusement, à peine deux ans, nous le voyons apparaître sur Internet avec son commentaire sur le réseau social Facebook, dont le seul message posté est 'Facebook !', alors que les autres membres du groupe débattent des sujets sérieux.

Ce premier essai de l'apparition sur Facebook de Moussa Seïd qui a réussi à joindre le groupe de discussion depuis son téléphone mobile et dont le premier message était en un seul mot *'Facebook'*, a suscité interrogations, stupéfactions et même railleries de la part des anciens membres du groupe. Certains considèrent ce commentaire comme idiot, d'autres comme insensé. Mais en vérité, comme premier message d'accès à l'Internet et surtout au réseau social Facebook, ce mot de Moussa Seïd n'a rien de bête, ni d'insensé. Il est chargé d'expression et de sens. Expression et sens de l'émotion, de l'inattendu, de rattrapage du retard technologique, de test, de l'émerveillement, de l'étonnement, etc., d'une connexion précoce à l'Internet et directement à Facebook sans passer par un ordinateur et le savoir-manipuler l'ordinateur y afférent et à quoi il ne s'attendait.

Ce message de Moussa Seïd n'a pas été compris par beaucoup de membres du forum de discussion d'où la suivante réponse de Ousman Adoum sous forme d'interrogation : 'C'est-à-dire ?', demandant ce que signifie un tel message. Car ce dernier, étudiant en Suisse, est un habitué de l'Internet et ne pourrait s'imaginer qu'en 2011, l'accès à l'Internet, et plus particulièrement à Facebook puisse donner lieu à une émotion. Mais c'est Daoud Nadjim, étudiant au Nigeria, le deuxième à commenter le message de Moussa Seïd qui, connaissant les réalités du retard infrastructurel du Tchad et plus particulièrement de la région du Guéra, semble avoir compris le contexte et le sentiment qui a présidé à l'envoi d'un tel message, en le commentant par le terme : 'Pertinente !', comme pour lui répondre que l'Internet, c'est pertinent n'est-ce pas.

Justement, comme l'a si bien compris Daoud Nadjim, le message : 'Facebook', posté par Moussa Seïd dans un groupe dont les membres débattent des choses sérieuses, est l'expression d'une émotion d'être connecté à l'Internet au moment où l'auteur ne s'y attendait pas. Plus tard, lorsqu'en aparté dans nos échanges en privé, nous l'avions interrogé sur le pourquoi au lieu d'intervenir comme les autres pour débattre des thématiques à l'ordre du jour et donner son point de vue, il a préféré balancer un message comme il l'a fait et qui n'a aucun sens pour les autres au point de susciter, soit de l'interrogation soit de la raillerie, Moussa Seïd répond que :

'Comme c'est nouveau et que je ne croyais pas tellement en la personne qui m'a montré comment je peux moi aussi participer sur Facebook avec les autres dont je vois les commentaires, j'ai d'abord préféré tester la certitude de cet outil avec ce message pour voir s'il va arriver et apparaître comme celui des autres. Heureusement que c'est arrivé et la certitude m'est donnée par les réactions qu'il a suscitée des autres.'

Par la mise à disposition de l'Internet et plus particulièrement du réseau social Facebook à ses clients, la téléphonie mobile a permis aux régions enclavées du Tchad, dépourvues d'infrastructures de télécommunication où les populations ne s'attendaient pas à certaines 'modernité' comme l'Internet, de rattraper leur retard technologie. D'autant plus que le besoin de vouloir se connecter au réseau social Facebook qui nécessite des appareils téléphoniques plus sophistiqués du genre Smartphone, amène les jeunes à se décarcasser pour s'en équiper au même titre que d'autres personnes sur d'autres continents.

Ainsi, avec la téléphonie mobile, on assistait aussi à un raccourci extraordinaire où certaines nouveautés qui naguère mettaient dix ou vingt ans pour arriver au Guéra comme l'a relevé à juste titre Moussa Seïd, mettent aujourd'hui à peine un trimestre. L'un des exemples est le téléphone mobile de qualité 'Smartphone' et autres 'Iphone' et leurs dérivés successifs. Pendant qu'en 2011, même en Europe, ils sont encore des nouveautés, on les retrouve déjà dans les mains des jeunes au Guéra, grâce à la Chine qui produit les copies en quantité suffisante, et vendues moins cher sur le marché tchadien même si les performances ne sont pas comparables à celles des originaux venus d'Europe. Une des illustrations est que pendant que nous-même en Europe, ne voyions la qualité du téléphone 'Samsung Galaxy' qu'à travers les panneaux publicitaires, beaucoup de nos amis du Guéra nous déclaraient le posséder déjà et avec lequel d'ailleurs ils se connectaient sur Facebook. À cet sujet, on conviendrait avec Castles & Alastair (2000), que les technologies de l'information et de la communication sont un facteur d'accélération du processus de globalisation.

Contexte et circonstance de l'avènement du forum des jeunes hadjeray sur Facebook

Par définition, le réseautage social se rapporte à l'ensemble des moyens mis en œuvre pour relier des personnes physiques ou morales entre elles. Avec l'apparition de l'Internet, il recouvre les applications connues sous le nom de « service de réseautage social en ligne ». Ces applications ont de multiples objectifs et vocations : poster des messages, donner des informations, faire circuler des vidéos etc. (Baym, 2000 ; Horst & Miller, 2006 ; Ito & Okabe, 2005 ; Kendall, 2002). Elles servent à constituer un réseau social en reliant des amis, des associés, et plus généralement des individus employant ensemble une variété de ces outils tels que Facebook, LinkedIn, Twitter, MySpace, You tube, Flickr, friendster, etc, dans le but de faciliter la communication entre masse où chacun peut être récepteur et émetteur (Castells, 2009). Certains réseaux sociaux sur Internet regroupent des amis de la vie réelle, d'autres aident à se créer un cercle d'amis, à trouver des partenaires pour des motifs divers (Boyd, 2006a).

L'émergence de ces réseaux sociaux sur Internet au Tchad en général et dans le milieu de la jeunesse hadjeray en particulier est liée, d'une part aux révolutions technologiques de l'Internet mobile où même dans les zones dépourvues d'infrastructures les gens peuvent se connecter à partir de leurs téléphones mobiles et d'autre part au vent de contestation politique qui, depuis 2010, agite le monde arabe et au sujet duquel les medias et les auteurs (Ghannam, 2011 ; Wellman et al., 2011) ne cessent de souligner l'importance du rôle des réseaux sociaux sur Internet à l'exemple Hunter (2011) qui note que l'Internet a permis à des grandes masses de conjuguer leurs efforts et d'organiser des manifestations dans un court laps de temps. Il fournit une plate-forme pour les personnes d'exprimer leur solidarité tant au sein de leur pays que dans la région ou au-delà.'

C'est dans ce contexte de développement des réseaux sociaux sur Internet et surtout sur le téléphone mobile d'une part et dans celui de la difficulté de l'écologie de la communication dans la région du Guéra en matière de communication d'autre part, que va survenir la création du forum de rencontre et discussion sur Internet des jeunes ressortissants du Guéra. En effet, le Guéra comme on l'a vu au chapitre 4, est l'une des régions du Tchad qui, de par les crises qu'elle a connues, constitue l'une des régions pourvoyeuses d'émigrants à d'autres régions. Du fait de cette mobilité, on se retrouve aujourd'hui avec plusieurs communautés hadjeray implantées en dehors de la région du Guéra (cf. chapitre 4). La conséquence de cette mobilité c'est que les jeunes issus des familles hadjeray établies en dehors de la région du Guéra, depuis des décennies, ont tendance à perdre les repères identitaires d'origine, en particulier les repères linguistiques (Alio, 2008).

Cette dispersion tous azimuts et la rupture entre les familles entières à fait naitre dans l'esprit des jeunes issus de la communauté des émigrés et de la diaspora, un amour pour la région natale et vice-versa, aux jeunes nés dans la région du Guéra, une nécessité d'être en contact avec leurs cousins de la communauté émigrée et de la diaspora. Mais déjà, cet esprit avait dans les années 1996 présidé à la création d'une Association des Jeunes du Guéra dont le premier des objectifs est de rassembler les jeunes d'origine hadjeray de part, le monde (cf. Chapitre 5). Mais les contraintes pratiques n'ont pas permis d'arriver à un tel objectif. C'est dans ce contexte de désir d'un cadre de retrouvaille culturel d'une part et de contraintes de communication d'autre part que surviennent aujourd'hui les technologies de l'information et la communication, en particulier les réseaux sociaux sur Internet, principalement Facebook. L'accès au réseau social Facebook qui a déterritorialisé l'hyperespace où le temps et l'espace se retrouvent comprimés (Harvey, 1989), permettent des constructions détachées de toutes références locales (Kearney, 1995 : 553). Il va donner des idées aux jeunes de créer un forum de discussion des jeunes originaires de la région du Guéra. À la faveur de cette donnée, les membres d'une communauté peuvent faire appel aux TIC pour donner forme à une communauté dispersée au-delà des frontières nationales pour la constitution d'un forum en vue de la création d'une identité politique, culturelle hors-frontières (Gibb, 2002 : 55) comme celle des communautés linguistiques, parentales, villageoises hadjeray comme on a pu le voir aux chapitres 1 & 4 dans la formation de la mobilité. Les entités créées par les TIC au-delà des frontières nationales, que certains auteurs appellent 'transmigrantes' ou 'transnationales' (Glick-Schiller, 1992, 1995) sont aujourd'hui une réalité au Tchad et plus particulièrement dans la communauté hadjeray. Le but de ce genre de groupe ou forum est, comme le montre Rheingold (2002 : xii) dans ses travaux sur 'Smart Mobs', que les technologies de l'information, en augmentant les possibilités de communication, permettent aux populations de coopérer dans une nouvelle façon d'agir ensemble, même sans se connaitre.

S'il est vrai que les TIC peuvent créer des synergies d'action au-delà les frontières nationales, au-delà des identités sociales et culturelles (Nyiri, 2003 ; Reingold, 2002), il n'en demeure pas moins que pour les jeunes hadjeray, elles constituent *a contrario* un support pour le processus de la construction de l'identité ethnique régionale, à l'effet de laquelle il a été créé le forum de discussion MSRA[3].

Brève ethnographie du forum MSRA

MSRA est un groupe fermé de discussion des jeunes hadjeray créé en 2010 par G. Amir, un étudiant en Algérie sur le réseau social Facebook avec une ligne éditoriale assez confuse ; en témoigne la floraison des messages allant dans le tous les sens : culturel, social, identitaire, politique. À sa création et pendant presque six mois, le groupe MSRA renfermait une vingtaine d'étudiants basés presque tous en Algérie. Pendant cette période, les échanges entre les membres tournaient autour des conditions de vie, d'études et d'échanges des nouvelles du Tchad. C'est à partir de 2011 que l'on voit ce groupe croître très rapidement avec l'entrée dans la danse des jeunes de N'Djamena, puis de l'Egypte et ensuite, de la région du Guéra et enfin des jeunes de par le Tchad et de par le monde. Avec aujourd'hui environ 400 membres, le groupe MSRA renferme essentiellement des jeunes dont l'âge varie entre 18 ans et 35 ans. Les membres de ce groupe de discussion, de réflexion sur le sort de la région du Guéra sont entre 70 et 80% des étudiants. Le reste est constitué des fonctionnaires des secteurs public et privé tchadiens. Contrairement à sa cousine l'Association des Jeunes du Guéra qui admet des sympathisants, Le groupe MSRA reste replié sur des membres titulaires dont l'origine hadjeray constitue le visa d'entrée. L'accès à ce groupe ne se fait pas par une recherche et une inscription sur l'Internet. Mais il se fait sur invitation par un membre ancien du groupe. L'invitation consiste pour un membre ancien, d'envoyer le lien dans la boîte électronique de la personne à inviter. Si la personne invitée accepte l'invitation, il remplit quelques formalités d'usage avant que son nom ne s'affiche parmi les membres du groupe. Ne peuvent être admises dans ce groupe que les personnes reconnues et dont l'identité hadjeray est certifiée par plusieurs membres. Justement à ce titre, seules les personnes appartenant depuis de longue date au groupe et qui ont la confiance des autres membres du groupe peuvent inviter leurs frères, leurs sœurs et leurs amis eux-mêmes Hadjeray. Généralement, les personnes invitées acceptent avec fierté de faire partie du groupe à l'exemple de l'auteur du message suivant :

---

[3] MSRA est le sigle d'un groupe fermé de discussion et surtout d'opinion politique des jeunes. Pour des raisons de sécurité des membres à cause de leurs opinions politiques qui peuvent leur valoir des ennuis avec le régime, il nous est immoral de le déchiffrer ou de donner son adresse ou toutes autres informations de nature à le repérer et à l'infiltrer et à l'espionner. Aussi, pour les mêmes raisons de sécurité, nous n'allons pas designer les jeunes avec leurs vrais noms pour accompagner leurs propos que nous allons textuellement citer. A la place de leurs vrais noms, nous utiliserons leurs pseudonymes.

> *Bonjour mes frères et sœurs. Je viens juste de faire mon apparition parmi vous. Je ne savais pas qu'il existe un groupe spécial de chez moi et personne ne m'en a aussi fait part. Aujourd'hui à ma grande surprise un cousin me dit qu'il veut m'ajouter dans ce groupe et je vous assure que j'ai répondu positivement sans hésiter.*
>
> 11 avril 2011, 23:59, via mobile

Abdi Mano

Ce groupe fermé de discussion MSRA va connaitre plusieurs étapes graduelles d'évolution. Chacune des étapes est caractérisée par l'arrivée d'une vague des nouveaux membres qui introduisent en même temps des thématiques nouvelles. Ainsi, du cadre d'échange des nouvelles d'études pour lequel il a été créé, l'arrivée des jeunes hadjeray des différentes communautés du Tchad (N'Djamena, Chari Baguirmi, Sud du Tchad), va donner au groupe une dimension identitaire et puis l'arrivée des jeunes de la région d'origine le Guéra va lui donner une dimension politique.

MSRA : Un cadre d'apprentissage des réalités socioculturelles et de débat politique

Au regard du rôle mobilisateur qu'elles ont joué lors des élections aux Etats Unis et aux Philippines (Pertierra, 2005 ; Akiba *et al.*, 2009), et pendant le 'Printemps Arabe', les technologies de l'information et de la communication ont tendance à être considérées comme des moyens de synergie d'action politique, tant elles ont joué un rôle déterminant dans la mobilisation des populations. Cependant, force est de constater qu'au-delà du rassemblement qu'elle peut susciter par-delà les frontières régionales, ethniques ou nationales, pour une cause politique ou culturelle, elles peuvent aussi permettre de cultiver une appartenance identitaire où les membres d'un groupe peuvent s'échanger et proposer des idées pour le développement de leur pays (Michsi, 2000), ou pour l'apprentissage de leur histoire (Gibb, 2002 : 55). Ainsi, les TIC en général et les forums de discussion sur Internet en particulier apparaissent comme un espace à l'intérieur duquel, les jeunes de différents horizons peuvent débattre de leur identité. À quelques différences près de ces précédents cas, on retrouve chez les jeunes hadjeray un rôle pédagogique d'apprentissage des réalités socioculturelles basiques sur lesquelles repose l'identité hadjeray à savoir la langue. Aujourd'hui, l'avènement de 'l'Internet Mobile' et la connexion à Facebook ont permis la naissance d'un forum d'échange sur le réseau social sur Internet dans le milieu de la jeunesse.

Au-delà même du fait que ce réseau social ouvre le Guéra et sa jeunesse sur le monde, il est devenu un cadre permettant à certains jeunes en manque de repère identitaire ethnique de trouver un cadre d'échanges, de découvertes, d'apprentissages des réalités socioculturelles de la région du Guéra et ce, où qu'ils se trouvent. Beaucoup d'entre eux qui sont nés ailleurs et ne connaissant pas les réalités de leur région d'origine, essaient d'apprendre à travers les échanges qu'ils entretiennent avec leurs frères basés dans la région du Guéra ou ailleurs et connaissant certaines valeurs de la culture hadjeray. On assiste alors dans ce forum sur le réseau social Facebook à des échanges entre les membres du groupe, où ceux qui sont nés en dehors de la région du Guéra et ignorant les réalités socioculturelles de leur région d'origine, cherchent à les connaitre à travers les questions qu'ils posent et les réponses et les débats que leurs questions suscitent. Ainsi, on voit çà et là des échanges pour l'apprentissage des langues, de l'histoire hadjeray, etc., comme dans les conversations qui suivent :

> *Notre papa est du Guéra. Et nous faisons partie de ce que nous appelons le groupe ethnique Kenga. Ma question est de savoir combien de langues sont parlées dans notre région et est-ce que chaque langue correspond à une ethnie et quel lien existe-t-il entre les ethnies?*
>
> 10 août 2011, 19:04

Tania Djala

> *Je peux te citer ceux que je connais et si quelqu'un d'autre peut te les compléter. Le Kenga, le Dangaleat, le Korbo, le Migami, le Moukoulou, le Djerkatché, Le Dadjo, Le Mawa, le Mokoffi et beaucoup d'autres, surtout vers Mélfi et Mangalmé. Je pense que je me suis débrouillé même s'il y a des erreurs d'orthographe. Ça peut être un concours. Celui qui apporte du nouveau sera considéré comme un vrai........*
>
> 11 août 2011, 12:15

Djabo Maffi

> *Nous avons plusieurs langues au Guéra. Ce qui fait la beauté de nos montagnes! Je ne connais pas le nombre exact. Au-delà des langues, le Guéra c'est un ensemble avec une histoire et une destinée commune fixés depuis l'aube des temps, et administrativement depuis 1956. Fier d'être Hadjaraï du Guéra! Nous gagnerons à nous connaitre, nous apprécier mutuellement, et à nous soutenir. L'histoire nous l'a prouvé.*
>
> 11 août 2011, 23:49, via mobile

Dieudonné Adoum

Chapitre 9

> *Salut! Suite à un besoin exprimé plus bas, on pourrait déjà initier dans ce groupe le fait de dire bonjour tel qu'on le dit dans sa case. Cela permettrait d'en apprendre un peu plus sur cette grande fratrie du Guéra.*
> *Ma case se situe à Dadouar, entre Bitkine et Mongo. Et je vous dis 'Kou tchawaïda?', pour dire comment allez-vous? Comme c'est encore le matin, j'ajouterai 'Kou Wal afé?' pour dire vous avez bien dormi?*
> *A vous!*
> 12 août 2011, 07:55, via mobile

Adalil Selayou

> *Bonjour à tous*
> *En kenga, 'tossi-ki' c'est un code de salutation d'une personne qui fait son entrée dans une concession et 'nayki' ici est forcément la réponse à la personne.*
> 12 août 2011, 15:57, via mobile

Brahim Hissein

> *Il est difficile de définir d'un point de vue anthropologique les populations hadjaraï formant une transition entre le groupe charien et le groupe nilotique. Elles présentent une physionomie complexe, c'est pourquoi on porte le nom générique de Hadjeray qui tout en désignant tout le monde, ne désigne personne. Un seul point me parait clair, les Hadjaraï ne sont pas AUTOCHTONES dans la région qui est aujourd'hui la leur. Leurs traditions les font venir pour la plupart de 'l'Est' c'est-à-dire de l'actuel SOUDAN et peut-être aussi de l'Ouest de l'EGYPTE. C'est ce qui explique la physionomie d'une région extrêmement morcelée ethniquement et linguistiquement. Mais pourtant, au-delà des divergences linguistiques et institutionnelles, certaines ressemblances culturelles contribuaient à unifier l'ensemble hadjeray. Cette histoire que je relate ne veut pas dire que nous sommes nous si différents. A travers cette histoire de la diversité, je voudrais dire que sous somme si proches les uns les autres, mais dans la diversité.*
>
> 13 août 2011, 09:37, via mobile

M. Kadda

Comme on peut le remarquer, l'entrée en scène des jeunes issus de la diaspora et des communautés hadjeray implantées dans d'autres régions, voulant s'informer sur l'histoire et sur les connaissances basiques de la culture hadjeray, a transformé ce groupe virtuel en un espace d'apprentissage des réalités sociales et culturelles des différentes ethnies de la région du Guéra. À part les réalités sociales et culturelles, le groupe MSRA va devenir avec l'arrivée des jeunes de la région du Guéra, un espace de débat ethnologique où les jeunes en tant qu'acteurs des réalités socioculturelles de la société hadjeray débattent des limites ethnologiques que les ethnologues ont fixées pour et entre les différents groupes composant la région du Guéra, pour en faire une population apparentée, une ethnie (cf. Chapitre 2). À ce sujet, certains d'entre eux imprégnés des réalités socioculturelles des populations hadjeray d'aujourd'hui, font montre d'une grande diversité d'opinions dans les débats qui rejettent tantôt cette catégorisation ethnique hadjeray plaquée par les ethnologues, tantôt ils se l'approprient dans le but de créer une synergie pour former une force face à d'autres entités ethniques dans le rapport de force qui rythme la coexistence des ethnies tchadiennes.

Outre les questions ethnologiques, le groupe devient aussi un cadre de débat politique. La marginalisation politique, économique, sociale (cf. chapitres 3 & 5) tant par le passé que de nos jours, constitue un thème qui déchaine les passions et fait parfois remettre en cause le rôle joué par les parents et les aînés dans la marginalisation politique et économique actuelle de la région du Guéra.

Le forum MSRA, un acteur politique virtuel

Outre le cadre dont le groupe virtuel MSRA sert pour les échanges entre les membres du groupe pour la connaissance de leur identité, très vite, la politique prit le pas sur les considérations identitaires en son sein. Avec l'entrée en scène des jeunes de la région du Guéra, les débats deviennent de plus en plus politiques. En effet, à l'image de leur région le Guéra, les jeunes sont parmi les plus marginalisés du Tchad. Mecontents du traitement qui leur est réservé et de la place qui est la leur, ils ont de tout temps dénoncé avec véhémence la marginalisation politique dont la région du Guéra et sa jeunesse font l'objet. Les griefs des jeunes sont nourris à deux niveaux de responsabilité : le premier est contre les cadres politiques et le deuxième est contre la politique du gouvernement. En effet, au niveau local, les jeunes sont mecontents du comportement égoïste de leurs aînés, les cadres et hommes politiques du Guéra. Ils leur reprochent, soit de ne pas les préparer comme les autres le font dans d'autres régions, soit de n'avoir rien fait pour la région du Guéra. Pire, ils les accusent de diviser les populations du Guéra à cause de leurs querelles intestines de leadership politique comme l'écrivent les suivants intervenants.

• Adamou Sokaya

'Cette prise de conscience de la nouvelle génération est de développer un esprit de compréhension, de solidarité et de la fraternité et de bienvenue pour tous les membres du groupe MRSA. Le défi le plus grand est celui de corriger cette image négative du Guéra, de favoriser l'émergence d'autres voies progressistes, de démontrer l'existence et la capacité d'une frange de la nouvelle génération pour ne pas dire de l'élite non prisonnière des clivages et des préjugés actuels, et de promouvoir des solutions hadjaraï aux maux hadjaraï par les hadjaraï eux-mêmes. L'analyse rigoureuse de la problématique fait ressortir clairement, entre autres que:

- les solutions conjoncturelles dégagées à certaines périodes critiques de l'histoire du Guéra, avaient été dénaturées ou volontairement ignorées par les grands acteurs politiques de la région.
- Les réflexions et les contributions originales et authentiquement hadjaraï sont très peu prises en considération quand elles existent.

L'analyse des paramètres évoqués çà et là plaide en faveur d'une formule nouvelle. Il est question de réussir à réunir nos forces à une UNION de la nouvelle génération, non pas autour de leaders 'Charismatiques' autoproclames, mais plutôt autour d'idéaux communs forts et sur la base d'engagements individuels, responsable, des personnalités ayant pris la bonne mesure de la situation à l'exemple ceux qui ont eu initiative à créer.

Oui, le Guéra a perdu des hommes et femmes pendant les événements du lendemain de l'indépendance à nos jours. Oui le Guéra est en retard sur tous les plans, oui le Guéra a tous les maux. Ensemble, posons-nous la question de savoir comment ferions-nous pour relever le défi ?

L'expérience n'est pas ce qui arrive à un homme. C'est ce qu'un homme fait avec ce qui lui est arrivé.

Je voudrais souhaiter beaucoup de courage aux jeunes gens qui interviennent pour évoquer un certain nombre de nos problèmes réels de la région.
Courage à tous, changera un jour.'

> *Bonjour frères et sœurs, je crois que le but de la création d'un groupe n'est pas la raison de sa création. Ce groupe est un cadre idéal de réflexion de partage et de rencontre. Ici même nous avons débattu plusieurs questions relatives au développement de notre région. Beaucoup se sont relayés pour proposer des solutions. Mais à mon humble avis pour une solution durable il faut s'attaquer aux causes profondes du problème. S'il faut parler des problèmes politiques, je vous dirais oui. Il y a l'absentéisme de l'État quand aux problèmes du Guéra. Comment comprendre que la région du Guéra qui a perdu ses meilleurs hommes pour le changement, n'a pas de l'eau potable, pas d'électricité ni une école digne de ce non, aucun de ses fils dans le gouvernement aujourd'hui ?*
>
> 18 septembre 2011, 11:19

Dagam Kalia

Conscients de leurs futurs rôle et place comme acteurs devant assumer la destinée de la région du Guéra de demain, et aussi conscients de l'immensité de la tâche qui les attend, mais manquant de cadre de rencontre, de concertation, les jeunes trouvent aujourd'hui en les technologies de l'information et de la communication, en particulier le réseau social Facebook, une opportunité, une tribune pour exprimer leur 'mal-être' et décider de revendiquer la place qui est la leur.

Avec l'avènement de Facebook, plus particulièrement sur téléphone mobile qui draine un nombre de plus en plus croissant des partisans au jour le jour, on assiste dans le paysage politique et social hadjeray, à la naissance d'une catégorie d'acteurs politiques virtuels à travers le groupe social fermé de discussion MSRA. Il est intéressant de noter que les membres de ce forum de discussion pourtant informel, considèrent leur groupe

MSRA comme une véritable tribune à partir de laquelle ils peuvent s'exprimer et se faire entendre. À en juger par leurs réactions, leurs commentaires, on se trouve devant des acteurs pourtant virtuels, mais qui se comportent comme des acteurs physiques à prendre en compte dans la gestion des affaires de la région du Guéra. En effet, l'existence de MSRA comme groupe de discussion sur le réseau social Facebook n'est en vérité qu'une affaire d'une minorité de jeunes (environ 400 membres sur des milliers d'autres). De plus, ce groupe virtuel n'a pas une base d'existence légale. Par conséquent, il ne peut en principe prétendre avoir voix au chapitre en tant qu'acteur dans le débat, ou dans le processus de prise d'une quelconque décision. Car cette tâche appartient aux acteurs physiques et légalement reconnus que sont les hommes politiques et la société civile légale œuvrant physiquement sur le terrain.

Mais force est de constater que les jeunes de ce groupe de discussion MSRA se sont donné une définition et se sont assigné une mission qui les désigne comme des interlocuteurs, des acteurs à part entière, même s'ils entendent pour le moment agir dans l'ombre. L'un des exemples de la sortie politique de ce groupe est celui qu'on a noté lors d'une agitation politique qui a secoué en 2011 la région du Guéra. En effet, après l'élection présidentielle, il a été formé un nouveau gouvernement dans lequel il ne figurait pas un ministre hadjeray au titre du parti au pouvoir. Cette situation a entraîné un climat politique crispé entre le pouvoir et la classe politique hadjeray[4]. Cette situation a aussi fait l'objet d'un débat politique par les jeunes au sein de leur forum. À cette occasion, un des membres de ce forum de discussion a préféré assigner une définition et une mission au groupe virtuel MSRA, lui permettant d'agir en tant entité hadjeray au même titre que les autres acteurs:

- Senoussi Halawa
'Bonjour à tous
Le thème concernant le MPS[5] est intéressant, voire passionnant, mais nous devons l'aborder la tête froide et avec méthodologie, pas avec passion ni émotion. Il est vrai que même pour ceux qui ne sont pas militants ou sympathisants du MPS, cette situation est choquante.

Le groupe social MSRA a près de 400 membres et continue de grossir et est composé de cadres, étudiants, élèves, etc. Il représente une réelle force sociale et peut être une force de proposition. En sociologie, on dit que les faits politiques sont sociaux et que les faits sociaux sont politiques. Inutile donc de se cacher derrière un caractère apolitique pour dire que ce débat ne nous concerne pas. La participation de tout le monde me paraît légitime et à encourager.

Je souhaiterais proposer une démarche :
1. C'est un sujet passionnant et pour que l'on garde le fil, il serait intéressant que des membres assurent le leadership (modération) de cette discussion de façon à mieux capitaliser les différentes idées. Le modérateur du groupe MSRA pourrait être assisté de 2 ou 3 autres membres volontaires. Je propose qu'Imran se joigne à cette équipe de modérateurs. Ils nous feront le point périodiquement.
2. Pour que cette discussion se fasse sur la base de faits avérés, il serait intéressant qu'une copie électronique de la fiche ou pétition en question soit rendue disponible aux membres du groupe. Les modérateurs pourront s'occuper de nous procurer cette copie.
3. La discussion pourrait se faire selon un plan.

---

[4] N'Djamena Bi Hebdo no 1396 du jeudi 22 au dimanche 25 septembre 2011, P3
[5] MPS: Mouvement Patriotique du Salut, le parti actuellement au pouvoir au Tchad.

3.1. Une analyse de la situation, autrement dit la coordination d'éléments qui ont entrainé cette décision du pouvoir.
3.2. Etant donné que des négociations vont certainement se faire, quelques propositions concrètes peuvent être faites par le groupe aux frères impliqués dans les négociations avec le pouvoir. J'entendais par exemple quelqu'un dire "primature ou rien".
3.3. Comment éviter que le pouvoir ne divise rapidement nos frères en proposant ceci ou cela aux uns et autres ?

Bien évidemment, ce sont ici des pistes de réflexion pour participer au débat encore salutations à tous.'

> *Impeccable! J'adhère totalement à cette idée, Je crois bien que c'est une bonne idée. Ça pourrait être un nouveau départ, unissons-nous frères. C'est le moment de nous consolider et voir à travers ce groupe qu'est-ce qu'on peut apporter de concret et définir notre futur sous un prudent contrôle. Que les volontaires se présentent et au travail. Pour les deux autres, je propose toi et Djimet Selli!*
>
> 22 août 2011, 16:02, via mobile

AKouan Yacoub

Réseau social sur Internet et problématique de la peur

Comme montrée au chapitre 7, la mainmise de l'Etat sur les moyens de communication de manière générale et sur les technologies de l'information et de la communication en particulier à travers les multiples scandales qui ont éclaté, souvent consécutifs à l'écoute téléphonique des personnes suspectes, a relancé le sentiment de la peur, de la méfiance entre les individus fussent-ils de même bord. D'où la méfiance exprimé vis-à-vis du téléphone mobile par Rami pour qui : « le téléphone mobile n'est rien d'autre que le prolongement des oreilles de l'Etat, qui rôde autour de la case ». Cette déclaration traduit la peur, la méfiance à l'égard des TIC à cause de leur manque de confidentialité vis-à-vis de l'Etat. Si avec la téléphonie mobile, la peur et la méfiance entre les individus à cause de la délation, étaient de mise, force est de constater que cette peur, cette méfiance pour la communication par les réseaux sociaux sur Internet surtout sur Facebook se sont complètement estompées. On voit çà et là des opinions et commentaires politiques courageux qu'on ne peut trouver dans la vie courante, témoignant de la confiance accordée aux réseaux sociaux, particulièrement à Facebook comme le montre la suivante déclaration de Issa Adoud:

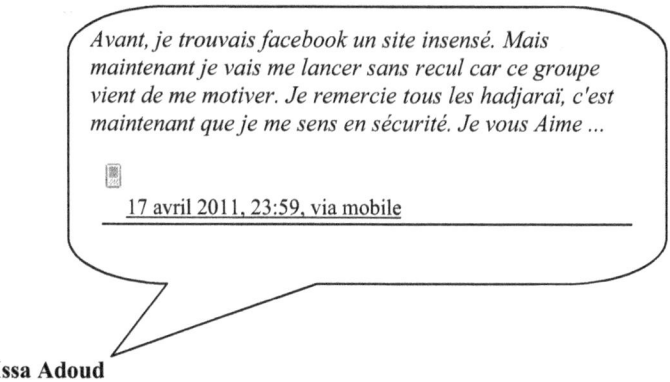

Issa Adoud

En fait, la confiance en ce groupe MSRA sur le réseau social Facebook tient au fait que celui-ci est un groupe fermé. Contrairement à la simple page Facebook de quelqu'un où il suffit d'être son correspondant pour voir sa page avec ses correspondants et ses publications, l'accès au groupe fermé MSRA nécessite d'en faire partie ou d'y être invité à y accéder. Aussi, la supposée fiabilité de ce groupe tient au fait que les membres admis sont triés sur le volet parmi les personnes jugées authentiques et sérieuses. C'est à ce niveau qu'intervient véritablement l'importance d'avoir le patronyme hadjeray ou être issu d'une famille reconnue hadjeray pour être admis. Ainsi, l'accès réservé aux seuls jeunes jugés dignes de foi semble être une garantie de confiance et cela motive les jeunes de se prononcer sans retenue sur les questions relevant de la destinée de leur région.

Paradoxes et limites des réseaux sociaux sur Internet en société hadjeray

Le désenclavement par les TIC des régions marginalisées est aujourd'hui une réalité tant sont éloquents les cas et les exemples pratiques issus de notre terrain de recherche et les littératures qui y abondent. Pour les régions géographiquement et politiquement marginalisées, les TIC semblent ouvrir une nouvelle ère de contact et de communication (Castells, 2009 ; Horst & Miller, 2006), en ce qu'elles offrent une possibilité de communication plus chaleureuse, plus rapide, plus directe (Kibora, 2009). Aussi, ces moyens de communication s'adaptent aux situations de chaque catégorie de populations, plus particulièrement aux jeunes (Castells, 2009 ; Horst & Miller, 2006) qui en ont fait un forum de discussion et de débat sur les questions politiques et sociales (Castells et al, 2006). Car les TIC, lorsqu'elles sont utilisées au mieux de leurs possibilités en termes d'animation et de modération, constituent un puissant levier du débat public et permettent de construire de l'intelligence collective en s'appuyant sur des ressources humaines qui n'auraient pas eu l'opportunité de se fonder sans elles.

À ce titre, l'existence aujourd'hui d'un forum de discussion des jeunes hadjeray sur le réseau social Facebook en est une parfaite illustration. On voit là que les TIC ne sont pas seulement un simple moyen de contact, mais elles servent aussi d'arbre à palabres pour les réseaux de communication de familles et d'amis, et ce au-delà les frontières régionales et nationales. Aussi, leur caractère d'ubiquité en fait un outil de 'globalisation' en créant une 'citoyenneté du monde' (Castles & Alastair, 2000). De ces littératures sur la connectivité ou sur la mondialisation, il convient de retenir le rôle intégrateur, fédérateur et mobilisateur des TIC, au-delà les frontières régionales ou ethniques pour une cause sociale ou politique commune comme dans le 'Coup de text de Smart Mobs' de Rheingold (2002), Gibb, (2002) ; Paragas (2002), qui met en exergue le rôle mobilisateur de la téléphonie mobile à travers les SMS qui ont abouti à la chute du régime du président philippin Joseph Estrada en 2001. Par ailleurs, à une date proche c'est-à-dire en 2010-2011, on a vu le rôle des TIC, en particulier les réseaux sociaux sur Internet comme Facebook dans la mobilisation des manifestants où comme l'écrit Jones (2011) : 'Facebook a joué un rôle déterminant dans la révolution égyptienne en mobilisant massivement les populations pour une manifestation' et où, comme le précise Kuebler (2011) : 'Grace aux réseaux sociaux, une nouvelle catégorie des 'citoyens en ligne' est née au Moyen-Orient avec une vision et une carte politique plus prometteuse pour la région'. L'exemple pratique des rôles des réseaux sociaux sur Internet dans la fédération des identités et la mobilisation est débattu par Rate This (2011), Xiaolin *et al.* (2011) qui relèvent que les réseaux sociaux sur Internet ont contribué pour plus de 30% dans la mobilisation des manifestants en Egypte lors des événements qui avaient entraîné la chute du président Mubarak. Précédemment aux 'Printemps Arabe', on a déjà vu en 2010 en Iran que la circulation des vidéos sur You Tube d'une jeune fille battue à mort a contribué à galvaniser les manifestants (Afshar, 2010 : 247). En somme, comme le note Hunter (2011), les réseaux sociaux sur Internet fournissent une plate-forme pour les personnes d'exprimer leur solidarité tant au sein de leur pays que dans la région ou au-delà.

De ce qui précède, peut-on aujourd'hui malgré tout affirmer avec certitude que les technologies de l'information et de la communication peuvent sonner la fin de toutes formes de déconnexion des populations marginalisées comme celles de la région du Guéra ? A travers les pages qui suivent, nous proposons d'examiner l'ambivalence et les limites de 'connectivité' c'est-à-dire de l'ouverture au monde et sur le monde qu'offrent les TIC et en particulier les réseaux sociaux sur Internet pour des populations aux histoires entachées de crises et de marginalisation politiques comme celles de la région du Guéra.

Des échanges de connexion sur fond de déconnexion

> *En cette journée de prière et de joie familiale, je vous invite à continuer à œuvrer pour la cohésion, l'harmonie fraternelle et le bon sens pour qu'enfin la distance et les réserves qui ont marqué les fils et filles du Guéra, notre chère région, ne soient plus qu'un lointain souvenir. Bonne fête à tous.*
>
> <u>31 août 2011, 21:10</u>

Abdoulaye H.

> *Bonsoir à tous mes frères et sœurs. Je souhaite une bonne fête de ramadan à vous tous et à vos proches. Que Dieu puisse vous envoyer son esprit saint pour guider vos pas vers le bon chemin et unir nos forces, pour faire triompher le Guéra.*
>
> 31 août 2011, 19:21, via mobile

Samy Helou

Ces deux dialogues sont des messages postés le jour de la fête musulmane de Ramadan de l'année 2011 par des jeunes, membres du forum de discussion MSRA sur le réseau social Facebook. Comme il est de coutume dans la tradition musulmane au Tchad, les fêtes musulmanes de Ramadan, de Tabaski, etc., sont des occasions de s'adresser des vœux de santé, de bonheur, et aussi des vœux pour l'accomplissement des projets divers.

Ces deux dialogues nous mettent en présence de deux situations paradoxales opposant la connexion que caractérisent leurs formes, à la déconnexion que caractérisent leurs fonds. Du point de vue de leurs formes, les deux messages sont envoyés par deux supports, différents. Le premier message est envoyé depuis un ordinateur et le second message depuis un téléphone mobile d'où l'inscription 'via mobile' qui suit le message. Ce qui dénote la connexion des jeunes hadjeray de tous les bords par tous les moyens.

Du point de vue de leurs fonds, ces deux messages peuvent inspirer quelques commentaires sur l'ambivalence des TIC et plus particulièrement des réseaux sociaux sur Internet qui contraste avec les discours et les actes découlant de l'observation faite sur les TIC.

Du point de vue de leurs fonds, les deux massages appellent tous à l'unité des fils du Guéra. En fait, tant du point de vue de leurs formes que de leurs fonds, ils peuvent inspirer une réflexion sur la place des TIC en général et sur les réseaux sociaux sur Internet tel Facebook en particulier dans la 'connexion' et dans la 'déconnexion' de la société hadjeray, plus spécifiquement sa jeunesse et aussi de leur rôle dans le repli identitaire. Car ces deux discours démontrent l'ambivalence des TIC en rapport avec les situations sociales et politiques des usagers.

L'évolution des technologies de l'information et de la communication à travers leurs multiples composantes que sont aujourd'hui les réseaux sociaux sur Internet ont entraîné avec elles plusieurs niveaux de débats quant à leur rôle dans la connexion ou dans la 'déconnexion' des personnes (Jurgenson, 2012). Certains verraient en elles des outils sans commune mesure quant à leur rôle dans la connexion des populations, en ce qu'elles permettent à des communautés éloignées de leurs pays, de leurs familles, de constituer une même communauté virtuelle de débat, de réflexion et même d'action par le biais de l'Internet (Bernal, 2006 ; Benitez, 2006 ; Tung, 2011 ; Hassan, 2011).

D'autres au contraire trouvent que les TIC, en facilitant les contacts à distance, en rendant des services sans l'assistance d'autrui, ont plutôt constitué une machine de déconnexion des populations (Ito *et al.*, 2007). Dans ce même ordre d'idées, certains auteurs estiment que les TIC ont même porté à leur paroxysme l'individualisme (Marche, 2012) entretenu naguère par le capitalisme et la télévision, d'où la thèse 'isolationniste' des TIC de Sherry Turkle (2011) pour qui, avec les TIC, les gens n'ont plus besoin de contact ou de l'aide d'autrui. De ce fait, les individus vivent de plus en plus reclus, distants les uns les autres ; d'autant plus que de son bureau ou de sa maison, on peut effectuer toutes sortes d'opérations, de tâches qui naguère auraient forcément nécessité de longs déplacements et des contacts avec autrui.

Cependant, depuis quelque temps, on assiste à des événements, des soubresauts, dans lesquels les TIC ont joué un rôle de premier plan. À travers ces événements, on voit mis en exergue le rôle 'connecteur', rassembleur, mobilisateur des TIC au-delà des régions, des ethnies, des idéologies à travers les SMS et les réseaux sociaux sur Internet, notamment Facebook, comme ce fut le cas dans le mouvement des protestations en Tunisie, en Egypte, et en Libye durant le printemps 2011.

Bien qu'à travers ces événements, les TIC viennent de nous montrer leur capacité de connexion, de mobilisation en apportant un démenti cinglant à la thèse 'isolationniste' des TIC de Sherry Turkle (2011), il n'en demeure pas moins qu'on ne peut affirmer de façon absolue qu'elles aient mis un terme définitif au débat ou à la nuance de toute forme de déconnexion, d'isolation des TIC. L'une des illustrations d'autres formes de 'déconnexion dans la connexion' des TIC est celle qu'il nous a été donné de relever à propos des jeunes de la région du Guéra. Ce constat nous provient d'une composante des TIC qui est pourtant supposée être l'une des plus 'connecteuses' à savoir le réseau social Facebook (Wikipédia, 2012 ; Ghannam, 2011 ; Wellman *et al.*, 2011).

Facebook : Espace d'éveil de conscience des jeunes

Connu comme l'un des réseaux sociaux sur Internet les plus utilisés (Zeynep, 2012 ; Wikipédia, 2012 ; Marche, 2012), Facebook apparaît comme le réseau social qui est à même de rendre aux TIC leurs lettres de noblesse en matière de 'connectivité'. La plupart des analystes s'accordent à dire que le réseau social Facebook est le symbole même de la connexion et de la mobilisation de masse (Wassef, 2012 ; Ghannam, 2011 ; Tufekci, 2012 ; El-Nawawy *et al.*, 2012). Certes, le réseau social Facebook apparaît incontestablement comme l'un des réseaux sociaux qui ont donné aux TIC leur substance et leur consistance en matière de déconnexion. Le succès ou du moins le caractère 'connecteur' de Facebook a eu le mérite de connecter même les jeunes d'une région enclavée et dépourvue d'infrastructures comme la région du Guéra comme on l'a montré au chapitre 8. Cependant, il apparaît aussi qu'ils vont par endroits être victimes de leurs propres succès. La trop grande utilité et polyvalence de ce réseau consistant à faire circuler toutes sortes d'informations : textuelles et audiovisuelles, va entraîner une certaine forme de 'déconnexion dans la connexion' des connectés hadjeray.

Si les technologies de l'information et de la communication représentent incontestablement une chance inouïe pour les jeunes hadjeray dispersés de se rassembler, de discuter, d'unir leurs forces et leurs idées pour la résolution des problèmes socio-économiques de leur région. Elles apparaissent aussi comme un dangereux support médiatique où peuvent circuler les informations de nature à susciter des frustrations de tout genre, pouvant provoquer et attiser des sentiments de révolte et de repli sur soi. En effet, les TIC, avec leurs composantes des réseaux sociaux sur Internet, surtout Facebook, permettent la circulation des informations de toute nature (audio, vidéo, photo) en temps réel, et ce par où qu'elles se passent, y compris dans une région comme celle du Guéra. L'accès au réseau social Facebook par le téléphone mobile a permis aux jeunes de cette région de créer un groupe de discussion au sein duquel les informations de toute nature sur la région du Guéra sont de temps en temps postées, donnant lieu à des débats entre les membres. Cependant, les informations postées sur Facebook à l'endroit des membres du groupe et relatant la marginalité économique, sociale, infrastructurelle et politique de leur région, ressemble à un couteau à double tranchant qui peut servir et en même temps nuire. De par les informations qu'elles font circuler et les prises de conscience des jeunes qu'elles suscitent, les TIC apparaissent indéniablement comme un instrument de conscientisation et de motivation dans le travail pour les jeunes ressortissants de leur région du Guéra. Leur caractère de véhicule d'informations, pour la plupart douloureuses, sensibles, semble remettre le couteau dans la plaie, pour provoquer un choc, une frustration et le repli identitaire. À ce propos, il a été noté deux cas de circulation d'informations sur la région du Guéra sur le forum de discussion de MSRA où l'on a pu voir l'ambivalence du rôle des TIC à travers le réseau social Facebook. Le premier cas porte sur un documentaire sur la ville de Mongo, le chef-lieu de la région du Guéra, dont le lien suit et le second cas concerne une information portant sur les remous politiques qui avaient agité la classe politique du Guéra en août 2011 et posté par un membre du groupe MSRA.

La vidéo ci-dessous est un documentaire posté par H. Fadoul K., à l'attention des membres du groupe MSRA. Il s'agit d'un documentaire réalisé par l'ONRTV (Office National de Radio et Télévision du Tchad). C'est un documentaire qui entre dans le cadre de la connaissance du Tchad à travers les réalités socioculturelles des différentes régions qui composent la République du Tchad. En fait, le Tchad est un pays de diversités ethniques, linguistiques, culturelles, économiques etc. (cf. Chapelle, 1980). De par l'immensité du pays, les Tchadiens s'ignorent de coutumes, de cultures, d'identités, bref de réalités socio-culturelles et socio-économiques etc. Pour que chacun des Tchadiens puissent découvrir et connaitre qui sont ses autres compatriotes, l'ONRTV, la télévision nationale tchadienne, a initié une émission appelée 'Darri' qui signifie en arabe local tchadien 'mon pays', 'ma région' et qui consiste à présenter les potentialités culturelles, humaines, économiques ainsi que les problèmes de chaque région. Dans le cadre des activités de l'émission 'Darri', elle a effectué au mois d'août 2011, une tournée de reportage dans la région du Guéra, plus précisément dans la ville de Mongo. Au cours de cette tournée, elle a réalisé un documentaire sur les potentialités de la région du Guéra et aussi sur les problèmes que rencontrent les populations de cette région de manière générale et celles de la ville de Mongo en particulier. On voit dans ce documentaire un reportage sur les différentes activités économiques de la région du Guéra et plus spécifiquement sur le problème de l'eau potable à Mongo. Ce reportage était suivi de l'entretien avec le maire de la ville de Mongo qui faisait état de manque d'eau potable dans la ville de Mongo, puis du Délégué du ministère de l'Education nationale du Guéra qui a à son tour, fait la situation désastreuse du secteur de l'éducation en épinglant un manque 'criant d'enseignants'. Au lendemain de la diffusion de ce documentaire à la télé Tchad, un membre du groupe l'a posté sur le réseau social Facebook à l'intention des membres, précédé du message : 'C'est important, unions-nous pour le développement du Guéra'.

Photo 9.3   Ville de Mongo dans le Guerra
Tchadonline TV

Source : www.dailymotion.com

Ce documentaire est venu faire rappeler avec amertume aux membres du forum, la marginalité de la région du Guéra sur le plan des infrastructures, notamment en matière d'adduction d'eau potable et d'éducation. Ce documentaire a entrainé sur le coup plusieurs réactions paradoxales des membres du forum de discussion et dont deux d'entre elles ont retenu notre attention de par les émotions qu'elles ont suscitées. La première réaction que ces informations sur la marginalité de la région du Guéra ont provoquée est la prise de conscience de la responsabilité de chacun des jeunes membres du groupe devant la misère de leur région dont ils ne sont pourtant pas responsables, mais à laquelle ils comptent faire face. Il se passe comme si ces informations sont venues interpeller la conscience de chacun de ces jeunes, en témoignent leurs réactions qui suivent:

> *Cette très belle vidéo fait chaud au cœur. Le Guéra regorge de beaucoup de potentialités mais il manque juste la volonté politique et les moyens et l'encadrement. Je pense que l'information est une bonne chose pour celui qui aime bien sa région pour pouvoir comprendre ce qui se passe autour de soi. Tout ce qui se passe dans ce documentaire est une réalité du Guéra et c'est aux jeunes, c'est-à-dire la nouvelle génération, de prendre leur destin à main ... et avoir une UNION SOLIDE pour faire face à tous les problèmes évoqués çà et là. Le passé ne réanime que déception. L'avenir dépend de tout un chacun et donc du travail, de l'amour et de la confiance. Le vrai épanouissement du Guéra repose dans le travail.*
>
> 30 août, 00:42, via mobile

Brahim Oumar Saleh[6]

> *Le meilleur atout qu'on doit chercher à consolider c'est l'unité des fils et filles du Guéra. Le reste c'est une question de détail. Il faut dire aussi que le monde est en pleine mutation et que la prise de pouvoir par les armes sera ou est déjà révolue. Les futurs dirigeants du Tchad seront ceux-là qui disposent de meilleures capacités intellectuelles. Donc il faut se former davantage et on sera au rendez-vous de l'histoire. Je suis un hadjarooptimiste.*
>
> Septembre 2011, 11:19

Alias Soumaine[7]

Comme on peut se rendre compte de l'évidence à travers les commentaires de deux jeunes inhérents au documentaire ci-dessus, les informations circulant sur les réseaux sociaux sur Internet au sein du groupe ont constitué une source de sensibilisation, de conscientisation et de motivation au travail pour les membres de ce forum sur réseau social Facebook. Ce documentaire a produit un effet stimulant auprès de beaucoup de jeunes membres du groupe, qui pensent que la situation de la pauvreté dans laquelle est aujourd'hui plongée leur région n'est pas une fatalité. Que les contraintes qui ont conduit la région du Guéra dans cette situation peuvent être vaincues. Pour ce faire, ils s'exhortent à travailler durement pour relever le défi comme l'exprime clairement Ismaël A. M.:

---

[6] Etudiant à l'Institut Polytechnique de Mongo.
[7] Etudiant en sociologie au Burkina Faso.

> *Ceci est un défi qui nous est lancé. Chacun de nous ne doit pas non seulement s'attrister, mais devrait se dire que l'homme est capable de changer les choses. Mes frères, vous devez comprendre qu'on n'a plus droit au repos, ni à l'échec dans nos études. Etudiez bien, on va se battre pour changer les choses par nous-mêmes. Ce sera une question de fierté régionale que de ne pas être derrière les autres. Numériquement, Intellectuellement, physiquement nous ne sommes pas les derniers des Tchadiens. Mais pourquoi on doit l'être socialement et économiquement. On doit avoir l'obligation de renverser les tendances. Fixons-nous une échéance et mettons-nous au travail.*
>
> septembre 2011, 14:19

Ismaël A. M.

En fait, une information sur la pauvreté des populations du Guéra, sur l'absence d'infrastructures ou sur la marginalité politique de la région du Guéra n'est pas en vérité une information pour les ressortissants de la région du Guéra. Car avant même l'arrivée des TIC permettant la circulation des informations sur Facebook comme c'est le cas aujourd'hui, les ressortissants du Guéra savaient déjà que leur région souffrait d'une pauvreté chronique, d'une marginalité politique et infrastructurelle de longue date. Cependant, si ceux qui sont nés dans la région ou y ont séjourné régulièrement ont une idée du niveau de la pauvreté et de la marginalité, les autres jeunes qui sont nés en dehors de la région, n'en ont entendu que parler vaguement. Et même, ceux qui ont vécu dans la région et ayant fait l'expérience de la pauvreté des populations hadjeray et de la marginalisation politique de la région du Guéra et qui ont quitté la région depuis un certain nombre d'années, ont tendance à penser que les choses se seraient améliorées après leur départ et ont tendance à oublier très vite le sort de leur région d'origine. Sur ce, l'avantage que présentent les TIC à travers la connexion au réseau social Facebook pour les jeunes, c'est de permettre à travers des images, des informations choquantes sur la misère du Guéra, de se rafraîchir les mémoires sur ces maux qui sont encore d'actualité. En somme, ces informations sur la situation désastreuse de la pauvreté, de la marginalité politique a pour effet de rappeler à ces jeunes, comme Moussa Raom[8] qui a connu une longue période d'absence dans la région, que les problèmes sont restés entiers, dans certains cas, ils ont même empiré. Aussi, la circulation des informations, des documentaires sur la région du Guéra sur Facebook, et au sein du forum MSRA, permet à ceux de ses membres qui n'ont jamais connu leur région d'origine, d'avoir avec précision une idée des maux dont souffre cette région. En se rafraîchissant de temps en temps les mémoires des problèmes du Guéra par les informations, par les documentaires, on assiste souvent en conséquence à des débats sur les situations sociales et politiques du Guéra, débats qui sont assortis de propositions concrètes et même d'engagements per-

---

[8] Etudiant, vivant depuis 5 ans à Moscou.

sonnels des certains membres selon les possibilités des uns et des autres, comme celui de Rahama Amola qui s'engage en ces termes:

> *C'est quant même un scandale qu'une région qui regorge de ressortissants enseignants aussi nombreux que le Guéra puisse connaitre un déficit d'enseignant comme s'en alarme le délégué de l'éducation nationale du Guéra. Si pour les autres problèmes, mes possibilités sont limitées, néanmoins je suis prêt à apporter ma pierre de solution au problème de manque d'enseignants. Je vous assure que cette année je vais demander mon affectation dans la région du Guéra à moins que la direction des ressources humaines du ministère de l'Education nationale ne me le refuse.*
>
> <u>septembre 2011, 19:01</u>

Rahama Amola

Certes en permettant la circulation des informations au sein du groupe, les TIC, à travers le réseau social Facebook, donnent la possibilité aux jeunes hadjeray de s'informer, de s'organiser, de se motiver pour le travail. Mais il n'en demeure pas moins que la circulation des telles informations peut aussi paradoxalement créer une frustration pour engendrer un repli identitaire sur soi. À ce sujet, plusieurs attitudes qui ressemblent fort à une frustration et à un repli identitaire n'ont pas manqué de jaillir.

Réseau social Facebook, espace de frustration et de repli identitaire

Tout en créant les conditions d'une rencontre extraordinaire entre les jeunes hadjeray dont l'histoire est celle de rupture de contacts, de marginalité politique, de marginalité sociale et de marginalité infrastructurelle, les réseaux sociaux sur Internet, plus particulièrement Facebook ont en même temps créé les conditions de sa propre contradiction ; c'est-à-dire de leur rupture, de repli sur soi, de leur 'déconnexion dans la connexion'. En fait, cette rupture, ce repli sur soi, cette déconnexion dans la connexion se situent à plusieurs niveaux dont le premier se trouve dans l'action même de servir de forum de rencontre, de partage d'information et d'échanges d'idées.

En effet, en permettant la création des réseaux sociaux des familles, d'amis, de groupes d'intérêts, les réseaux sociaux sur Internet ont entrouvert une brèche permettant aux groupes d'intérêts communs de se déconnecter des autres. L'exemple le plus illustratif est celui du forum MSRA sur le réseau social Facebook. En Rassemblant des personnes issues d'un milieu avec une histoire douloureuse de crises, comme les jeunes hadjeray, les réseaux sociaux sur Internet ont marqué un premier pas dans la déconnexion de ceux-ci. Au fait, au nom de l'intérêt de l'identité ethnique régionale, ces jeunes ont trouvé mieux de s'emmurer dans un forum de discussion 'fermé' sur Facebook, en toute discrétion et confiance pour mieux débattre de leurs condition sociales, politiques, et économiques. En créant ainsi un groupe fermé de discussion sur Internet, non seulement ils se démarquent des autres connectés, mais ils tiennent les autres à l'écart de leurs problèmes et ce par les TIC qui sont censées pourtant favoriser l'échange (Dönner, 2007), renforcer le partenariat, combattre la déconnexion (Castells, 2009), en accélérant le processus de globalisation (Gabas, 2004 ; Katz & Aakhus, 2002 ; Castells & Hinamen, 2002), en combattant les barrières sociales (Katz, 2006 : 117 ; Hunter, 2011), en favorisant l'émergence d'une identité culturelle commune de la jeunesse (Castells, 2006, 2009). Ce premier niveau de la déconnexion consistant à s'enfermer dans un forum de discussion fermé va être suivi par d'autres niveaux de la déconnexion, de la rupture, lesquelles rupture et déconnexion sont favorisées encore par les TIC à travers le réseau social facebook.

Si ailleurs, aux Philippines (Rheingold, 2002 ; Pertierra, 2005), en Chine (Castells, 2004), en Israël (Akiba *et al.*, 2009), ou dans certains pays arabes comme l'Egypte (Wassef, 2012), les TIC, à travers l'usage des SMS ou des réseaux sociaux sur Internet ont permis la mobilisation des populations pour une cause ou une situation politique donnée, au Tchad, de manière générale et dans la région du Guéra en particulier, elles n'ont pas réussi à susciter un quelconque mouvement de masse, et ce en dépit de quelques mouvements de grogne sociale qui ont eu lieu en 2011, et qui auraient pu être inspirés par ce qui s'est passé en Tunisie, en Egypte et en Libye. Surtout que la grogne était liée à la cherté de la vie et plus particulièrement à la crise énergétique qui a par plus de deux fois paralysé le pays, et ce malgré l'ouverture des vannes de la raffinerie locale de pétrole de Djarmaya située à 80 Kilomètres de N'Djamena, et qui sont d'ailleurs à l'origine de la pénurie du carburant. En effet, en septembre 2011, le Tchad avait connu une crise énergétique qui avait paralysé les activités au Tchad de manière générale et dans la ville de N'Djamena en particulier. Cette crise était due à l'indisponibilité du carburant sur le marché tchadien suite à la fixation du prix du carburant par le Gouvernement. Devant la persistance de cette crise énergétique, les associations de la société civile tchadienne sont montées au créneau pour contraindre le Gouvernement à y trouver une solution. Au nombre de ces associations de la société civile, se trouve le G-CRAC (Groupe de Citoyens à la Recherche d'Alternative Crédible) qui, outre ses communiqués de presse dénonçant l'attitude du gouvernement, a innové une méthode de lutte en lançant sur Internet la demande de signature d'une pétition contre l'augmentation du prix de carburant.

Le second cas concerne la reconnaissance de la Palestine par l'Assemblée générale de l'ONU. En effet, en septembre 2011, il s'était agi lors de la session annuelle des Nations Unies à New York, de la reconnaissance de la Palestine comme membre à part entière de cette institution mondiale. Cette question a donné l'occasion à des activistes sur le Net difficiles à identifier, de lancer sur les réseaux sociaux, en particulier sur Facebook, une pétition en faveur de la reconnaissance de la Palestine par L'Organisation des Nations Unies. Pour ceux qui acceptaient de signer cette pétition, il leur suffisait de cliquer sur un lien qui est envoyé sur l'Internet pour ouvrir la page et remplir quelques formalités d'usage. Ce lien a été proposé par un membre du groupe MSRA à l'intention des membres dudit groupe.

Ainsi, loin de créer comme ailleurs une synergie d'action, de susciter une réflexion commune pour un mouvement de masse, les TIC au Tchad à travers l'étude des cas du groupe MSRA, nous montrent le visage contraire de ce qu'on a pu voir ailleurs. Au lieu de cultiver le rassemblement comme ailleurs, ici, les TIC créent plutôt un repli sur soi à travers les informations frustrantes qu'elles véhiculent. En effet, la frustration, le mécontentement cultivé par les informations sur Facebook au sein de ce groupe a plutôt suscité le repli que le rapprochement, à l'exemple des suivantes informations données par Amera Hassan[9] et un commentaire posté par Adam Hano, tous deux membres du forum de discussion:

> *Les Hadjaraï claquent la porte du MPS[1]. Sommes-nous locataires de notre patrie? Frustrés de n'être pas représentés au gouvernement du 17 août dernier, les Hadjaraï, cadres et militants du MPS, estiment qu'ils n'ont aucun avenir avec le régime de Deby Itno. Aussi décident-ils de claquer la porte du parti qu'ils ont hissé au sommet de la gloire. C'est la réaction des cadres politiques du Guéra contenue dans une fiche dressée et signée du secrétaire national du MPS chargé de l'Éducation, à l'attention du chef de l'État.*
>
> <u>8 septembre 2011, 21:51, à proximité de N'Djamena</u>

Amera Hassan

> *Ça fait vraiment mal, sincèrement mal de constater les faits réels qui se produisent dans la zone du Guéra. Pas d'eau, source de vie, les gens meurent de la famine dans certaines localités et les autres se partagent les voitures, des millions, des cars, des chameaux...je ne comprends rien du tout. Ce sont des choses à prendre au sérieux. Et chercher des solutions en éprouvant son existence par suite ... il y aura un changement des choses ... avec les nouveaux cadres de la région du Guéra ... mais pas les anciens qui nous ont beaucoup fait couler les larmes, pour les avantages des autres, croyant qu'ils sont générés. 'Il faut être fou avec tout le monde que d'être sage tout seul'.*
>
> <u>septembre 2011, 11:19</u>

Adam Hano

L'information de Amera Hassan est relative au séisme politique qui a secoué en août 2011 la région du Guéra lorsqu'au terme du marathon électoral de 2011, un nouveau gouvernement a été formé sans la présence d'un ministre hadjeray au titre du parti au pouvoir. Les cadres politiques hadjeray non représentés issu de parti au pouvoir ont décidé de s'agiter pour se faire entendre. Cette agitation a fait l'objet d'une information au sein du forum de discussion sur le réseau social Facebook dans le groupe MSRA. La

---

[9] Amera Hassan n'a pas dévoilé son statut. Mais de par les scoops qu'il poste souvent, tout porte à croire qu'il vit à N'Djamena.

manière dont l'information a été donnée était de nature à susciter la frustration lorsque, l'auteur écrit : « Sommes-nous locataires de notre patrie ? ».

Le second message est un commentaire posté par Adam Hano suite à la diffusion du fameux documentaire et sur la marginalisation sociale et infrastructurelle de la région du Guéra. Comme pour susciter davantage la frustration, l'auteur fait la comparaison entre le luxe insolent dans lequel se vautrent beaucoup de cadres politiques tchadiens et la misère criante qui règne dans la région du Guéra. Ces informations ne sont que la partie visible de l'iceberg parmi tant d'autres que nous ne pouvons tous en citer ici. De par leur nature incitatrice, ces informations et commentaires ne sont pas de nature à encourager une synergie d'action entre la jeunesse hadjeray et les autres Tchadiens qui sont d'ailleurs vus de manière indirecte comme les responsables de la situation dans laquelle se trouve la région du Guéra. Ainsi, chaque information sur la situation socio-économique, sociopolitique est suivie des commentaires de frustration des uns et des autres et qui se terminent souvent par des formules d'appel à la solidarité, à l'union, à l'unité des jeunes hadjeray à l'exemple du suivant message de Abdel M. Z. :

> *Mais force est de constater que malgré tous les sacrifices consentis par nous les Hadjaraï, nous et notre région sommes à la traine politiquement, économiquement et socialement. Pourquoi cela? Quel péché les Hadjaraï ont-ils commis pour que leur région souffre dans son entièreté du manque cruel d'eau à boire ? Pourquoi le Guéra manque-t-il des infrastructures sanitaires et administratives ? [...] Pourquoi les fils du Guéra font-ils souvent l'objet de marginalisation et d'exclusion sans fondement ? Pourquoi les Hadjaraï, pourtant 'sauveteurs', sont-ils devenus aujourd'hui indésirables de certains Tchadiens? Si jusqu'ici le Guéra n'a pas abrité les festivités du 1er Décembre[1], à qui la faute?*
>
> septembre 2011, 22:57

Abdel M. Z.

La connexion par les TIC à travers le réseau social Facebook avait dans un premier temps servi à la région du Guéra d'entrer dans la 'mondialisation de l'information'. Mais aujourd'hui, les multiples appels à la solidarité, à l'union ethnique régionale, tranchent singulièrement avec l'entrée dans le monde de la mondialisation de l'information (Katz, 2006; Castells *et al.*, 2006; Santner, 2010).

La solidarité et l'union des jeunes de la région du Guéra prônées à toutes les occasions dans cet espace de communication qu'est le réseau social Facebook n'est pas à première vue une mauvaise chose en soi ; d'autant, plus qu'à travers les informations qui y circulent et les débats qui s'ensuivent, on assiste à une conscientisation des jeunes sur les maux auxquels est confrontée la région du Guéra. Cependant, il n'en demeure pas moins que le réseau social Facebook apparaît comme un outil susceptible de cultiver un repli identitaire préjudiciable, à l'unité et à la solidarité nationale et supranationale. En effet, les différents messages des membres du forum de discussion des jeunes hadjeray font voir la marginalité politique et infrastructurelle de la région du Guéra et de ses habitants, comme la résultante d'une politique d'exclusion savamment pratiquée par l'Etat d'une part et par une attitude hostile des autres d'autre part. À ce titre, ces jeunes n'ont peut-être pas totalement tort d'autant plus que la formation du gouvernement d'août 2011 qui a causé de remous dans la classe politique de la région du Guéra semble leur donner raison. En conséquence, les différents discours et commentaires des membres du forum ne font nullement mention, ni allusion à l'unité ou à la solidarité nationale ou supranationale, moins encore à l'avenir du Tchad. La préoccupation des intervenants de ce forum de discussion sur le réseau social Facebook se focalise exclusivement sur le sort de la région du Guéra et de ses habitants et surtout de leurs conditions de vie, et ce, au détriment de celui des Tchadiens et des autres régions qu'on semble accuser sans les nommer d'être d'une manière ou d'une autre responsables de la situation de marginalité sociopolitique et économique dont souffre la région du Guéra. Les discours des uns et des autres font sentir l'élan et le relent d'un repli identitaire, un sentiment, une attitude de régionalisme. Beaucoup d'intervenants expriment de manière ouverte leur bonheur d'être dans ce groupe hadjeray de discussion sur Facebook, qui pour eux est le seul lieu où ils se sentent en famille, à l'exemple de Sidick Khalit qui exprime sa joie d'être dans ce groupe en ces termes :

> *Bien que tous les membres de ce groupe ne soient pas mes amis directs sur facebook, sachiez que je me sens vraiment en famille ici. Je vous adore tous.*
>
> septembre 2011, 21:19

Sidick Khalit

Ce repli identitaire régionaliste s'est illustré dans le forum de discussion coup sur coup par deux cas de refus de s'ouvrir, de faire front commun avec les autres internautes activistes d'ailleurs.

Cas 1 : refus de signer une pétition pour la baisse du prix de carburant au Tchad
La demande de signature de pétition pour la baisse du prix de carburant au Tchad a été transmise au sein du groupe par un de ses membres. Malgré la clarté du bien-fondé de la pétition et l'explication qui avait été fournie, force est de constater une levée de boucliers de la part des autres membres du groupe qui l'ont rejetée catégoriquement à l'exemple du message de Amidouat Soussé:

Chapitre 9

> *Je suis très déçu par le comportement du Maita K. Je n'ai aucunement des problèmes avec lui, sauf que j'ai remarqué qu'il est en train de nous amener vers ce G-Crac-Tchad qui est projet de lutte nationale, alors qu'ici dans le groupe MSRA, nous discutons des sujets touchant notre région. Dans ce cadre précis, il doit y avoir une certaine stratégie de parole et de mise en valeur de nos maux grâce à un espace secret. Le sacrifice pour le Tchad, on l'a déjà fait plusieurs fois et ce qu'on a gagné, je n'ai pas besoin de le dire. Je demande à Maita K. de compter lui-même ses frères et ses voisins hadjeray qui sont morts pour la liberté et la démocratie au Tchad et en comparaison, de regarder l'état actuel de la région du Guéra. Faut-il encore recommencer cette ânerie ? Ma position est catégorique, non. Va-t-en avec ton G-CRAC ailleurs*
>
> septembre 2011, 10:26

Amidouat Soussé

Comme l'a relevé l'intervention de ce précédent internaute, la pétition contre l'augmentation du prix de carburant a été rejetée au motif que c'est une cause nationale. Alors que les jeunes hadjeray ne font pas de la cause nationale une préoccupation. Mais leur préoccupation est demeurée focalisée sur les problèmes dont souffrent la région du Guéra et sa population. Un autre jeune intervenant plus régionaliste que le précédent trouve qu'écrire une pétition c'est une bonne initiative, mais pourquoi ne pas l'écrire plutôt en faveur du Guéra et ses habitants :

> *L'augmentation du prix du carburant au Tchad ne doit pas faire l'objet de la signature des pétitions par nous. Au lieu de signer une pétition contre l'augmentation du prix du carburant qui est une lutte pour tout le monde, pourquoi on ne doit pas signer une pétition contre l'arrestation de Djibrine Assali[1], ou pour la construction d'une école ou un forage d'eau dans un coin de la région du Guéra.*
>
> septembre 2011, 08:42

Mamadou Doungous

Le cas 2 : refus de signer une pétition pour la Palestine

Le deuxième cas de repli est celui qui a été noté aussi en septembre 2011, juste peu de temps après le premier cas. Il s'agit là aussi d'un refus de signer une pétition, mais en faveur de la reconnaissance de la Palestine par les Nations Unies. Sans surprise et de la même manière que la première, cette deuxième pétition a été aussi rejetée comme le montre le message de refus d'Ousta Soudya:

> *Moi je ne comprends pas pourquoi on ne veut pas tirer les leçons de ce qui nous est arrivé et qui nous a plongés dans la situation dans laquelle nous sommes d'aujourd'hui. Je me rends compte que souvent certains d'entre nous se trompent de combat. Au lieu de réfléchir et résoudre nos propres problèmes, on cherche à résoudre le problème des gens qui en vérité en ont moins que nous. Au lieu de nous proposer des solutions pour régler les problèmes socio-économiques de la région du Guéra, vous nous conviez à signer une pétition pour la reconnaissance de la Palestine. Vous oubliez que nous-mêmes nous avons notre Palestine le Guéra à sauver. Certes, la Palestine est marginalisée au sein des Nations Unies, mais notre chère région le Guéra ne l'est pas moins. La Palestine reçoit les aides et focalisent toutes les attentions des pays arabes et le Guéra alors, il bénéfice de l'attention de qui ? Je vous demande de ne pas trop perdre vos temps à régler les problèmes des autres alors que vous-mêmes vous êtes en problèmes.*
>
> septembre 2011, 09:19

Ousta Soudya

Conclusion

Depuis leur apparition, les TIC et plus particulièrement la téléphonie mobile dans les zones marginalisées ont généré des concepts de 'connexion', de 'globalisation', de 'mondialisation' (Amselle, 2001 ; Gabas, 2004 ; Chéneau-Loquay, 2004 ; Castells & Himanen, 2002). Ces concepts étaient longtemps demeurés du domaine de rêve pour certaines zones défavorisées à cause des infrastructures de haute technologie que nécessitent celles-ci. Du rêve dont la réalisation était presque inespérée de sitôt, on se retrouve aujourd'hui avec les réalités de la connexion, de globalisation, de mondialisation de ces zones défavorisées et dépourvues d'infrastructures comme la région du Guéra, grâce à la magie de la téléphonie mobile conjuguée à la détermination des jeunes à être connectés par tous les moyens.

Conçue à son arrivée au Tchad en 2001 pour une communication vocale et graphique (SMS), la téléphonie mobile ne permettait à ce stade que des contacts individuels entre amis et parents.

Mais depuis 2010, la communication par la téléphonie mobile a connu une évolution technologique fulgurante pour devenir un moyen de communication multimédia, permettant aujourd'hui l'accès aux réseaux sociaux sur Internet. L'avènement des réseaux sociaux de communication sur Internet, plus particulièrement Facebook sur téléphone mobile, a fait de ce dernier, un moyen de communication de masse qui n'est pas sous le seul monopole de l'Etat comme le furent naguère la radio, la télévision, etc. Cette fonction de communication de masse que constitue le réseau social Facebook a contribué à l'émergence de la jeunesse qui trouve là un cadre d'émancipation du joug des parents et des leaders politiques qui pendant longtemps avaient confisqué la liberté d'organisation pour cultiver une identité culturelle et politique hadjeray.

Aussi, à travers les réseaux sociaux sur 'Internet mobile', les jeunes trouvent là un raccourci pour entrer dans le monde de la 'globalisation de l'information', eux dont beaucoup n'ont jamais vu l'ordinateur. La connexion des jeunes au réseau social Facebook a permis de hisser en matière de communication, une région marginalisée comme le Guéra au même niveau que d'autres régions et pays du monde.

Cependant, tout en ouvrant les jeunes au monde par la circulation des informations, elle leur fournit en même temps les moyens d'attiser les frustrations pour cultiver une fibre identitaire régionaliste pour un repli sur soi, entrainant de ce fait leur déconnexion des autres connectés. La quête de liberté et de méfiance des jeunes envers les autres les a conduits à la création d'un forum clos sur Facebook où ils discutent librement de leur identité ethnique et régionale.

À ce niveau, il convient de constater une certaine appropriation de l'identité hadjeray par les technologies de l'information et de la communication : une identité faite de quête de liberté de communication, d'ouverture et de méfiance envers les autres et de tension sociale symbolisée par le conflit de générations. Car cette attitude d'ouverture et de repli sur soi des jeunes hadjeray qui s'exprime ici à travers le réseau social Facebook, est une des caractéristiques de l'identité hadjeray, comme l'a si bien mentionné Allag Waayna (2009 : 4) pour qui : « Le Hadjeray est un homme qui cultive une permanente culture d'oùverture d'esprit, mais aussi une culture d'autodéfense, de réaction instinctive de repli sur soi ».

En fait, cette 'connexion-déconnexion' des jeunes hadjeray interroge la théorie de la connectivité absolue des TIC tant vantée par les auteurs. Peut-on parler de la connexion des marginaux lorsque ceux-ci se connectent pour se 'déconnecter' des autres connectés ? Aussi, la frustration et la conscientisation que les TIC à travers les réseaux sociaux sur Internet peuvent susciter dans le milieu des jeunes marginalisés comme on peut le voir dans le cas du forum MSRA, ne constituent-elles pas une bombe à retardement pour l'avenir des nations fragiles comme le Tchad ?

10

Conclusion générale

L'identité hadjeray façonnée par les crises et la communication

La présente thèse porte sur la place de la communication dans la construction identitaire dans une société de crises, celle des populations hadjeray. Cette problématique découle d'un thème général portant sur le 'conflit, la mobilité et la communication' au Tchad en général et dans la région du Guéra en particulier ; thème que nous avons pu circonscrire après une période d'observations des faits et de recueils de déclarations d'interviewés sur les événements marquants qu'ils ont vécus et continuent de vivre.

L'un des principaux observés et interviewés, au récit de vie tumultueusement riche en événements qui nous a permis de bâtir notre problématique et nos questions de recherche est Hamat, une vieille connaissance perdue de vue depuis des décennies et vivant dans le Nord du Cameroun. Il est le tout premier enquêté que nous avons contacté. Les conditions et les péripéties de notre rencontre, les observations sur ses faits et gestes empreints du réflexe de la peur, plus particulièrement pour les 'corps habillés', des années de violence politique qu'il a vécues, ainsi que ses déclarations, montrent son microcosme malaisé empreint de crises, de mobilité, de séparation, de retrouvaille et de dynamique identitaire. Ce microsome de Hamat, est aussi celui de beaucoup d'autres populations du Guéra. Au regard de ce microcosme aux éléments gravitant essentiellement autour de la communication et de l'identité, il nous apparaissait pertinent de chercher à comprendre les relations entre la communication et les crises et aussi d'examiner le rôle de la communication, en particulier celui des technologies de l'information et de la communication à travers la téléphonie mobile dans la mobilité et dans la construction de l'identité hadjeray. Car les TIC, plus précisément la téléphonie mobile, est un nouveau moyen qui a facilité et dopé la communication, pas seulement interpersonnelle, mais une communication de masse avec l'avènement des réseaux sociaux de communication sur Internet tel que Facebook. À ce propos, il était particulièrement judicieux de voir dans quelle mesure les TIC peuvent connecter ou déconnecter les populations aux histoires liées aux longues crises comme celles de la région du Guéra. La constellation des éléments (crises, peur, mobilité, séparation, retrouvaille, dynamique identitaire, etc.) qui accablent la vie de Hamat comme celle de beaucoup d'autres populations du Guéra et ayant pour noyau la communication, nous a amené à les aborder dans un ensemble appelé 'écologie de la communication de la société hadjeray'. Le paradoxe qui apparaissait dans la thématique de l'écologie de la communication de cette société, c'est que d'un côté il y a une forte manifestation de besoin de contacts entre les familles dispersées et de l'autre, il y a les difficultés de communication dues tantôt à l'absence d'infrastructures et moyens de communication, tantôt aux embûches dressées par l'Etat.

Face à un tel paradoxe, la mobilité était apparue comme la stratégie la plus adéquate. Étant elle-même une forme de communication, la mobilité était la stratégie de survie la plus pratiquée. Sa fréquence réduit considérablement la communication à distance entre les parents séparés, par les lettres et autres moyens traditionnels de communications frappés par les restrictions. Mais de nos jours, les nouvelles technologies de l'information et de la communication tout en résolvant les problèmes de contraintes de communication, ont inversé le schéma du rapport mobilité-communication. Ainsi, la mobilité physique naguère omniprésente est aujourd'hui considérablement réduite par la mobilité par les ondes qu'ont créées les technologies de l'information et de la communication, grâce à leur caractère de moyen de communication instantané et oral, qui ont vaincu les contraintes de la peur qui occupait jadis une place de choix dans le schéma de l'écologie de la communication, même si elles nourrissent de temps à autre un sentiment de suspicion et de méfiance.

Cette tendance à l'immobilité actuelle grâce à la sécurité politique et alimentaire relative qui règne au Tchad de manière générale et dans la région du Guéra en particulier depuis un certain temps, ainsi qu'à la communication facilitée par les technologie de l'information et de la communication, apporte une nuance dans le qualificatif de « population mobile » avec laquelle on accablait naguère la population du Guéra. Cette nuance montre que la mobilité humaine, bien que très pratiquée autrefois par la population hadjeray n'était pas pour elle un style normal de vie. Mais elle était une stratégie de circonstance face aux aléas qui sévissaient à l'époque.

Par ailleurs, cette nuance contribue dans la foulée à montrer que l'identité hadjeray est une notion dynamique, mouvante, au gré des changements et de modifications des variables qui la sous-tendent et qui sont elles-mêmes sujettes aux changements. Ainsi, la mobilité qui faisait naguère partie de l'identité hadjeray est aujourd'hui une variable à revoir. A sa place, il y a lieu d'intégrer d'autres variables telles la communication par les technologies de l'information et de la communication et plus particulierement la téléphonie mobile qui entrent de plus en plus dans les mœurs de la population comme outil de gestion du quotidien.

Afin de comprendre de quelle manière, la communication et surtout la communication par les technologies de l'information et de la communication peut être un élément déterminant pour la dynamique identitaire, il importait de baliser les limites du groupe ethnique hadjeray afin de voir les transformations apportées par la communication dans ses différentes dynamiques.

Conclusion générale

Le groupe hadjeray aux frontières de l'identité et de l'identification ethnique

En parcourant la littérature ethnographique sur les populations du Guéra d'ailleurs assez peu nombreuse et datant pour la plupart des années 60, il convient de retenir que ces populations sont une mosaïque humaine aux multiples contrastes tant du point de vue de leurs origines que de leurs langues. Ainsi, comme l'ont énoncé certains auteurs (Amselle, 1985 : 10 ; Lonsdale, 1996) à propos des formations identitaires en Afrique, les frontières de l'identité ethnique hadjeray sont tracées par la colonisation française autour d'un conglomérat d'"ethnies' qui ne partagent ni les origines, ni les langues. Cependant, ces populations si hétéroclites soient-elles, partagent un certain nombre de réalités socioculturelles et géographiques qui semblent en faire des populations apparentées, comparées à d'autres populations voisines. En toute logique, l'appellation hadjeray d'ailleurs générique, parfois péjorative de nos jours, comme entité ethnique regroupant les populations de la région du Guéra, apparaît comme un non-sens pour les différents groupements des populations du Guéra.

Ainsi, au regard d'un certain nombre d'indicateurs sociaux faits tantôt de négation, tantôt de fierté et même d'appropriation de cette identité, mais à dessein, on est tenté de conclure que le terme hadjeray apparaît comme une identification plutôt qu'une identité ethnique d'un conglomérat de groupements humains au sens strict du terme.

Malgré l'absence de critères identitaires ethniques formels entre elles, les populations du Guéra ont accepté le destin d'être hadjeray que leur avait collé d'abord la colonisation en les regroupant dans un espace territorial et en en faisant une ethnie, puis par les ethnologues qui se sont efforcés de leur trouver des caractéristiques et définitions communes. Les populations hadjeray ainsi circonscrites comme ethnie, vont connaitre plusieurs mutations dans le temps.

De nos jours, force est de constater un écart entre l'identité hadjeray d'il y a quarante ou cinquante ans et celle d'aujourd'hui. Pour s'en apercevoir, il suffit de s'approcher des anciens et de les entendre parler de leur niveau de vie, de leur solidarité ethnique, bref de leur identité de l'époque d'avant les crises politiques que la région du Guéra a connues, pour se rendre compte de l'évidence.

En somme, l'histoire de l'identité hadjeray présentée par la colonisation et les auteurs et appropriée par les intéressés eux-mêmes peut certes permet d'avoir une idée sur la composante hadjeray en tant que populations, mais ne peut de nos jours suffire à saisir cette société dans sa complexité et dans sa dynamique identitaire mues par les crises politiques et écologiques qui avaient durement affecté la région du Guéra au lendemain de l'indépendance. D'où la nécessité de circonscrire aujourd'hui autrement l'identité des populations hadjeray à travers les différents événements et leurs conséquences que sont la terreur, la mobilité, la communication et plus particulièrement les technologies de l'information et de la communication qui sont un puissant nouveau moyen de communication ; par conséquent, de redéfinition des rapports sociaux, donc de la dynamique identitaire. Quelques-unes de ces dynamiques sont celles que nous avons expérimentées durant notre séjour dans les différentes communautés hadjeray à des fins de nos recherches anthropologiques de terrain. Loin des descriptions que nous fournissaient la littérature et les récits des anciens qui nous faisaient voir une population hadjeray solidaire, confiante, profondément attachée à ses valeurs ancestrales et fière d'elle-même, nous avions plutôt affaire aujourd'hui à une population meurtrie, profondément divisée et désolidarisée, appauvrie et qui doute de son identité qui est d'ailleurs par moments et par endroits reniée.

Pour mieux appréhender la place de la communication dans cette fluctuation de l'identité hadjeray, il importait d'abord de revisiter les décennies troubles que la société hadjeray a vécues afin de comprendre comment ces périodes de crises avaient impulsé les nouvelles dynamiques actuelles.

L'identité hadjeray affaiblie par les crises, mais renforcée par la communication

Au terme du parcours des décennies de violences politiques, il convient de retenir les mots crises et communication, deux concepts clés dans l'étude des populations du Guéra, étant donné le caractère 'conflictuel' de la société et mobile des populations.

Comme nous l'avons montré dans le corps du travail aux chapitres 1, 4 et 6, il existe une relation entre conflit et communication. L'interview de notre enquêté Hamat le démontre si bien. La crise apparaît comme le vecteur et le coefficient de la communication d'autant plus que là où il y a crise, il y a communication. Mieux, là où la crise se densifie, la communication se multiplie proportionnellement par ricochet. Ce sont ces deux concepts qui vont influer énormément sur l'identité hadjeray au point de lui donner les caractéristiques actuelles qui la définissent et qui sont la mobilité, la paupérisation, la disparition des valeurs intrinsèques (Allag, 2008).

À l'origine de ces faits, se trouvent justement les crises et violences politiques qui ont déstructuré cette société ainsi que son identité. À la place de l'identité hadjeray fièrement portée hier par les populations du Guéra, on trouve aujourd'hui brandis les noms des différents clans. Cette dénégation découle justement des périodes de crises et violences politiques qui avaient longtemps cours dans cette région et au Tchad, et qui à une certaine époque visaient l'identité hadjeray. Si cette logique de la dénégation est toujours en vigueur pour les populations hadjeray de la région du Guéra, il n'en est pas de même pour ceux vivant à l'extérieur de la région. Ainsi, à l'extérieur de la région du Guéra, vis-à-vis d'autres ethnies tout comme vis-à-vis de l'Etat, on assiste à la consolidation de cette identité qui apparaît comme un parapluie, mieux comme un groupe stratégique à géométrie variable, qui consiste à défendre des intérêts communs par le biais de l'action sociale ou politique (Bierschenk & de Sardan, 1994 : 37). Pour ce faire, on assiste à l'appropriation de l'identité ethnique hadjeray par des personnes, pour des intérêts politiques et sociaux. À cet effet, n'a-t-on pas assisté en 2011 à une gesticulation des hommes politiques de cette région menaçant de démissionner du parti au pouvoir si un des leurs n'est pas fait ministre. Antérieurement à cela, on a assisté en 1993 à la levée de boucliers des hommes politiques de la région du Guéra devant un projet de décentralisation qui devait dissoudre la région du Guéra au profit de ses voisines.

Comme tout phénomène ethnique, l'identité ethnique hadjeray est en constante construction. Hier sa construction était d'abord l'œuvre de la colonisation, puis des hommes politiques de la région du Guéra. Mais aujourd'hui, on remarque de plus en plus l'entrée en scène de la jeunesse à travers la création de l'association pour sa consolidation.

À l'opposé des crises qui ont plus tendance à mettre à mal l'identité hadjeray, en surfant sur les différences entre les populations, il y a la communication qui a joué le rôle contraire, constructeur de la dynamique identitaire. L'illustration nous est administrée par l'étude de cas de Ayoub au chapitre 6. Cette étude de cas montre que la communication est un élément important pour la construction de l'identité d'autant plus qu'elle a permis de construire une identité hadjeray qui est immortalisée par tout un quartier hadjeray dans le village Tachay, dans la région du Chari-Baguirmi, tout comme dans beaucoup d'autres localités où, sur la base de la communication drainant parents et amis, on a assisté à la création de quartiers ou de villages entiers peuplés uniquement des populations originaires du Guéra et prenant des noms et identités hadjeray. Ces quartiers ou villages créés au départ par une personne ou une poignée de personnes se sont agrandis avec l'arrivée d'autres Hadjeray au gré de la circulation des informations comme l'affirmait le chef de quartier hadjeray au chapitre 4. À l'opposé, la rupture de contact, de communication entre Ayoub et ses parents pendant la période de la dictature de Habré, lui a fait prendre une autre identité ethnique. Cet exemple met la communication au centre de la dynamique identitaire hadjeray.

Dans le même registre de l'importance de la communication dans la dynamique identitaire, il est apparu depuis une décennie, de nouveaux moyens de communication, en l'occurrence les technologies de l'information et de la communication qui ont facilité considérablement la circulation de l'information, les contacts entre parents dispersés. À cet effet, il importe de voir quelle dynamique, elles ont pu impulser au processus de la construction de l'identité des populations hadjeray pour conforter la thèse du rôle catalyseur de la communication dans la dynamique identitaire hadjeray, ou au contraire pour l'infirmer.

Au terme d'une implantation de bientôt dix ans dans la région du Guéra, les technologies de l'information et de la communication à travers la téléphonie mobile, en tant que moyens de communications ont laissé beaucoup d'enseignements tant dans l'appropriation de la société hadjeray en général que dans celle de la dynamique identitaire en particulier. Une des appropriations de l'identité hadjeray par les TIC est d'abord celle même de son écologie de la communication. Une paradoxale écologie de la communication empreinte d'un côté du désir et de l'autre des contraintes de communication. Elle s'est traduite par la dualité jeunes/parents exprimée en pratique par la controverse autour de l'utilisation de la téléphonie mobile qui est illustré par l'incident entre Mustapha et son cousin Abdoulaye au chapitre 8 ; tandis que l'appropriation de la société par les TIC se traduit par la précarité économique que symbolisent les activités économiques informelles qu'ont pu créer nos informateurs autour de la telephonie mobile. L'autre des appropriations de la société hadjeray par les TIC et non de moindre, est le sentiment de la crise de confiance au sein des populations, une attitude qui découle des décennies de violences politiques sur fond de trahison et de délation que la région a connue et que la téléphonie mobile a extériorisées.

Outre ces exemples, l'appropriation majeure des TIC comme moyen de communication favorable à la dynamique de l'identité hadjeray, est venue des réseaux sociaux de communication sur Internet, principalement de Facebook sur téléphone mobile. Conçue à son arrivée en 2001 pour une communication vocale et dans une moindre mesure pour l'envoi des SMS, la téléphonie mobile ne permettait à cet effet jusqu'en 2009 que des contacts individuels, interpersonnels entre amis et parents. Certes à ce stade, la contribution de la téléphonie mobile dans la dynamique identitaire hadjeray était moins visible, mais il n'en demeure pas moins qu'elle contribuait énormément à renforcer les structures de base de l'identité hadjeray que sont les familles, les clans, les communautés linguistiques. À ce titre, notre repérage par Hamat de notre numéro de téléphone mobile à partir de notre réseau de communication de famille, rend donc compte du rôle de la communication et plus particulièrement des TIC et spécialement de la téléphonie mobile dans la dynamique identitaire familiale ou clanique.

Mais depuis 2010, la communication par les TIC, plus précisément par la téléphonie mobile a connu une évolution technologique 'révolutionnaire' par l'avènement des réseaux sociaux sur Internet. De moyen de communication vocale ou textuelle interpersonnelle qu'elle était, la téléphonie mobile va devenir un moyen de communication multimédia. Puis avec l'avènement des réseaux sociaux de communication sur Internet, plus particulièrement celui de Facebook, elle va devenir un moyen de communication de masse accessible même aux usagers des régions marginalisées en infrastructures de communication celle du Guéra. Cette fonction de communication de masse que remplit le réseau social Facebook sur téléphone mobile va contribuer à l'émergence de la jeunesse qui trouve là un cadre d'émancipation du joug des parents et des leaders politiques qui pendant longtemps avaient confisqué la liberté d'organisation pour cultiver une identité hadjeray politique.

En effet, à travers les réseaux sociaux de communication sur Internet, plus particulièrement sur téléphone mobile, on assiste depuis 2011 à la naissance de forum virtuel de discussion sur Internet, où les jeunes de la région du Guéra, conscients de leur marginalité politique, économique et sociale et surtout du flottement de leur identité, ont transformé cet espace virtuel en un cadre d'échanges et de débats sur l'identité hadjeray et sur les moyens de lui 'redorer le blason, l'image ternie'[1]. La plupart des commentaires des jeunes vantent le courage, la bravoure des Hadjeray qu'ils assument fièrement et ce en dépit du label parfois négatif et déformant que leur collent les autres.

Cette nouvelle donne de l'identité hadjeray née à la faveur des nouvelles technologies de l'information et de la communication soulève pour le moins quelques questions sur l'avenir de l'identité hadjeray qui nécessitent une suivie de l'évolution de la situation. Entre autres questions : cette construction identitaire actuelle basée sur les seuls critères de l'appartenance à la région du Guéra et aux réseaux sociaux sur Internet, ne va-t-elle pas influencer l'identité des jeunes à venir ? Sous cette nouvelle dynamique identitaire née sous s'impulsion des réseaux sociaux sur Internet, les sous-identités adossées sur les ethnies qui composent l'identité hadjeray et qui ont tendance à la supplanter, ont-elles de l'avenir ?

---

[1] Terme utilisé par Issa Mahamout, un internaute membre du forum de discussion MSRA, en évoquant les problèmes et en proposant des pistes de solutions aux problèmes de crise identitaire hadjeray lors d'un débat sur les forces et faiblesses de l'ethnie hadjeray.

De l'ambigüité des TIC, une réalité caméléon

Du point de vue de la connexion, les jeunes de la région du Guéra ont trouvé en les réseaux sociaux sur 'Internet mobile', un raccourci pour entrer dans le monde de la 'globalisation de l'information', eux dont beaucoup n'ont jamais vu l'ordinateur à l'exemple d'un de nos enquêtés en l'occurrence Seïd au chapitre 9. La connexion des jeunes au réseau social Facebook a permis de hisser en matière de communication, une région marginalisée comme le Guéra au même niveau que d'autres régions du monde.

Cependant, tout en ouvrant les jeunes au monde par l'accès aux informations sur la toile mondiale, les TIC par les réseaux sociaux sur Internet leur donnent par la même occasion, les moyens de cultiver une fibre identitaire régionaliste pour opérer un repli sur soi. Ils entrainent de ce fait, une certaine déconnexion des jeunes hadjeray des autres connectés d'autres identités avec qui ils sont censés rester connectés pour des échanges et pour une synergie d'action. La quête de liberté et le sentiment de méfiance des jeunes hadjeray envers les autres, les ont conduits à la création un forum virtuel clos sur le réseau social Facebook où ils discutent en toute discrétion de leur identité ethnique et régionale, loin des regards des autres. À ce niveau, il convient de constater une autre appropriation de l'identité de la société hadjeray par les TIC, une identité faite de quête de liberté et de la discrétion de communication, une identité faite d'ouverture et de méfiance envers les autres et une identité faite de repli sur soi. Car cette attitude d'ouverture et de repli sur soi des jeunes hadjeray qui s'exprime ici à travers le réseau social Facebook est une des caractéristiques de l'identité hadjeray comme l'a si bien mentionné Allag Waayna (2009 : 4) pour qui : 'Le Hadjeray est un homme qui cultive une permanente culture d'ouverture d'esprit, mais aussi une culture d'autodéfense, de réaction instinctive de repli sur soi'.

Remarque contributive sur les limites des TIC et discussions

Comme on vient de le relever, les TIC à travers les réseaux sociaux de communication sur Internet, principalement Facebook sont en train de donner une nouvelle impulsion au processus de la dynamique identitaire hadjeray. Cependant, cette dynamique se fait au détriment de l'identité commune des internautes, dont elle est censée faire partie. À cet effet, il convient de constater que malgré leur caractère 'connecteur', ayant d'ailleurs permis à une société enclavée comme celle de la région du Guéra de se mettre à l'heure de la globalisation de l'information et de la communication, les TIC peuvent avoir leurs limites. Celles de ne pouvoir connecter les populations aux histoires faites de crises et de marginalité comme celles du Guéra à d'autres populations pour une cause commune. Les exemples du refus de signer des pétitions sur Internet des jeunes hadjeray contre l'augmentation du prix de carburant au Tchad et pour la reconnaissance de l'Etat de Palestine en sont des illustrations. Mieux, sous prétexte de la redynamisation de leur identité, ces jeunes opèrent un repli identitaire qui tranche singulièrement avec le rôle, voire l'essence même des technologies de l'information et de la communication.

Ce refus, mieux cette 'déconnexion' des jeunes hadjeray de sympathiser avec les autres internautes pour telle ou telle autre cause, à cause de leur histoire et situation sociale, crée un débat sur le rôle connecteur des technologies de l'information et de la communication. En effet, au regard du rôle catalyseur des TIC dans la mobilisation des populations aux Philippines (Reingold, 2002 ; Pertierra *et al.*, 2002) et dans certains pays du Maghreb lors du 'Printemps arabe' (This, 2011 ; Ghannam, 2011 ; Kuebler, 2011 ; Afshar, 2010), une littérature des plus en plus abondante ces derniers temps met en exergue le caractère 'connecteur' des TIC et ce au-delà des frontières nationales, ethniques, culturelles ou sociales. Fort de ce caractère des TIC, la 'déconnexion' des jeunes hadjeray interroge la théorie de la connectivité absolue des TIC tant défendue par les auteurs. Peut-on continuer à défendre la capacité de connexion absolue des TIC alors qu'elles ont montré leurs limites en échouant à fédérer les populations aux histoires et conditions sociales différentes comme celles du Guéra à d'autres ? Aussi, la frustration que les TIC à travers les réseaux sociaux sur Internet peuvent susciter dans le milieu des jeunes de sociétés marginalisées comme celle qui fait l'objet de notre étude, ne constitue-t-elle pas un handicap pour d'autres éventuelles connexions au niveau national ou supranational pour renforcer davantage la thèse des limites des TIC ?

Bibliographie

ABBINK, J. (1995), 'The impact of violence: The Ethiopian 'red terror' as a social phenomenon'. En: P. von Bräunlein & A. Lauser, dir. *Krieg und Frieden: Ethnologische Perspektiven.* Bremen: Kea-Edition, pp. 129-145.
ABBINK, J. & I. VAN KESSEL, dir. (2005), *Vanguard or vandals: Youth, politics and conflict in Africa.* Leiden/Boston: Brill.
ABRAS, A. (1967), *Le canton Diongor-Aboutelfane.* N'Djamena: ENAM (Mémoire).
ADEPOJU, A. (1974), Migration and socio-economic links between urban migrants and their home communities in Nigeria. *Africa* 44(4): 383-396
ADEPOJU, A. (1977), Migration and development in tropical Africa: Some research priorities. *African Affairs* 76(303): 210-225.
ADEPOJU, A. (1998), Linkages between internal and international migration: The African situation. *International Social Science Journal* 50(157): 387-395.
ADEPOJU, A. (2006), Leading issues in international migration in Sub-Sahara Africa. En: C. Cross, D. Gelderblom, N. Roux & J. Mafukidze, dir., *Views on migration in Sub-Sahara African.* Cape Town: HRSC Press.
ADEPOJU, A. (2010*), International migration within, to and from Africa in a globalized world.* Lagos: Sub-Saharan Publishers and Traders.
AERT, C.F. (1954), *La race du Tchad.* Inédit.
AFSHAR, S. (2010), Are we Neda? The Iranian women, the election, and international media. En: Y. Kamalipour, dir., *Media, power, and politics in the digital age. The 2009 presidential election uprising in Iran,* pp. 235-249. Annapolis, Maryland: Rowman & Littlefied Publishers, Inc.
AGUESSY, H. (1983), Cadre théorique: Les concepts de tribu, ethnie, clan, pays, peuple, nation, Etat. *Présence africaine* 127/128: 17-42.
AKER, J. & I.M. MBITI (2010), *Mobile phones and economic development in Africa.* Washington, DC: Centre for Global Development. Working paper, June 2010.
ALBA, R. (1990), *Ethnic identity: The transformation of the white America.* New Haven, CT: Yale University Press.
ALIO, K. (2008), *Conflict, mobility and language: The case of migrant Hadjaraye of Guéra to neighboring regions of Chari-Baguirmi and Salamat (Chad).* Leiden: ASC Working Paper 82.
ALLAG, W.S. (2009), *Qui sont les Hadjerays: Exposé lors du congrès régionale du MPS du Guéra.* Mongo, inédit.
ALTHEIDE, D.L. (1994), An ecology of communication: Toward a mapping of the effective environment. *The Sociological Quarterly* 35(4): 665-683.
ALTHEIDE, D.L. (1995), *An ecology of communication: Cultural formats of control.* New York: Aldine de Gruyter.
AMIN, S. (1974), *Modern migrations in Western Africa.* London: Oxford University Press.
AMSELLE, J.L. & E. M'BOKOLO, dir. (1985), *Au cœur des ethnies.* Paris: Éditions la Découverte.
AMSELLE, J.L. et al., dir. (1976), *Les migrations Africaines, réseaux et processus migratoire.* Paris: François-Maspero.
AMSELLE, J.L. (1990), *Logiques métisses.* Paris: Payot.
AMSELLE, J.L. (2001), *Branchement, anthropologie de l'universalité des cultures.* Paris: Flamarion.
ANYEFRU, E. (2008), Cyber-nationalism, The imagined Anglophone Cameroon community in cyberspace. *African Identities* 6(3): 253-274.
APPADURAI, A. (1996), *Modernity at large: Cultural dimensions of globalization.* Minnesota: University of Minnesota Press.
APPELL, G.N. (1978), *Ethical dilemma in anthropological inquiry: A case book.* Massachusetts: African Studies Association.
ARCHAMBAULT, J.S. (2009a), Being cool or being good: Researching mobile phones in Southern Mozambique. *Anthropology Matters* 11(2): 1-9.
ARCHAMBAULT, J.S. (2009b), Mobile phones and the 'commercialisation' of relationships: Expressions of masculinity in Southern Mozambique. En: K. Brison & S. Dewey, dir., *Super girls, gangstas, freeters,*

Bibliographie

and Xenomaniacs*: Gender and modernity in global youth cultures*. Syracuse: Syracuse University Press, pp. 1-14.
ARDITI, C. (2003), Les violences ordinaires ont une histoire: Le cas du Tchad. *Politique Africaine* 91: 51-67.
AZEVEDO, M. (1998), *Roots of violence. A history of war in Chad*. Amsterdam: Gordon and Branch.
AZEVEDO, M.J. & E.U. NNADOZIE (1998), *Chad: A nation in search of its future*. Boulder: Col. Westview Press.
BADIBANGA, A. (1979), La presse africaine et le culte de la personnalité. *Revue française d'études politiques africaines* 14(159): 40-57.
BALANDIER, G. (1955), *Sociologie actuelle de l'Afrique noire. Dynamique des changements sociaux en Afrique centrale*. Paris: PUF.
BANGOURA, T.M. (2005), *Violences et politiques et conflits en Afrique, le cas du Tchad*. Paris: L'Harmattan.
BARKA, A. (2002), Bitkine, des coupeurs des routes rattrapés par un accident. *Le Progrès* No 1043 du mardi 30 juillet 2002.
BARKA, A. (2009), Volet communication du PSANG II: Le Guéra prépare la naissance des trois radios. *Le Progrès* No 2536: 2-3.
BARTH, H. (1927), Origine de sultanat du Baguirmi. *Bulletin de recherches congolaises* 25: 372-389.
BAYART, J.F. (1996), *L'illusion identitaire*. Paris: Fayard.
BAYM, N. (2000), *Tune in log on: Soaps, fandom, and online community*. Thousand Oaks, CA, and London: Sage.
BEAUVILAIN, A. et al. (1995), Les aléas et les variations climatiques au Tchad: Leurs conséquences sur l'évolution des milieux naturels et le développement du monde rural. *Revue scientifique du Tchad* 4(1).
BENNETT, W.L. (2003), Communicating global activism: Strengths and vulnerabilities of networked politics. *Information, Communication & Society* 6(2): 143-168.
BENÍTEZ, J.L. (2006), Transnational dimensions of the digital divide among Salvadoran immigrants. The Washington DC metropolitan area. *Global Networks* 6(2): 181-199.
BERAL, M. & S. MASRA (2008), *Tchad, éloges des lumières obscures. Du sacre des cancres à la dynastie des pillards psychopathes*. Paris: L'Harmattan.
BERNAL, V. (2006), Diaspora, cyberspace and political imagination: The Eritrean Diaspora online. *Global Networks* 6(2): 161-179.
BEYEM, R. (2000), *Tchad: L'ambivalence culturelle et L'intégration nationale*. Paris: l'Harmattan.
BOISSEVAIN, J. & J. CLYDE (1973), *Network analysis studies in human interaction*. The Hague, Paris: Mouton.
BONFIGLIOLI, A.M. (1995), Mobilité et survie: Les pasteurs sahéliens face au changement de leur environnement. En: G. Dupré, dir., *Savoir paysan et développement*. Paris: Karthala, ORSTOM, pp. 237-251.
BONJAWO, J. (2003), Internet, clef du développement. *Géopolitique africaine, OR.IMA International* 12: 141-151.
BOTH, J. (2008), *Navigating the urban landscapes of uncertainty and human anchorage, girl migrants in N'Djamena*. MPhil Thesis, Leiden University.
BOUJU, J. & M. DE BRUIJN, dir. (2007), Violences sociales & exclusions: Le développement Social de l'Afrique en question. *APAD Bulletin* 27-28.
BOUQUET, C. (1982), *Tchad, genèse d'un conflit*. Paris: L'Harmattan.
BOURDIEU, P. (1972), *Esquisse d'une théorie de la pratique*: *Précédée de trois études d'ethnologie kabyle*. Genève: Droz.
BOYD, D. & N.B. ELLISON (2007), Social network sites: Definition, history, and scholarship. *Journal of Computer-Mediated Communication* 13(1), article 11.
http://jcmc.indiana.edu/vol13/issue1/boyd.ellison.html
BRAECKMAN, C. (1996), *Terreur africaine: Burundi, Rwanda, Zaïre: Les racines de la violence*. Paris: Fayard.
BRETON, P. (2000), *Le culte de l'Internet, une menace pour le lien social ?* Paris: Edition La Découverte.
BRINKMAN, I. (1999), Violence, exile and ethnicity: Nyemba refugees in Kaisosi and Kehemu. *Journal of Southern African Studies* 25(3): 417-439.
BRINKMAN, I. (2003), War and identity in Angola: Two case-studies. *Lusotopie* (2003): 195-221.
BRINKMAN, I. (2005), *A war for people*: *Civilians, mobility, and legitimacy in South-East Angola during the MPLA's war for independence*. Köln: Rüdiger Köppe Verlag.

Bibliographie

BRINKMAN, I., M. DE BRUIJN & B. HISHAM (2009), The mobile phone, 'modernity' and change in Khartoum, Sudan. En: M. de Bruijn, F. Nyamnjoh & I. Brinkman, dir., *Mobile phones: The new talking drums of everyday Africa*. Bamenda/Leiden : Langaa/African Studies Centre, pp. 69-91.

BRINKMAN, I., S. LAMOUREAUX, D. MORELLA & M. DE BRUIJN (2011), Local stories, global discussions: Websites, politics and identity. En: H. Wasserman, dir., *Popular media, democracy and development in Africa*. London (etc.): Routledge, pp. 236-252.

BROWN, L. (1991), *Place, migration and development in the third world. An alternative view*. London: Routledge.

BUCHOLTZ, M. (2002), Youth and cultural practice. *Annual Review of Anthropology* 31: 525-552.

BUIJTENHUIJS, R. (1977), *Les Tchadiens au Soudan: Migrations inter-étatiques et protestation politique*. Acte de colloque, Leiden: Afrika-Studiecentrum.

BUIJTENHUIJS, R. (1978), *Le Frolinat et les révoltes populaires du Tchad,1965-1976*. The Hague/New York: Mouton.

BUIJTENHUIJS, R. (1987), *Le Frolinat et les guerres civiles du Tchad (1977-1984): la révolution introuvable*. Paris: Karthala, Leiden: Afrika-Studiecentrum.

BRUEL, G. *et al.* (1929), Renseignements coloniaux: Le Capitaine Maurice de Lamothe de la mission du Chari in Mémorium: Réné Caillé et les Largea'. *Bulletin du comité de l'Afrique Française* 54: 211-229.

CAHEN, M. (1994), *Ethnicité politique: Pour une lecture réaliste de l'identité*. Paris: L'Harmattan.

CARBOU, H. (2012), *La région du Ouaddaï et du Tchad population du Kanem, les Toubou, les Lisi, les fétichistes, les Arabes*. Paris: Ernest Leroux, T1.

CASTELLS, M. (2000), *The information age. Economy, society and cuture. Volume I: The rise of the network society*. Oxford: Blackwell Publishing.

CASTELLS, M. (2001), Virtual communities or network society? The internet galaxy: Reflections on the internet. En: M. Castells, dir., *Business and Society*. Oxford: Oxford University Press, pp. 116-136

CASTELLS, M. *et al.* (2007), *Mobile communication and society*. Cambridge MA: MIT Press.

CASTELLS, M. (2009), *Communication power*. Oxford: Oxford University Press.

CASTLES, S. & A. DAVIDSON (2000), *Citizenship and migration: Globalisation and the politics of belonging*. London: Macmillan Press.

CENTRE CULTUREL AL-MOUNA (1996), *Tchad, "conflit Nord-Sud": Mythe ou réalité?* (Saint-Maur): Sépia.

CÉLARIÉ, A. (1963), La radiodiffusion harmonisée au service du développement. *Les Cahiers africains* 6.

CERULO, K.A. (1997), Identity construction: New issues, new directions. *Annual Review of Sociology* 23: 385-409.

CHAO, L. & C. RHOADS (2009), Iran's web spying aided by western technology. *Wall Street Journal*, June 23.

CHAPELLE, J. (1980), *Le peuple Tchadien: Ses racines, sa vie quotidienne et ses combats*. Paris: Harmattan.

CHAUVET, C.L. (2004), Le panoptique, édition Mille et une nuits, Paris, 2002. *L'Actualité économique* 80(4): 671-676.

CHENEAU-LOQUAY, A. (2000), *Enjeux des technologies de la communication en Afrique: du téléphone à Internet*. Paris: Karthala.

CHENEAU-LOQUAY, A. (2004), *Mondialisation et Technologies de la Communication en Afrique*. Paris: Karthala – MSHA.

CHENEAU-LOQUAY, A. (2005), Comment les NTIC sont-elles compatibles avec l'économie en Afrique? *Annuaire de Relations internationales* 5: 345-375.

CHENEAU-LOQUAY, A. (2010), L'Afrique au seuil de la révolution des télécommunications, les grandes tendances de la diffusion des TIC. *Afrique contemporaine* 234: 95-112.

CHRAIBI, K. (2011), The King, the Mufti & the Facebook girl: A power play. Who decides what is licit in Islam? *CyberOrient* 5(2): 126-134.

CHRETIEN, J. P. & G. PRUNIER (1989), *Les ethnies ont une histoire*. Paris: Karthala.

CHRISTENSEN, C. (2011), Discourse of technology and liberation: State aid to net activists in an era of 'Twitter revolutions'. *The Communication Review* 14: 233-253.

CLEACH, O. (2010), Note de lecture de l'ouvrage de James C. Scott « La domination et les arts de la résistance ». *Le 4 pages du RT 30* – n°4, janvier 2010.

CLIFFORD, J. (1992), Travelling cultures. En : L. Grossberg, C. Nelson & P. Treinch, dir., *Cultural studies*. New York: Routledge, pp. 97-98.

Bibliographie

CLIFFORD, J. (1997), *Routes, travel and translation in the late twentieth century*. Cambridge/ Harvard University Press.

COLLECTIF D'ANTHROPOLOGUES QUEBECOIS (1979), Recherche anthropologique: Techniques et méthodes. En: S. Genest, dir. *Perspectives anthropologiques*. Montréal: Les Éditions du Renouveau pédagogique, pp. 333-344.

COOPER, F. (2001), What is the concept of globalisation good for? An African historian's perspective. *African Affairs* 100: 189-213.

COQUERY-VIDROVITCH, A. *et al.* (1996.), *L'Interdépendances villes-campagnes en Afrique, mobilité des hommes, circulation des biens et diffusion des modèles depuis les indépendances*. Paris: Harmattan.

COURADE, G. (1981/82), Marginalité volontaire ou imposée?: Le cas des Bakweri (Kpe) du mont Cameroun. *Cahiers ORSTOM. Série sciences humaines* 18(3): 357-388.

DADI, A. (1988), *Tchad: l'État retrouvé*. Paris: L'Harmattan.

DAS, V. & D. POOLE, dir. (2004), *Anthropology in the margins of the state*. Oxford: James Currey.

DEBOS, M. (2008), Les limites de l'accumulation par les armes: Itinéraires d'ex-combattants au Tchad. *Politique africaine* 109: 167-181.

DE BRUIJN, M. (1998), The translation of anthropological data: How to approach the chaos of fieldwork? En: E. van Dongen & S. van Londen, dir., *Anthropology of difference: Essays in honour of Professor Arie de Ruijter*. Utrecht: ISOR, pp. 75-105.

DE BRUIJN, M., H. VAN DIJK & H.N. DJINDIL (2004), *Central Chad revisited: The long term impact of drought and war in the Guéra*. Leiden: African Studies Centre http://www.ascleiden.nl/pdf/seminar120204/pdf

DE BRUIJN, M. (2004), From chiefs to silenced people; a family history through the period of civil war in Chad, Central Africa. African Studies Centre, The Netherlands, Paper presented at the EASA conference in Vienna.

DE BRUIJN, M. (2006), Neighbours on the fringes of a small city in post-war Chad. En: P. Konings & D. Foeken, dir., *Crisis and creativity: exploring the wealth of the African neighbourhood*. Leiden: Brill, pp. 211-229.

DE BRUIJN, M. (2007a), Mobility and society in the Sahel: An exploration of mobile margins and global gGovernance. En: H. Hahn & G. Klute, dir., *Cultures of migration*. Munster: Lit Verlag, pp. 109-129.

DE BRUIJN, M. (2007b), The multiple experiences of civil war in the Guéra region of Chad, 1965-1990. *Sociologus* 57: 61-98.

DE BRUIJN, M. (2008a), The impossibility of civil organizations in post-war Chad. ''. En: A. Bellagamba & G. Klute, dir., *Beside the State: Emergent powers in contemporary Africa*. Köln: Rüdiger Köppe Verlag, pp. 89-104.

DE BRUIJN, M. (2008b), *The telephone has grown legs: Mobile communication and social change in the margins of African society*. Leiden: Afrika-Studiecentrum.

DE BRUIJN, M. *ET AL*., dir. (1997), *Peuls et Mandingues: Dialectique des constructions*. Paris: Karthala.

DE BRUIJN, M. *ET AL*. (2012), *The Nile connection: Effects and meaning of the mobile phone in a (post)war economy in Karima, Khartoum and Juba, Sudan*. Leiden: African Studies Centre.

DE BRUIJN, M., F. NYAMNJOH & I. BRINKMAN, dir. (2009), *Mobile phones: The new talking drums of everyday Africa*. Bamenda/Leiden: Langaa/African Studies Centre.

DE BRUIJN, M. & H. VAN DIJK (1994), Drought and coping strategies in Fulbe society in the Hayre (central Mali): A historical perspective. *Cahiers d'Etudes africaines* 34(133/135): 85-108.

DE BRUIJN, M.E. & H. VAN DIJK (1995), *Arid ways: Cultural understandings of insecurity in Fulbe society, Central Mali*. Utrecht University & Wageningen Agricultural University, PhD Thesis, Amsterdam: Thela Publishers.

DE BRUIJN, M. & H. VAN DIJK (2006), Climate change and climate variability in West Africa; Variabilité et changement climatique en Afrique occidentale. En: M. de Bruijn *et al.*, dir., *Responding to climate change/solutions aux changements climatiques 2007*. Leiden: RTCC, pp. 12-14.

DE BRUIJN, M. & R. VAN DIJK (2012), Connecting and change in African societies: Example of 'ethnographies of linking in anthropology'. *Anthropologica* 54: 45-54.

DE BRUIJN, M., R. VAN DIJK & D. FOEKEN, dir. (2001), *Mobile Africa: Changing patterns of movement in Africa and beyond*. Leiden: Brill.

DE BRUIJN, M., R. VAN DIJK & J.B. GEWALD, dir. (2007), *Strength beyond structure, social and historical trajectories of agency in Africa*. Leiden: Brill.

DEFALLAH, K. (2008), *Fils de nomade: Les mémoires du dromadaire*. Paris: L'Harmattan.

DERRIENNIC, J-P. (2001), *Les guerres civiles*. Paris : Presses des Sciences Politiques.

DEYE, A.H. (2005), Mongo s'ouvre une fenêtre sur le monde. *Le Progrès* No 2413.

Bibliographie

DIALLO, M. (2003), Internet, entre doute et espoir. *Géopolitique africaine* / OR.IMA International 12: 131-139.

DIALLO, Y. & S. GÜNTHER, dir. (2000), *L'Ethnicité peule dans des contextes nouveaux: La dynamique des frontières*. Paris: Karthala.

DIARRA, J.T. (2008), *Et si l'ethnie Bo n'existait pas?: Lignages, clans, identité ethnique et sociétés de frontières*. Paris: L'Harmattan.

DIBAKANA, J.A. (2002), Usages sociaux du téléphone portable et nouvelles sociabilités au Congo. *Politique africaine* 85: 133-150.

DIETZ, A.J., R. RUBEN & A. VERHAGEN, dir. (2004), *The impact of climate changes on drylands*. Dordrecht (etc.): Kluwer Academic Publishers.

DIPOMBE, P. (2010), Les pouvoir de l'OTRT dans le secteur des télécommunications. *Le Régulateur* 38.

DJARMA, M.K. (2005), Une mauvaise gestion de l'indépendance. En: *Conflit Nord/Sud, mythe ou réalité ?* N'Djamena: Al Mouna.

DJIKOLMBAYE D. (2008), Une géographie et une géopolitique complexes de N'Djaména, la capitale du Tchad. *Enjeux* 34/35: 75-82.

DJIMADOUM, N. (2011), Itnicisation parachevée du Tchad. *N'Djamena Bi Hebdo* no 1396 du jeudi 22 au dimanche 25 septembre 2011, p. 3.

DJIMTEBAYE, L. (1993), La libre circulation des personnes: L'héritage d'un régime policier. *Tchad et Culture* 130, Février 1993.

DÖNNER, J. (2008), Research approaches to mobile use in the developing worlds: A review of literature. *The Information Society* 24(3): 140-159.

DOORNBOS, P. (1982), La révolution dérapée. La violence dans l'est du Tchad (1978-1981). *Politique africaine* 2(7): 5-13.

DUAULT, L. (1938), *La subdivision de Mongo de 1911 à 1938*. Mongo: (TD), Administration Générale.

DUGERDIL, S.C. (1993), Vers un ailleurs prometteur ... L'émigration, une réponse universelle à une situation de crise ?. *Cahier de l'IUED* 22, collaboration avec le Laboratoire de démographie économique et sociale. Université de Genève, PUF.

EKYNE, S. (2010), Introduction. En: S. Ekyne, dir., *SMS Uprising: Mobile activism in Africa*. Nairobi: Pambazuka Press.

EL-NAWAWY, M. & K. SAHAR (2012), Political activism 2.0: Comparing the role of social media in Egypt's "Facebook revolution" and Iran's "Twitter uprising". *CyberOrient* 6(1): 22-36.

EL-NAWAWY, M. & K. SAHAR (2009), *Islam Dot Com. Contemporay Islamic discourse in cyberspace*. New York: Palgrave Macmillan..

ENGBERSEN, G. *ET AL.* (1999), *Inbedding en uitsluiting van illegal vreemdelingen*. Amsterdam: Boom.

ETZO, S. & G. COLLENDER (2010), "The mobile phone revolution" in Africa: Rhetoric or reality? *African Affairs* 109: 659-668.

EUGENE, V.W. (1969), *Terror and resistance, a study of political violence, with case studies of some primitive African communities*. New York/Oxford: Oxford University Press.

EYKEN, A.H. (1969), *The role of kinship in the social network of a Sardinian peasant society: A system of reciprocity of obligations as regulating principle*. Leiden: Afrika-Studiecentrum.

FALL, A. (2007), *Bricoler pour survivre: Perceptions de la pauvreté dans l'agglomération urbaine de Dakar*. Paris: Karthala.

FALZON, M-A., dir. (2009), *Multi-sited ethnography, theory, praxis and locality in contemporary research*. Burlington: Ashgate.

FDIGA, S. (1997), *Des autoroutes de l'information au cyberespace*. Paris, Flammarion.

FERGUSON, J. & A. GUPTA (1992), Beyond culture: Space, identity, and the politics of Difference. *Cultural Anthropology* 7(1): 6-23.

FERGUSSON, J. (2006), *Global shadows, African in the neoliberal world order*. Durham/London: Duke University Press.

FISCHER, A. (2010), Bullets with butterfly wings: Tweets, protests networks, and the Iranian election. En: Yahya R. Kamalipour, dir., *Media, power, and politics in the digital age: The 2009 presidential election uprising in Iran*. Lanham: Rowman & Littlefield, pp. 105-118.

FLECHY, P. (2001*), L'imaginaire de l'Internet*. Paris: Edition la Découverte.

FONDANEGE, D. (1999), *Guide pratique pour un mémoire de Maîtrise, de DEA ou une thèse de doctorat*. Paris: Vuibert.

FOTH, M. & G. HEARN (2007), Networked individualism of urban residents: Discovering the communicative ecology in inner-city apartment complexes. *Information, Communication & Society*, 10(5): 749-772.

Bibliographie

FUCHS, P. (1996), Nomadic society, civil war, and the State in Chad. *Nomadic Peoples* 38: 151-162.
FUCHS, P. (1997), *La religion des Hadjéray /*; trad. de l'allemand par Hille Fuchs. Paris: L'Harmattan.
FUCHS, P. (2005), *Les contes oubliés des Hadjeray du Tchad*. Paris: L'Harmattan.
GABANAS, J.J., dir. (2004), *Société numérique et développement en Afrique, usages et politiques publiques*. Paris: Karthala.
GADDOUM, D. (1995), *Le culte des esprits: Margay ou maragi chez les Dangaléat du Guéra*. Paris: L'Harmattan.
GAHAMA, J. (2005), Les causes des violences ethniques contemporaines dans l'Afrique des Grands Lacs: Une analyse historique et socio-politique. *Afrika Zamani* 13 & 14: 101-115
GAIM, K. (1999), Revisiting the debate on people, place, identity and displacement. *Journal of Refugee Studies* 12(4): 385-428.
GALI, N.G. (1985), *Tchad: Guerre civile et désagrégation de l'Etat*. Paris: Présence Africaine.
GALI, N.G., dir. (2007*), Tchad: La grande guerre pour le pouvoir 1979-1980*. N'Djamena: Al Mouna.
GARONDE, D.A. (2003), *Témoignage d'un militant de Frolinat*. Paris: L'Harmattan.
GATTA NDER, NDJAL-AMAVA (1998), *Les canaux traditionnels et informels de communication*. N'Djamena, inédit.
GENTIL, P. (1961), *La connaissance du Tchad: Salamat, Batha, Guéra*. Fort Lamy: (T-D).
GESCHIERE, P. (2009), The perils of belonging: Autochthony, citizenship, and exclusion. En: M. Roni *et al.*, dir., *Africa and Europe*. Chicago: Chicago University Press.
GEWALD, J.B. (2007), *Transport transforming society: Towards a history of transport in Zambia, 1890-1930*. Leiden: African Studies Centre, ASC Working Paper 74.
GEWALD, J.B., S. LUNING & K. VAN WALRAVEN, dir. (2009), *The speed of change: Motor vehicles and people in Africa, 1890-2000*. Leiden: Brill.
GHANNAM, J. (2011), S*ocial media in the Arab World: Leading up to the uprisings of 2011*. A Report to the Center for International Media Assistance. Washington DC : CIMA.
GHEYTANCHI, E. & B. RAHIMI (2008), Iran's reformists and activists: Internet exploiters. *Middle East Policy Journal* 15(1): 46-59.
GHEYTANCHI, E. & B. RAHIMI (2009), The politics of Facebook in Iran. Opendemocracy.net, June, http://www.opendemocracy.net/article/email/the-politics-of-facebook-in-iran
GIBB, C. (2002), Deterritorialised people in hyperespace: Creating and debating Hariri identity over Internet*Anthropolica* XLIV: 55-67.
GILD, J.P. (1963), Mobilité pastorale au Tchad occidental et central. *Cahiers d'Etudes Africaines* 3(12): 67-89.
GIRI, J. (1983), *Le Sahel demain: Catastrophe ou renaissance?* Paris: Editions Karthala.
GITELMAN, L. &. G.B. PINGREE, dir. (2003), *New media, 1740-1915*. Cambridge: MIT Press.
GLICK SCHILLER *ET AL.* (1995), From immigrant to transmigrants: Theorizing transnational migration. *Anthropological Quarterly* 68(1): 598-609.
GLICK SCHILLER, N. & G. FOURON (1998), Transnational lives and national identities: the identity politics of Haitian immigrants. En: M.P. Smith & L.E. Guarnizo, dir., *Transnationalism from below*. New Brunswick, NJ: Transaction Publishers, pp. 130-161.
GLUCKMAN, M (1962), *Essays on the ritual of social relations*. Manchester: Manchester University Press.
GOGGIN, G. (2006), *Cell phone culture, mobile technology in everyday life*. London: Routledge.
GOGGIN, G. (2009), *Disabilty, mobile and social policy: New modes of communication and governance*. Sydney: University of New South Wales.
GRAINGER, A. (1982), *Désertification, how people make déserts, how people can stop and why they don't*. London: Earthscan.
HAGGAR, A.A. (2009), *Et demain le Tchad ... verbatim: mon expérience au cœur de l'Etat*. Paris: L'Harmattan.
HAMPTON, K.N. (2004), Networked sociability online, off-line. En: M. Castells, dir., *The network society: A cross-cultural perspective*. Northampton, MA: Edward Elgar Publishing, pp. 217-232.
HAHN, H.P. (2012), *Mobile phones and the transformation of society: talking about criminality and the ambivalent perception of new ICT in Burkina Faso*. http://dx.doi.org/10.1080/14725843.2012.6578
HAHN, H.P. & L. KIBORA (2008), The domestication of the mobile phone: Oral society and new ICT in Burkina Faso. *Journal of Modern African Studies* 46: 87-109.
HAHN, H.P. & G. KLUTE, dir. (2007), *Cultures of migration: African perspectives*. Münster: Lit Verlag.
HASSAN, R. (2012), *The age of distraction*. New-York: Transaction Books.

HEARN, G. & M. FOTH (2005). Action research in the design of new media and ICT systems. En: K. Kwansah-Aidoo, dir., *Topical issues in communications and media research*. New York, NY: Nova Science, pp. 79-94.

HEARN, G. & M. FOTH (2007), Communicative ecologies: Editorial preface. *Electronic Journal of Communication* 17(1-2), http://eprints.qut.edu.au

HEARNEY, D. (1990), *The condition of postmodernity*. Oxford: Blackwell.

HERMET, G. ET AL. (1994), *Dictionnaire de la science politique et des institutions politiques*. Paris, A. Collin.

HIMANEN, P. (2001), The hacker ethic and the spirit of the information age. London: Secker & Warburg.

HOFMEYR, A. (2010), Social networks and ethnic niches: an econometric analysis of the manufacturing sector in South Africa. *The South African Journal of Economics* 78(1): 107-130.

HOOVER, S.M. ET AL. (2004), *Media, home, and family*. New-york: Routledge.

HORST, H. & D. MILLER (2005), From kinship to link-up: Cell phones and social networking in Jamaica. *Current Anthropology* 46(5): 755-777.

HORST, H. & D. MILLER (2006), *The cell phone. An anthropology of communication*. London/New York: Berg.

ITO, M., D. OKABE & M. MATSUDA, dir. (2004), *Personal, portable, pedestrian: Mobile phones in Japanese life*. Los Angeles: Annenberg Center for Communication.

ITO, M., & D. OKABE (2003), Mobile phones, Japanese youth, and the re-placement of social contact. Paper presented at the conference "Front stage - back stage: Mobile communication and the renegotiation of the public sphere", Grimstad, Norway.

KANE, C.H. (1961), *L'Aventure ambigüe*. Paris: Julliard.

KASTORYANO, R. (2007), Religion and incorporation. Islam in France and Germany. En: A. Portes & J. Dewing, dir., *Rethinking migration. New theoretical and empirical perspectives*. New York: Bergahn Book.

KATSUYOSHI, F. & J. MARKAKIS, dir. (1994), *Ethnicity & conflict in the Horn of Africa*. London: Currey (etc.), Athens, Ohio: Ohio University Press.

KATZ, J. (2006), *Magic in the air, mobile communication and the transformation of social life*. New Brunswick, NJ: Transaction Publishers.

KENDALL, L. (2002), *Hanging out in the virtual pub: Identity, masculinities, and relationships online*. Davis: University of California Press.

KHAYAR, I.H. (1976), *Le refus de l'école, contribution à l'étude des problèmes de l'éducation chez les musulmans du Ouaddaï (Tchad)*. Paris: Imprimerie commerciale, "L'éveil de la haute Loire".

KIBORA, L. (2009), Téléphonie mobile. L'appropriation du SMS par une société de l'oralité. En: M. de Bruijn, F. Nyamnjoh & I. Brinkman, dir., *Mobile phones: The new talking drums of everyday Africa*, Bamenda/Leiden: Langaa/African Studies Centre.

KINDER, A. (1980), Les mouvements migratoires en république du Tchad. *Revue Juridique et Politique* 34(1): 218-236.

KI-ZERBO, J. (1978), *Histoire de L'Afrique noire: D'hier à demain*. Paris: Hatier.

KI-ZERBO, J., dir. (1989), *General history of Africa*. Paris: UNESCO.

KONINGS, P. (2001), Mobility and exclusion: Conflict between autochthons and allochtons during political liberalization in Cameroun. En: M. de Bruijn, R. van Dijk & D. Foeken, dir., *Mobile Africa: Changing patterns of movement in Africa and beyond*. Leiden: Brill, pp. 169-194.

KONINGS, P. & D. FOEKEN, dir. (2006), *Crisis and creativity: Exploring the wealth of the African neighborhood*. Leiden: Brill.

KONINGS, P. & F. NYAMNJOH (2003), *Negotiating an Anglophone identity: A study of the politics of recognition and representation in Cameroun*. Leiden: Brill.

KUEBLER, J. (2011), Overcoming the digital divide: The Internet and political mobilization in Egypt and Tunisia. *Cyber Orient: Online Journal of the Virtual Middle East* 5(1), http://www.cyberorient.net/article.do?articleId=6212.

LAMOUREAUX, S. (2009), *Message in a mobile: Mixed-messages, tales of texting and mobile communities at the University of Khartoum*. MPhil thesis, Leiden University.

LANGE, P.G. (2007), Publicly private and privately public: Social networking on YouTube http://jcmc.indiana.edu/vol13/issue1/lange.html.

LANNE, B. (1997), Chad: Regime change, increased insecurity, and blockage of further reforms. En: J.F. Clark & D.E. Gardinier, dir., *Political reform in francophone Africa*. Boulder, Col.: Westview Press, pp. 267-286.

LAORO, G. (2002), Quatre questions sur le réseau tchadien. *Tchad et Culture* 203.

Bibliographie

LAPIE, P.O. (1945), *Mes Tournées au Tchad*. Paris: Edition Londres.
LARGEAU, V-E. (2001), *À la naissance du Tchad*. Saint-Maur-des-Fosses: Sépia.
LATOUR, B. (2005), *Reassembling the social: An introduction to actor-network theory*. Oxford: Oxford University Press.
LAZAR, J. (1991), *Sociologie de la communication de masse*. Paris: Armand Colin.
LEBEUF- ANNIE, M-D. (1959), *Les populations du Tchad (Nord du 10ème Parallèle)*. Paris: PUF.
LEGRAND, C. (1995), Passé et présent dans la guerre du Mozambique: les enlèvements pratiqués par la Renamo. *Lusotopie* (1995): 137-149.
LEHENTO, K. (1995), *Usage des NTIC et médiation des savoirs en milieu rural africain: étude des cas au Benin et au Mali*, Mémoire de DEA, Université de Paris X- Nanterre.
LEHTHONEN, T.K. (2003), The domestication of new technologies as a set of trials. *Journal of Consumer Culture* 3(3): 363-385.
LEMARCHAND, R. (1980), The politics of Sara ethnicity: A note on the origins of the civil war in Chad. *Cahiers d'Etudes africaines* 20(80): 449-471.
LENHART, A., L. RAINIE & O. LEWIS (2001*), Teenage life online: The rise of the instant-message generation and the Internet's impact on friendships and family relationships*. Washington, DC: Pew Internet & American Life Project.
LE ROUVREUR A. (1962), *Sahariens et Sahéliens du Tchad*. Paris: Ed. Berger-Levrault.
LESERVOISIER, O., dir. (2005), *Terrains ethnographiques et hiérarchies social sociale. Retour réflexif sur la situation d'enquête*. Paris: Karthala.
LEVI-STRAUSS, C. (1949), *Les structures élémentaires de la parenté*. Paris: Armand Colin.
LIBAERT, T. (2001), *La communication des crises*. Paris: Dunod.
LING, R. (2008), *New tech, new ties, how mobile communication is reshaping social cohesion*. Cambridge/London: MIT Press.
LING, R. & T. JULSRUD (2005), Grounded genres in multimedia messaging. En: K. Nyiri, dir., *A sense of place: The global and the local in mobile communication*. Vienna: Passagen Verlag, pp. 329-338.
LING, R. (2004), *The mobile connection: The cell phone's impact on society*. San Francisco, CA: Morgan Kaufmann Publishers.
LING, R. & L. HADDON (2001), *Mobile telephony, mobility and the coordination of everyday life*. Paper presented at the 'Machines that Become Us Conference', Rutgers University, April 18-19. Retrieved March 2004 from http://www.telenor.no/fou/program/nomadiske/articles/rich/(2001)Mobile.pdf
LINKE, U. & D.T. SMITH (2009), *Cultures of fear, a critical reader*. London: Pluto Press.
LONGEVIN, S. (1997), Apport de l'Internet. *Dialogues* 44: 17-34.
LONSDALE, J. (1996), Ethnicité, morale et tribalisme politique. *Politique africcaine* 61: 98-115.
LORENTE, S. (2002), Youth and mobile telephones: More than a fashion. *Estudios de Juventud* 57(2): 9-24.
MACARTHUR, T. (2005), Chinese, English, Spanish - and the rest: How do the world's very large languages operate within its 'communicative ecology'? *English Today* 21(3): 55-61.
MADJIANGAR, N.S. (1995), *Guerre civile et migration: Micro-société et stratégie de vie des refugiés tchadiens au camp de Poli-Faro*. Genève: Mémoire DESS.
MAGNANT, J.P. (1984), Peuple, ethnies et nation: Le cas du Tchad. *Droit et Cultures* 8: 29-50.
MAHAMAT, H. (2002), Les consommateurs acculent CELTEL. *Le Progrès* No: 1068 du 4 septembre 2002.
MALKKI, L. (1992), National Geographic: The rooting of people and the territorialization of national identity among scholars and refugees. *cultural Anthropology* 7(1): 24-44.
MALKKI, L. (1995), *Purity and exile: Violence, memory and national cosmology and Hutu refugees in Tanzania*. Chicago: University of Chicago Press.
MAPPA, S. (1993), *Les deux sources de l'exclusion: Économisme et repli identitaire*. Paris: Karthala.
MARCHE, S. (2012), *Is Facebook making us lonely?* July 13, 2012, http//www.theatlantic.com/stehphen.marche/
MARTELLEZZO, F. (1994), Traditions historiques. Inedit.
MELUCCI, A. (1996), *Challenging codes: Collective action in the information age*. New York: Cambridge University Press.
MELVIN, E. (1979), Mediums and the message: Prophetism and spirit-mediumship in Central Africa as pre-modern channels of communication. En: *Annual meeting of the African Studies Association* 22; 31-10 / 03-11-1979; Los Angeles.
MEROT, J. (1951), Notes sur le peuplement de la subdivision de Mongo. *Institut de l'Afrique Noire: Bulletin de l'IFFAN* 2: 87-104.

Bibliographie

MEZOUI, M.R. (1986), Le phénomène de la 'Rumeur' publique: un aspect du fonctionnement de la communication sociale. *Revue algérienne des Sciences juridiques, économiques et politiques* 24(2): 273-290.

MINISTERE DE L'INFORMATION ET DE L'ORIENTATION CIVIQUE (1990*), Radio rurale du Tchad, N'Djamena.* N'Djamena: Division de la Radio Rurale.

MINISTERE DE LA JUSTICE (1993), *Les crimes et détournement de l'ex-président Habré et de ses complices, Rapport d'Enquête de la Commission d'Enquête Nationale du Ministère Tchadien de la Justice.* Paris: L'Harmattan.

MINISTERE DU PLAN ET DE L'AMENAGEMENT DU TERRITOIRE (1993), *La Population du Guéra en 1993: Monographie.* N'Djamena: INSEED.

MOFFA, C. (1997), L'ethnicité en Afrique: L'implosion de la 'question nationale' après la décolonisation. *Politique africaine* 66: 101-114.

MOLONY, T. (2007), 'I don't trust the phone; it always lies': Trust and information in communication technologies in Tanzanian micro and small enterprise'. *Massachusetts Institute of Technology Information Technologies and International Development* 3(4): 67-83.

MOUICHE, I. (2000a), Ethnicité et multipartisme au Nord-Cameroun. *African Journal of Political Science* 5(1): 46-91.

MOUICHE, I. (2000b), La question nationale, l'ethnicité et l'Etat en Afrique: Le cas du Cameroun. *Verfassung und Recht in Übersee* 33(2): 212-233.

MÜLLER, B. (1992), James Scott: Domination and the arts of resistance: Hidden transcripts (1990, Yale University Press). *Bulletin de l'APAD* 3, mis en ligne le 06 juillet 2006. URL: http://apad.revues.org/406

MULLER, J.C. (2006), Identité, mobilité et citoyenneté chez les Dii de l'Adamaoua Nord Cameroun. *Cahier d'Etudes africaines* 2(182): 347-361.

MWAURA, P. (1980), *Les politiques de la communication au Kenya.* Paris: UNESCO.

NACHTIGAL, G. (1876), Voyage en Afrique Centrale (1869-1874). *Bulletin de la Société de Géographie* 1876/02, 1876/03: 129-155.

NADINGAR, A. (2004), Dossier NTIC. *N'Djamena bi-Hebdo* No 852 du 21 au 24 avril 2004.

NANASSOUM, G. (2002), Galères d'Internautes Tchadiens. *Tchad et Culture* 203.

NARDI, B.A. & B. BEYOND (2005), Dimensions of connection in interpersonal communication. *Computer Supported Cooperative Work* 14(2): 91-130.

NAUDÉ, W. (2010), The determinants of migration from Sub-Saharan African countries. *Journal of African Economies* 19(3): 330-356.

NAYGOTIMTI, B. (2002), Internet: Quelle opportunité pour le Tchad ? *Tchad et Culture* 203.

NAYGOTIMTI, B. (2002), Internet: Le Tchad s'y vend mal. *Tchad et Culture* 203.

NDAYA, T.J. (2008), *'Prendre le bic'. Le combat spirituel congolais et les transformations sociales.* Leiden: Centre d'Etudes Africaines.

NDJEKERY, N. *ET AL.* (1984), *La descente aux enfers et onze autres nouvelles.* Paris: Hatier.

NEBARDOUM, D. (1998), *Le Labyrinthe de l'instabilité politique au Tchad.* Paris: Harmattan.

NETCHO, A. (1997), *Mangalmé 1965: La révolte des Moubi.* Editions Sépia.

N'GANGBE, M. (1984), *Peut-on encore sauver le Tchad ?* Paris: Karthala.

NGARLEDJY, Y. (2003), *Tchad, le procès d'Idriss Deby, témoignage à Charge.* Paris: L'Harmattan.

NGUNI, O. *ET AL.* (2007), La place des solidarités et rivalités ethniques dans les luttes pour le pouvoir étatiques au Tchad (1960-2007). *Enjeux* 32: 15-24.

NICHOLSON, S.E. (1979), The methodology of historical Climate reconstruction and its application to Africa. *Journal of African History* 20(1): 31-49.

NIEHE, ROB (1995*), Development against the odds: Prospects for NGDO strategies in conflict-ridden countries: The case of SECADEV in Chad.* The Hague: Institute of Social Studies, Working paper, General series, no. 19/33.

NKWI, W. (2011), *Kfaang and its technologies: Towards a social history of mobility in Kom, Cameroon, 1928-1998.* Leiden: African Studies Centre.

NYAMNJOH, F. (1998), Indigenous means of communication. En: T. Ras-Work, dir., *From Tam Tam to internet.* Johannesburg: Mafube Publishing, pp. 42-57.

NYAMNJOH, F. (2003), Globalization, boundaries, and livelihoods: Perspectives on Africa. *Philosophia Africana* 6(2): 1-18.

NYAMNJOH, F. (2005), *Africa's media, democracy and the politics of belonging.* London: Zed Press.

NYAMNJOH, F. (2006), *Insiders and outsiders: Citizenship and xenophobia in contemporary Southern Africa.* London: Zed Press.

Bibliographie

NYAMNJOH, F. (2008), *Married but available*. Bamenda: Langaa RPCIG.
NYIRI, K., dir. (2003), *Mobile democracy. Essay on society, self and politics. Communication in the 21st century*. Wien: Passagen-Verlag.
NYSTROM, C. (1973), *Toward a science of media ecology: The formulation of integrated conceptual paradigms for the study of human communication systems*. Unpublished PhD thesis, New York University.
OKADA, T. (2005), Youth culture and the shaping of Japanese mobile media: Personalization and the *Keitai* Internet as multimedia. En: M. Ito, D. Okabe & M. Matsuda, dir., *Personal, portable, pedestrian: Mobile phones in Japanese life*. Cambridge, MA: MIT Press, pp. 41-60.
OSEE, D. (2008), Une géographie et une géopolitique complexe de N'Djamena. *Enjeux* 34-35: 12-17.
OWONA, N. & N.S. DELI (2007), La place des solidarités et rivalités ethniques dans les luttes pour le pouvoir étatique au Tchad. *Enjeux* 32: 15-24.
PABA, M.S. (1980), Kousseri ville investie. *Revue de Géographie du Cameroun* 1(2): 197-203.
PABA, M.S. (1982), Notes sur les refugiés Tchadiens dans le commerce à Kousseri. *Revue de Géographie du Cameroun* 3(1): 24-26.
PARAGAS, F. (2002), Policy, phones and progress: Peculiarities and perspectives in the Philippine Telecom Industry. Poster presented in 'The Communication Technology Division at the annual Conference of the International Association of Madia and Communication Research', Barcelona, 'PDF'30/08/2009 from http://.portalcommunication.com/bcn2002n_eng/programme/prog_ind/papers/p/pdf/p006SE03_PRARG.pdf
PENNINX, R. *ET AL.*, dir. (2006), *The dynamic of international migration and settlement in Europe*. Amsterdam: Amsterdam University Press.
PERTIERRA, R. (2005), Mobile phone, identity and discursive intimacy. *Human Technology* I: 22-44.
POUILLON, J. (1975), *Fétiches sans fétichisme*. Paris: François Maspero.
QINTETEYN, S. (2004), *Sous la terreur Simba*. Paris: L'Harmattan.
RADCLIFFE-BROWN (1968), *Structure et fonction dans la société primitive*. Paris: Editions de Minuit.
RAHIMI, B. (2010), The politics of the Internet in Iran. Living with globalization and the Islamic state. En: Mehdi Semati, dir., *Media, culture and and society in Iran*. New York: Routledge, pp. 36-56.
RAHIMI, B (2011), The agonistic social media: Cyberspace in the formation of dissent and consolidation of state power in postelection Iran. *The Communication Review* 14: 158-178.
RAHIMI, B. (2011), Affinities of dissent: Cyberspace, performative networks and the Iranian green movement. *CyberOrient* 5(2): 64-72.
REINGOLD, H. (2002), *Smart mobs. The next social revolution*. Cambridge: Perseus Book.
RICHARDS, P., dir. (2005), *No peace, no war, an anthropology of contemporary armed conflicts*. Athens/Oxford: Ohio University Press/James Currey.
ROBINEAU, C. (1985), Espace, société, histoire: L'ethnie, réalité ou illusion. *Cahier d'ORSTOM, Séries Sciences Humaines* XXI(1): 57-61.
ROSALIND, H. (1998), Charismatic/pentecostal appropriation of media technologies in Nigeria and Ghana. *Journal of Religion in Africa* XXVIII(3): 260-276.
SAGNA, O. (2006), La lutte contre la fracture numérique en Afrique: Aller au-delà de l'accès aux infrastructures. *Hermès* 45: 15-24.
SAHAR, K & V. KATHRYN (2011), "We are all Khaled said": The potentials and limitations of cyberactivism in triggering public mobilization and promoting political change. *Journal of Arab & Muslim Media Research* 4(2&3):139-157.
SAIBOU, I. (2006), La prise d'otage comme nouvelle stratégies du banditisme: Une Nouvelle modalité du banditisme transfrontalier. *Polis/ R.C.S.P* 1 : 13: 1-2.
SAINZOUMI, N.D. (2009), Internet, une denrée rare au Tchad. *Le Régulateur* 36.
SALAZAR, N.B. (2010), Towards an anthropology of cultural mobilities. *Journal of Migration and Culture* 1: 53-68.
SANTNER, V. (2010), *The SMS revolution: The impact of mobile phones on political protest using the example of the EDSA II movement in the Philippines in 2001*. MA Thesis, University of Vienna.
SCHUSKY, E.L. (1965), *Manual for analysis*. New-York: Holt, Rinehart and Winston.
SEIGNOBOS, C. (2005), Migrations anciennes dans le bassin du Lac Tchad, temps et Codes. En: *XIIIeme Colloque International du Réseau Mega-Tchad, Migrations et mobilités dans le bassin du lac Tchad, Maroua, 31octobre – 2 novembre 2005*, IRAD-IRD, Maroua, inédit.
SHEPHERD, C. *ET AL.* (2007), The material ecologies of domestic ICTs. *The Electronic Journal of Communication* 17(1-2).

Bibliographie

SIBO, F.C. (2008), *Géomancie: Science ou occultisme?* Ouagadougou: Découvertes du Burkina.
SIDJIM, R. (2002), Guéra, une concertation pour la sécurité et le développement. *Le Progrès* No 1145 du 30 décembre 2002.
SIMO, D., dir. (2006), *Constructions identitaires en Afrique: Enjeux, stratégies et conséquences.* Yaoundé: Editions Cle.
SING-YABE, B. (2009), L'état, le régulateur et le juge. *Le Régulateur* 35.
SKELDON, R. (1997), *Migration and development: A global perspective.* Harlow: Longman.
SLATER, D. (2005), Ethnography and communicative ecology: Local networks and the assembling of media technologies. Paper presented at 'The Information Systems Research Forum', London School of Economics, 17 November 2005.
SMITH, D.J.(2006), Cell phones, social inequality, and contemporary culture in Nigeria. *Canadian Journal of African Studies* 40(3): 496-523.
SOMMERS, M. (2001), *Fear in Bongoland: Burundi refugees in urban Tanzania.* New York (etc.): Berghahn Books.
SOUPIZET, J.F. & G. LAURENT, dir. (2002), *Nord et Sud numérique.* Paris: Hermès Science.
STEVE, E. *ET AL.* (2009), The role of ancestors in healing. *Indilinga* 8(1): 47-69.
SUFIAN, H.B. (1995), Indigenous communication systems: Lessons and experience from among the Sukuma. *Nordic Journal of African Studies* 4(2): 1-16.
TACCHI, J., D. SLATER & G. HEARN (2003), *Ethnographic action research handbook.* New Delhi, India: UNESCO.
TACOLI, C. (2001), Urbanisationa and migration in Sub-Sahara Africa: Changing patterns and trends. En: M. de Bruijn, R. van Dijk & D. Foeken, dir., *Mobile Africa: changing patterns of movement in Africa and beyond.* Leiden: Brill, pp. 142-152.
TANUGI, L.C. (1999), *Le nouvel ordre numérique.* Paris: Odile Jacob.
TERREFE, R., dir. (1998), *Tam tam to internet.* Johannesburg: Betam Communications.
TJADÈ, E. (1986), *Radios publiques et pouvoirs au Cameroun: utilisations officielles et besoins sociaux.* Paris: L'Harmattan.
TOURNEUX, H. & N. WOIN, dir. (2009), *Migrations et mobilité dans le basin du lac Tchad* (CD Rom).
TREMBLAY, G. (1974), Radio et éducation au Cameroun: Le cas de Radio-Garoua. *Canadian Journal of African Studies* 8(3): 575-587.
TSING, A.L. (2005), *Friction: An ethnography of global connection.* Princeton/Oxford: Princeton University Press.
TUBIANA J., C. ARDITI & C. PAIRAULT, dir. (1994), *L'identité Tchadienne: L'héritage des peuples et les apports extérieurs.* Paris: L'Harmattan.
TUBIANA, J. (2005), Le Darfour, un conflit identitaire ? *Afrique contemporaine* 214: 165-206.
TUDESQ, A.J. (1978/1979), Radiodiffusion et pouvoir en Afrique noire: les dimensions politiques de la radio. *Annuaire du Tiers Monde* 5: 224-236.
TUDESQ, A.J. (1983), *La radio en Afrique noire.* Paris: Éditions A. Pedone.
TUDESQ, A.J. (1995*),* *Feuilles d'Afrique: étude de la presse de l'Afrique sub-saharienne.* Talence: Editions de la Maison des sciences de l'homme d'Aquitaine (MSHA).
TUDESQ, A.J. (2002), *L'Afrique parle, l'Afrique écoute: Les radios en Afrique subsaharienne.* Paris: Karthala.
TUDESQ, A.J. (2003), La radio, premier média africain. *Géopolitique africaine / OR.IMA International* 12: 73-92.
TUDESQ, A.J. *ET AL.*, dir. (2008), *Connaître les médias d'Afrique subsaharienne: problématiques, sources et ressources.* Paris: Karthala.
TUNG, E. (2011), Social Networks: The Weapons of our Modern Era. *The Talon*, February 28, http://my.hsj.org/Schools/Newspaper/tabid/100/view/frontpage/schoolid/3302/articleid/418099/newspaperid/3415/Social_Networks_The_Weapons_of_our_Modern_Era.aspx. Accessed: June 15, 2011.
TURKLE, S (1997), *Life on the screen.* New-York: Touchstone Book.
VAIL, L., dir. (1989), *The creation of tribalism in Southern Africa.* London: Currey / Berkeley, Cal. (etc.): University of California Press.
VAIL, L. (1989), Introduction: Ethnicity in South Africa. En: L. Vail, dir., *The creation of tribalism in South Africa.* London: Currey / Berkeley, Cal. (etc.): University of California Press, pp. 3-4.
VANDAMES, C. (1967), *Note ethnographiques sur les Kenga.* Inédit.
VAN DER GEEST, SJAAK (2003), Confidentiality and pseudonym: A fieldwork dilemma from Ghana. *Anthropology Today* 19(1).
VAN DIJK, H. (2007), Political deadlock in Chad. *African Affairs* 106(425): 697-703.

Bibliographie

VAN DIJK, H. (2008), Political instability, chronic poverty and food production systems in central Chad. En: M. Rutten, A. Leliveld & D. Foeken, dir., *Inside poverty and development in Africa: critical reflections on pro-poor policie*. Leiden: Brill, pp. 119-143.
VANSINA, J. (1985), *Oral Tradition as History*. London: Currey.
VARSIA, K. (1994), *Précis des guerres et conflits au Tchad*. Paris: L'Harmattan.
VERA, S. (2010), *The impact of mobile phone on political protest using, the example of the EDSAII movement in the Philippines in 2001*. Vienne: Universität Wien.
VERHAEGEN, B. (1969), Répression, Violence et Terreur (Rébellion au Congo). *Etudes africaines du CRISP* 93/94.
VERLET, M. (2007), Mouvements migratoires en Afrique Subsaharien: Mobilité et développement. *Informations et Commentaires* 139: 14-27.
VERTOVEC, S. (2001), Transnationalism and identity. *Journal of Ethic and Migration review* 38(3): 910-1001.
VERTOVEC, S. (2003), *Trends and impacts of migrant transnationalism*. Working Paper 04-03, Centre on Migration Policy and Society, Oxford University.
VERTOVEC, S. (2004), Cheap calls: The social glue of migrant transnationalism. *Global Networks* 4(2): 219-224.
VINCENT, J.F. (1962), Les Margaï du pays Hadjeraï, contribution à l'étude des pratiques religieuses. *Bulletin de l'Institut des Recherches Scientifiques au Congo* I: 63-86.
VINCENT, J.F. (1966), Techniques divinatoires des Saba (montagnards du Centre-Tchad). *Journal de la Société des Africanistes* TXXXVI: 45-63.
VINCENT, J.F. (1990), Des rois sacrés montagnards ? Hadjaray du Tchad et Mofu Diamare du Cameroun. En: *Chefs et rois sacrés: système de pensées en Afrique noire*, Cahier N°10. Paris: CNRS, pp. 120-144.
VINCENT, J.F. (1994), *L'Identité tchadienne: L'héritage des peuples et les apports extérieurs, acte du colloque international*. Paris: L'Harmattan.
VINCIENNE, M. (1992), *Du village à la ville: Le système de mobilité des agriculteurs*. Paris/La Haye: Ecole Pratique des Hautes Etudes.
WAGNER, M. (2004), Communicative ecology: How the bonobos do it. *International Journal of the Humanities* 2(3): 2365-2374.
WASSERMAN, H. (2005), Renaissance and resistance: Using ICTs for social change in Africa. University of Stellenbocsh. *African Studies* 64(2): 177-199.
WASSERMAN, H. (2011), *Popular media, democracy and development in Africa*. London (etc.): Routledge.
WEISS, P. (1986), *Mobilité sociale*. Paris: PUF.
WELLMAN, B. (2002), *The Internet in everyday life*. Malden, MA: Blackwell.
WESPHALEN, M.H. (1989), *Le communicator*. Paris: Bordas.
WHITE, D. & G. HELLERICH (2003), Nietzsche and the communicative ecology of terror: Part 1. *The European Legacy* 8(6):717-737.
WILDING, R. (2006), Virtual intimacies? Families communicating across transnational contexts. *Global Networks* 6(2): 125-142.
WILKIN, H.A. (2005), *Diagnosing communication connections: Reaching underserved communities through existing communication ecologies*. Unpublished doctoral dissertation. University of Southern California, Los Angeles.
WILKIN *ET AL.* (2007), Comparing the communication ecologies of geo-ethnic communities: How people stay on top of their community. *The Electronic Journal of Communication* 17(1&2): 1-18.
WILLIAM, G. (2004), *Atumpani, le tam-tam parlant: anthropologie de la communication*. Paris. L'Harmattan.
XIAOLIN, Z. & W. BARRY (2011), Egypt: The first Internet revolt? *Peace Magazine*, Jul/Sep 2011.
YAO, A. (1981), *Les moyens traditionnels de communication, vecteur du maintien de la légitimité traditionnelle en pays Éwé*. Thèse de Doctorat, T2, Université de Lilles.
YUN, X. (2010), *Culture and mobile communication: Chinese use of mobile phone in the crisis after the earthquake on May 12, 2008 in Sichuan*. New Jersey: Rider University.
ZEYNEP, T. (2011), The revolution will be self-organized, Tahrir, #May27 (part 1). *Technosociology*, May 30. http://technosociology.org/?p=448
ZEYNEP, T. (2012*), Does Facebook cause loneliness? Short answer, no. why are we discussing this? Long answer below*. http//technosociology.org.

Annexe 1 : Liste des personnes interviewées durant les recherches de terrain

A1.1 Entretien individuel

Nom et prénom	sexe	Age	Fonction	Lieu et date d'interview	Objet et/ou type d'interview
Hamat N.	H	38 ans	Blanchisseur	Kousseri, N'Djamena Mars, avril, mai, juin 2009	Récit de vie
Boubm Daninki	H	67 ans	Chef de village	Sara-Kengha 14-04-09	Mobilité, crise écologique et politique, téléphonie mobile
Gadaye L.	H	54 ans	Paysan	Abtouyour 13-04-09	Crise politique, mobilité et communication
Souradine F.	H	47 ans	Paysan	Gadi 03-12-09	Violences politiques et mobilité
Malloum K.	H	60 ans	Paysan	Boubou 14-06-09	Récit de vie
Nandjé M.	H	67 ans	Paysan	Somo 13-03-09	Récit de vie
Kongo T.	H	70 ans	Paysan	Boubou 14-06-09	Crises politique et écologique et mobilité
Haroun Bally	H	70 ans	Paysan	Sissi 28-06-09	Crise politique, mobilité et communication
G. Ali	H	58 ans	Paysan	Somo 11-03-09	Violences politiques, mobilité et réseau de communication
Dety Hamdan	H	68 ans	Paysan	Baltram 23-06-09	Violences politiques et mobilité
Moussa Djoko	H	73 ans	Paysan	Sidjé 17-11-09	Mobilité et réseau de communication
Hachim A.	H	59 ans	Paysan	Somo 30-08-10	Violences politiques et communication
Waya Y.	H	70 ans	Paysan	Somo 12-03-09	Violences politiques mobilité, filière de mobilité et réseau de famille
Haroun M.	H	50 ans	Mécanicien	Garoua 22-04-10	Mobilité, communication et téléphonie mobile
Hassane Abga	H	64 ans	Commerçant	Etenant (N'Djamena) 13-09-09	Violences politiques, mobilité et réseau de famille
Soumaïne Abras	H	62 ans	Instituteur	Dourbali, N'Djamena 03-02-2010	Récit de vie

A1.1 Entretien individuel *(continué)*

Abdou Moussa	H	66 ans	Blanchisseur	Garoua 26-07-09	Violences, mobilité et intégration sociale
Adballi	H	54 ans	Jardinier	Koundoul 18-01-10	Récit de vie
Abakar O.	H	50 ans	Maçon	Mongo 03-03-09	Violences politiques et communication
Daouro Senlo	F	47 ans	Paysanne	Mataya 14-06-2009	Itinéraire et filière de mobilité et réseau de famille
Moussa Ibet	H	49 ans	Maçon	N'Djamena 15-09-09	Mobilité et itinéraire
Moussa R.		50 ans	Ancien militaire	Bitkine 17-06-09	Violences, mobilité et communication
Annouar G.	H	49 ans	Tailleur	Mongo 22-06-09	Crises politiques et communication
M. G. K.	H	70 ans	Chef de religion	Baro 29-06-09	Violences, mobilité et communication
Abdramane L.	H	37 ans	'Débrouillard'	Baro 29-06-09	Récit de vie
Tassi Meli	H	67 ans	Paysan	Mataya 23-04-09	Récit de vie
Ramadan H.	H	81 ans	Paysan	Gredaya 21-10-09	Mobilité, communication et téléphonie mobile
Mounadil H.	H	71 ans	Paysan	Somo 21-05-09	Crises politiques, écologiques et mobilité
Abba Seïd	H	75 ans	Paysan	Boussa 12-08-09	Crises écologiques, mobilité et communication
Abdallah Z.	H	64 ans	Commerçant	N'Djamena 03-07-09	Violences politiques et communication
Bedjaki T.	H	63 ans	Paysan	Somo 13-03-09	Récit de vie
Amany Dota	H	64 ans	Ancien combattant	Kournari 11-02-09	Récit de vie
Abba Seïd	H	77 ans	Paysan	Gredaya 21-11-10	Crise écologique et mobilité
Ahmat Doungous	H	63 ans	Assistant chef de village	Baltram 08-11-10	Crise écologique, mobilité et intégration sociale
Senoussi	H	70 ans	Paysan	Sissi 27-06-09	Mobilité et communication
Oudda Soumar	H	68 ans	Paysan	Bitkine 04-06-09	Récit de vie
Souk Gosso	H	64 ans	Retraité de l'armée nigériane	N'Djamena 02-08-09	Mobilité et filières de mobilité
Hassan Baba	H	50 ans	Mécanicien	Garoua 11-06-10	Itinéraire de mobilité, intégration sociale et communication
Mahamat Issa	H	60 ans	Sentinelle	N'Djamena 02-08-09	Récit de vie

Annexes

A1.1 Entretien individuel (continué)

Nom	Sexe	Âge	Profession	Lieu et date	Thèmes
Ali Senoussi	H	60 ans	Commerçant	Garoua 21-04-10	Mobilité, communication et téléphonie mobile
Abderahim Abakar Gantoul	H	47 ans	Paysan	Baro 29-06-09	Mobilité réseau de famille et communication
M. Saleh	H	64 ans	Retraité de la police	N'Djamena 29-07-09	Violence, Mobilité et communication
Abgali Sakaïr	H	70 ans	Sans activités	N'Djamena 01-09-09	Mobilité et communication
Ibrahim Adam	H	51 ans	Miliaire	N'Djamena 03-12-09	Violences politiques, communication et téléphonie mobile
Abdel Seid	H	63 ans	Artisan	Baltram 29-10-09	Mobilité, communication et téléphonie mobile
Djamouss Mahamout	H	64 ans	Retraité	N'Djamena 23-12-09	Violences politiques et itinéraire de mobilité
Ahmat Sidjé	H	52 ans	Instituteur	Sidjé 27-10-09	Violences politiques, itinéraire de mobilité, communication et téléphonie mobile
M. Amarra	H	60 ans	Paysan	Sidjé 27-10-09	Violences politiques, crise écologique, mobilité et communication
Abderamane Amane	H	70 ans	Paysan	Baro 29-06-09	Violences politiques, mobilité, communication et Téléphonie mobile
Moussa Sabre	H	65 ans	Paysan	Mongo 22-06-09	Mobilité, communication et téléphonie mobile
M. Ahmat	H	56 ans	Instituteur	Mongo 24-04-09	Violences politiques et communication
Issa Matane	H	63 ans	Paysan	Abtouyour 13-04-09	Violences politiques, mobilité et communication
Issa Ousman	H	50 ans	Commerçant	Bitkine 22-03-09	Violences politique et communication
Haroun A.	H	75 ans	Paysan	Mataya 14-04-09	Communication et téléphonie mobile
Chaibo Adam	H	65 ans	Paysan	Abtouyour 09-06-09	Violences politiques, mobilité et communication
Modi Soumaine	H	38 ans	Instituteur, détenteur d'une cabine téléphonique ambulante	Boubou 14-06-09	Communication et téléphonie mobile
Mamadou Hissein	H	48 ans	Aide chauffeur	Bitkine 02-04-09	Communication et téléphonie mobile

A1.1 Entretien individuel (continué)

Algadi G.	H	66 ans	Paysan	Somo 12-03-09	Récit de vie
Madame Algadi	F	61 ans	Ménagère	Somo 12-03-09	Récit de vie
Ayoub M.	H	53 ans	Paysan	Tachay 06-02-10	Récit de vie
Ahmadaye Ousamane	H	28 ans	Apprenti-maçon	N'Djamena 02-09-09	Mobilité, communication et réseau de famille
Seydou Abbas	H	41 ans	Enseignant	Mongo 04-08-09	Réseau de famille, communication, téléphonie mobile et Internet
Moussa Seid	H	36 ans	Peintre	Mongo 04-08-09	Téléphonie mobile et internet
Issakha Soumaine	H	30 ans	Tailleur	Mongo 24-04-09	Téléphonie mobile et Internet
Abdoulaye Seid	H	32 ans	Inconnu	Mongo 24-04-09	Téléphonie mobile et internet
Moustapha Ramadan	H	50 ans	Tailleur	Mongo 24-04-09	Communication et téléphonie mobile
Gaby	H	14 ans	Apprenti Meunier	Abtouyour 13-04-09	Téléphonie mobile
Amin Marouf	H	32 ans	Elève	N'Djamena 19-10-09	Téléphonie mobile
Rakhié Moussa	F	27 ans	Ménagère	Baltram 08-11-10	Communication et téléphonie mobile
Harine Hamit	F	37 ans	Commerçant	N'Djamena 22-12-10	Téléphonie mobile
Akouane Amane	H	34 ans	Commerçant	N'Djamena 22-12-10	Téléphonie mobile
Djamal Issa	H	24 ans	Commerçant	N'Djamena 04-01-10	Téléphonie mobile
Zakaria Issa	H	40 ans	Paysan	Mataya 14-04-09	Communication et téléphonie mobile
Rami Natta	H	70 ans	Paysan	Abtouyour 13-04-09	Violences, communication et téléphonie mobile
Touri Lamy	H	60 ans	Paysan	Bideté 11-04-09	Violences politiques mobilité, communication et téléphonie mobile
Issakha	H	25 ans		Gourbiti 29-06-09	Communication et téléphonie mobile
Abderahim Oumar	H	27 ans	Détenteur d'une cabine téléphonique	Sissi 27-06-09	Téléphonie mobile
Ali Khoussa	H	38 ans	Instituteur	Bitkine 02-04-09	Téléphonie mobile
Doudé Tari	H	45 ans	Enseignant volontaire	Sidjé 17-11-09	Itinéraire de mobilité, communication et téléphonie mobile

A1.1 Entretien individuel (continué)

Boya D.	F	65 ans	Paysanne	Somo 12-03-09	Communication et téléphonie mobile
Khamis Matar	H	43 ans	Instituteur	Mongo 22-06-09	Communication et téléphonie mobile
Sadia Soubiane	F	42 ans	Commerçante	Garoua 29-03-10	Mobilité, communication, intégration sociale et téléphonie mobile
Moussa Tchéré D.	H	37 ans	Enseignant	Mongo 23-04-09	Téléphonie mobile
Abdelhakim Ahmat	H	50 ans	Détenteur d'une cabine téléphonique	Boubou 18-03-09	Téléphonie mobile
Motta F.	H	35 ans	Détenteur d'une cabine téléphonique ambulante	Somo 09-03-09	Téléphonie mobile
Al-Hadj Ouaddi	H	3 ans	Détenteur d'une cabine téléphonique	Bitkine 03-04-09	Téléphonie mobile
Malley Maitara	H	70 ans	Paysan	Mongo 23-04-09	Mobilité, communication et téléphonie mobile
N. Moussa	H	60 ans	Paysan	Baro 28-06-09	Mobilité, réseau de famille et téléphonie mobile
Moussa Seïd	H	32 ans	Elève	Mongo 26-05-09	Téléphonie mobile et internet
M. Issa G.	H	42 ans	Receveur	Bitkine 04-04-09	Téléphonie mobile
Khamis Nangtoudji	H	36 ans	Gardien	Bitkine 04-04-09	Téléphonie mobile
Anonymat requis	H	41 ans	Commandant de brigade recherche	Bitkine 04-04-09	Téléphonie mobile
Abdoulaye	H	38 ans	Assistant au juge de paix	Bitkine 04-04-09	Téléphonie mobile
Issa Doud	H	16 ans	Détenteur cabine téléphonique	Bitkine 29-03-09	Téléphonie mobile
Kara H.	H	38 ans	Gestionnaire de la représentation Zain	Mongo 26-05-09	Téléphonie mobile
Abderahim Outman	H	25 ans	Détenteur cabine téléphonique	Baro 28-06-09	Téléphonie mobile

Annexes

1.2   Entretiens collectifs

Focus groupe 1
Lieu et date d'entretien : Somo, 12-03-09

Nom et prénoms	sexe	Age	Fonction	Sujets abordés
Kodo Sami	H	37 ans	Paysan	Insécurité politique, mobilité, communication, téléphonie mobile, place des Hadjeray dans le concert de la nation Tchadienne.
Nangoibini	H	30 ans	paysan	
Gasserké M.	H	70 ans	paysan	
G. Ali	H	58 ans	Paysan	
Waya Y.	H	70 ans	Paysan	
Gaboutou	H	45 ans	paysans	
Ousman Djimet	H	43 ans	paysan	

Focus groupe 2
Lieu et d'entretien : Somo, 13-03-09

Nom et prénoms	sexe	Age	Fonction	Sujets abordés
Djimet A.	H	37 ans	Instituteur	Mobilité, communication, rôle de l'enseignant dans la communication, et téléphonie mobile.
Garga H.	H	30 ans	Instituteur	
Modi S.	H	40 ans	Instituteur	
Mangaral	H	58 ans	Instituteur	
Boutou N.	H	43 ans	Instituteur	

Fous groupe 3
Lieu et date d'entretien: Bitkine, 17-06-09

Nom et prénoms	sexe	Age	Fonction	Sujets abordés
Ousta Daoud	H	19 ans	Elève	Le contexte de l'arrivée de la téléphonie mobile à Bitkine, l'appropriation de la téléphonie mobile par la population de Bitkine, la hiérarchie créée par la téléphonie mobile dans le milieu de la jeunesse, les multiples usages de la téléphonie mobile par les jeunes, l'importance de la téléphonie mobile pour les jeunes, la dynamique sociale et économique de la téléphonie mobile pour les jeunes.
Abdeldjelil Gamar	H	30, ans,	Elève	
Mustapha Idriss	H	23 ans	Elève	
Mahamat M.	H	18 ans	Elève	
Issa L.	H	70 ans	Elève	
Haroun fayçal	H	28 ans	jardinier	
Bati Ramadan	H	43 ans	Elève	

Focus groupe 4
Lieu et date d'entretien : Abtouyour, 13-03-09

Nom et prénoms	sexe	Age	Fonction	Sujets abordés
Gamané R.	H	59 ans	Paysan	La mobilité, place des Hadjeray dans la société tchadienne, les moyens de communication avec la diaspora, l'avènement de la téléphonie mobile, la compatibilité de la téléphonie mobile avec la pratique de la religion ancestrale, la téléphonie mobile.
Mali G.	H	71 ans	paysan	
Malloum Souk	H	42 ans	paysan	
Gadaye L.	H	54 ans	Paysan	
Magni G.	H	47 ans	Paysan	
Issa Matane	H	63 ans	paysan	

Focus groupe 5
Lieu et date d'entretien: Abtouyour, 13-03-09

Nom et prénoms	sexe	Age	Fonction	Sujets abordés
Al hadj M.	H	16 ans	Elève	La téléphonie mobile.
Godi O.	H	17 ans	Elève	
Tcheré M.	H	17 ans	Elève	
Issa Touri	H	18 ans	Elève	

Focus groupe 6
Lieu et date d'entretien: Bideté, 11-04-09

Nom et prénoms	sexe	Age	Fonction	Sujets abordés
Djibine	H	37 ans	Enseignant	Crises politiques et écologiques, mobilité, communication, et téléphonie mobile.
Mahamout	H	46 ans	Chef de village	
Tara	H	70 ans	Chef de Margay	
Lallya G.	H	58 ans	Notable	
Touri Lamy	H	60 ans	Paysan	

Focus groupe 7
Lieu et date d'entretien : Baro, 29-06-09

Nom et prénoms	sexe	Age	Fonction	Sujets abordés
Abdoulaye H.	H	37 ans	Elève	Mobilité et téléphonie mobile.
Souar M.	H	30 ans	Elevé	
Abbali G.	H	24 ans	Bouvier	
Adoudou G.	H	18 ans	'Débrouillard'	
Bilama B.	H	26 ans	Commerçant	
Abdelkerim D.	H	19 ans	Marchand ambulant	

Focus groupe 8 :
Lieu et date d'entretien : Sidjé, 26-09-09

Nom et prénoms	sexe	Age	Fonction	Sujets abordés
Moutalib	H	41 ans	Paysan	Crises politiques et écologiques, mobilité, communication, filières de mobilité, téléphonie mobile.
Hissein Moyak	H	23 ans	Jardinier	
Ahmat Sidjé	H	52 ans	Instituteur	
Doudé Tari	H	45 ans	Enseignant volontaire	
Moussa Djoko	H	73 ans	Paysan	

Annexe 2 : Archives de l'administration coloniale

W13 : Rapport sur la situation politique et économique de la circonscription du Batha 1919-1944.
W14 : Rapport sur la situation politique et économique de la circonscription du Batha 1943-1947.
W15 : Rapport sur la situation politique et économique de la circonscription du Batha 1941-1953.
W16 : Rapport sur la situation politique et économique de la région du Batha 1953-1955

Annexes

Annexe 3 : Une lettre d'indignation d'un Hadjeray contre l'enchérissement du prix du sang

Au

Chef de la Communauté MIGAMI à
N'Djamena ;

Objet : votre lettre sans numéro du 16/06/2012

Cher grand frère bonjour ;

J'accuse réception ce jour 14/08/2012 de votre lettre sans numéro en date du 16 juin 2012 intitulée « lettre adressée à tous les Migami »

Je ne réponds pas en des termes que certains trouveront discourtois, pour me désolidariser mais, la main sur le cœur, pour vous dire que vous avez tord. Tord d'avoir pris une décision aussi grave en acceptant de payer la somme de **DIX SEPT MILLIONS CINQ CENT MILLE (17 500 000) FCFA** à titre de « **DIA** » d'une personne à la communauté ZAGAWA.

Dans mon entendement, les accords entre communautés tchadiennes sont le socle de votre existence et vous servent de code dans le règlement amiable de toutes les affaires soumises à votre « institution ». Les ZAGAWA sont ils signataires desdits accords ? S'ils sont signataires, la fourchette est connue lorsqu'il s'agit d'une mort survenue suite à un accident sur la voie publique. S'ils ne le sont pas, alors vous êtes tout simplement incompétents pour connaître de l'affaire et, obligés de laisser les tribunaux trancher. Vous conviendrez avec moi que les tribunaux bénéficient quand même de l'adhésion de tous les tchadiens et ont un caractère plus officiel que votre institution. Ou alors, on accepte le recul et on adopte la loi de Talion avec toutes les conséquences que cela pourrait entrainer.

Pour moi il n'existe pas de super homme et moins encore d'homme plus cher qu'un autre au sein d'une nation. La notion de pureté de race ou de genre est un concept moyenâgeux à jamais révolu et comme tel, doit être combattu par tous ceux qui œuvrent pour l'égalité des hommes devant la loi. Pour moi, il n'y a pas de société tchadienne étagée et il n'y en aura pas. Vous auriez dû avoir le courage de dire aux représentants de la communauté Zagawa qu'au regard de l'ensemble des tchadiens, ils sont une toute petite minorité et qu'ils n'ont aucun intérêt à se mettre sur le dos toutes les autres communautés.

Je pense négligemment à ce moment précis à **ABDALLAH DEGUERCHEM**, connu sous le nom de **ABBA KABIR**, fauché

Source : archive d'enquête

www.ingramcontent.com/pod-product-compliance
Lightning Source LLC
Chambersburg PA
CBHW080357030426
42334CB00024B/2903